网上平养育雏
（陈继兰 提供）

笼养蛋鸡
（黄炎坤 提供）

简易大棚养鸡
（刘华贵 提供）

滴鼻、点眼法免疫接种
（陈继兰 提供）

肌内免疫接种

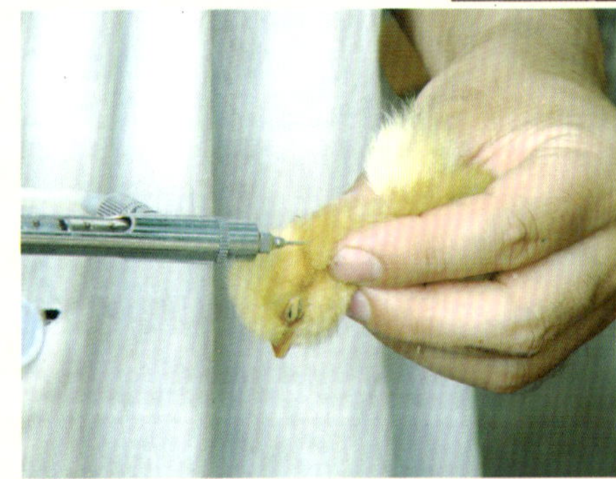

皮下免疫接种

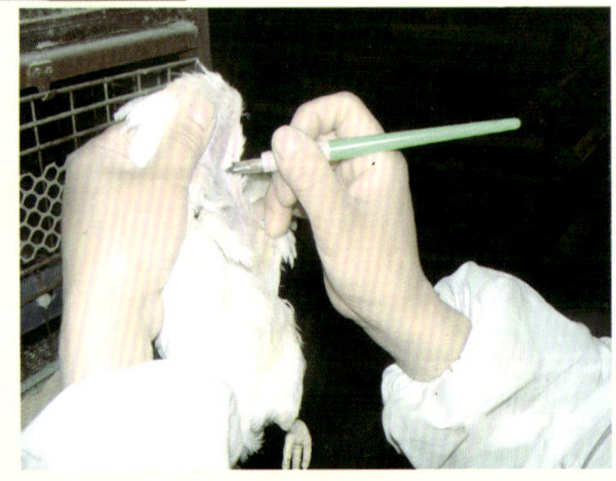

翅膀下鸡痘刺种

绍兴鸭（带圈白翼梢，左公鸭，右母鸭）

绍兴鸭（红毛绿翼梢）

高邮鸭（左公鸭，右母鸭）

绿头野鸭

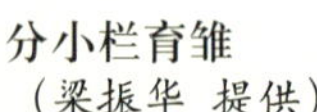

分小栏育雏
（梁振华 提供）

喂 料

蛋鸡蛋鸭高产饲养法

（第2版）

编著者
赵志平　陈　烈
李明淑　廖纪朝　陈东晖

金盾出版社

内　容　提　要

本书由中国农业科学院北京畜牧兽医研究所和浙江省畜牧兽医研究所的养禽专家编著与修订。本书自1999年出版以来，重印15次，发行60万册，受到广大读者的欢迎。根据近年来养殖蛋鸡蛋鸭科学的发展，编著者对原版的内容进行了全面修订。全书分蛋鸡编与蛋鸭编，分别介绍了蛋鸡蛋鸭品种，蛋鸡蛋鸭选育，蛋鸡蛋鸭的营养需要、饲养标准及饲料配方，育雏期、育成期、产蛋期和种鸡种鸭的饲养管理等。本书通俗易懂，技术实用，适合养禽专业户和养禽场工作人员阅读。

图书在版编目(CIP)数据

蛋鸡蛋鸭高产饲养法/赵志平等编著. —2版. —北京：金盾出版社，2009. 6

ISBN 978-7-5082-5687-0

Ⅰ. 蛋…　Ⅱ. 赵…　Ⅲ. ①卵用鸡—饲养管理②卵用型—鸭—饲养管理　Ⅳ. S831. 9　S834

中国版本图书馆 CIP 数据核字(2009)第 051803 号

金盾出版社出版、总发行

北京太平路5号(地铁万寿路站往南)

邮政编码：100036　电话：68214039　83219215

传真：68276683　网址：www. jdcbs. cn

封面印刷：北京精美彩色印刷有限公司

彩页正文印刷：北京印刷一厂

装订：兴浩装订厂

各地新华书店经销

开本：850×1168 1/32　印张：10. 625　彩页：4　字数：262千字

2012年2月第2版第27次印刷

印数：771 001～789 000 册　定价：18. 00 元

目 录

第一编 蛋 鸡

第二编　蛋　鸭

第一编　蛋　鸡

第一章　目前国内外主要蛋用鸡种

我国养鸡业历史悠久，加之我国幅员辽阔，人口众多，故饲养普遍。劳动人民通过长期的生产实践，选育出了不少地方优良鸡品种。这些地方优良鸡品种各具一定的优良特性或特征，耐粗饲，抗病力强，肉质优良等特点。缺点是饲养周期长，饲料转化率较低。

我国从 20 世纪 70 年代中期推广工厂化养鸡以来，带动了良种蛋鸡的引进。在生产中，我国几乎引遍了世界的知名品种。建立了从原种、曾祖代、祖代、父母代到商品代的繁育体系。祖代种鸡自产或进口每年 40 万套左右，可提供 2 800 万套父母代种鸡。鸡种的种质水平，已经和国际接轨。良种蛋鸡的引进，不仅促进了蛋鸡生产的发展，而且促进了配合饲料工业、养鸡设备工业的发展。我国农村广大养鸡户用自己生产的粮食加工鸡饲料，实现粮食转化和增值，成为农民增收的一个重要项目。

目前，国内外蛋鸡良种都按配套系供应，大多采用三系或四系配套。按其蛋壳的颜色，可分为白壳蛋鸡、褐壳蛋鸡和粉壳蛋鸡 3 个类型。

一、白壳蛋鸡

白壳蛋鸡主要是以来航鸡品种为基础育成的。这种鸡开产早，产蛋量高；无就巢性；体型小，耗料少，产蛋的饲料报酬高；蛋中血斑和肉斑率很低。不足之处是蛋重小；神经质，胆小怕人，抗应激性较差；好动爱飞，啄癖多，特别是开产初期啄肛造成的伤亡率较高。

(一)京白 939

京白 939 是北京市种禽公司育成的，可通过羽速自别雌雄。939 商品蛋鸡的主要生产性能：0～20 周龄育成率 96％～98％；20 周龄体重 1 400～1 500 克；21～72 周龄产蛋量 300～306 个，平均蛋重 60.5～63 克，料蛋比 2.5～2.3∶1，产蛋期存活率93％～95％。

(二)海赛克斯白

该鸡系荷兰汉德克家禽育种公司(1998 年兼并前叫优利布里德育种公司)育成的四系配套杂交鸡。以产蛋强度高、蛋重大而著称，被认为是当代最高产的白壳蛋鸡之一。该鸡 135～140 日龄见蛋，160 日龄达 50％产蛋率，210～220 日龄产蛋高峰产蛋率达 90％以上，总产蛋重 16～17 千克。据英国、瑞典、德国、比利时、奥地利等国测定的资料综合：72 周龄产蛋量 274.1 个，平均蛋重 60.4 克，每千克蛋耗料 2.6 千克；产蛋期存活率 92.5％。2001 年聊城金鸡种禽有限公司从荷兰引进祖代种鸡。

(三)尼克白鸡

尼克白鸡系美国辉瑞公司育成的三系配套杂交鸡。祖代鸡于 1979 年引入广州市黄陂鸡场。目前有些地方仍有饲养，主要是作为育种素材使用。据英国和瑞典各个家禽测定站的平均资料：72 周龄产蛋量 272 个，平均蛋重 60.1 克，每千克蛋耗料 2.5 千克；产蛋期末体重 1.81 千克；产蛋期存活率 92.54％。

(四)罗曼白

罗曼白系德国罗曼家禽育种公司育成的两系配套杂交鸡。据罗曼公司的资料,罗曼白商品代鸡:0～20周龄育成率96%～98%;20周龄体重1.3～1.35千克;150～155日龄达50%产蛋率,高峰产蛋率92%～94%,72周龄产蛋量290～300个,平均蛋重62～63克,总产蛋重18～19千克,每千克蛋耗料2.3～2.4千克;产蛋期末体重1.75～1.85千克;产蛋期存活率94%～96%。目前,河南省华罗家禽育种有限公司已引进罗曼白鸡的父母代。

(五)海兰W-36

该鸡系美国海兰国际公司育成的配套杂交鸡。据该公司的资料,海兰W-36商品代鸡:0～18周龄育成率97%,平均体重1.28千克;161日龄达50%产蛋率,高峰产蛋率91%～94%,32周龄平均蛋重56.7克,70周龄平均蛋重64.8克,80周龄入舍鸡产蛋量294～315个,饲养日产蛋量305～325个;产蛋期存活率90%～94%。海兰W-36雏可通过羽速自别雌雄。

(六)巴布考克B-300

该鸡系哈伯德伊莎家禽育种公司历经30年精心育成的四系配套杂交鸡。它原为美国巴布考克公司培育,1997年并入哈伯德伊莎家禽育种公司。该鸡的特点是产蛋量高,蛋重适中,饲料报酬高。据公司的资料,商品鸡:0～20周龄育成率97%,产蛋期存活率90%～94%,72周龄入舍鸡产蛋量275个,饲养日产蛋量283个,平均蛋重61克,总产蛋重16.79千克,每千克蛋耗料2.5～2.6千克,产蛋期末体重1.6～1.7千克。

二、褐壳蛋鸡

褐壳蛋鸡是由肉蛋兼用型鸡向蛋用型鸡发展而来的。近年来,褐壳蛋鸡在世界范围内有增长的趋势。一方面是消费者对褐壳蛋的喜爱,另一方面是由于产蛋量有了长足的提高。褐壳蛋鸡还有下列优点:蛋重大,蛋的破损率较低,适于运输和保存;鸡性情温顺,对应激因素的敏感性较低,好管理;体重较大,产肉量较高,商品代小公鸡生长较快,对肉鸡业发展较差地区,也是鸡肉的补充来源;耐寒性好,冬季产蛋率较平稳;啄癖少,因而死亡、淘汰率较低;杂交鸡可以羽色自别雌雄。但褐壳蛋鸡体重较大,每天吃料量比白色鸡多 5～6 克,耐热性较差;蛋中血斑和肉斑率高。

(一)伊莎褐

伊莎褐壳蛋鸡是美国、法国和加拿大等多国联合体哈伯德伊莎家禽育种公司育成的四系配套杂交鸡。是目前国际上最优秀的高产褐壳蛋鸡之一。伊莎褐父本两系为红褐色,母本两系均为白色。商品代雏可从羽色自别雌雄,公雏白色,母雏褐色。据伊莎公司的资料,商品代鸡:0～18 周龄育成率 98%,饲料消耗 6.65 千克/只。开产日龄 126～133 天,50%产蛋率日龄 140～147 天,高峰产蛋率日龄 175～182 天,饲养日高峰产蛋率 95%或更高,平均蛋重 62.8 克。入舍母鸡至 76 周龄产蛋数 339 个/只,产蛋总重 21.3 千克/只,期末体重 1.95～2.05 千克,日耗料 110～118 克/只。料蛋比 2.02～2.1∶1。存活率 93%。目前,江苏省无锡市养鸡集团有限公司饲养该鸡。

(二)海赛克斯褐

海赛克斯褐系荷兰汉德克家禽育种公司(1998 年兼并前叫优

利布里德育种公司)育成的四系配套杂交鸡。是目前国际上产蛋性能最好的褐壳蛋鸡之一。父本两系均为红褐色,母本两系均为白色,商品代雏可用羽色自别雌雄:公雏为白色,母雏为褐色。据该公司介绍,商品代鸡:0～20 周龄育成率 97%;20 周龄体重 1.63 千克;78 周龄产蛋量 302 个,平均蛋重 63.6 克,总产蛋重 19.2 千克,每千克蛋耗料 2.38 千克;产蛋期末体重 2.22 千克;产蛋期存活率 95%。海赛克斯褐祖代鸡于 1985 年 10 月由北京市大兴县芦城种鸡场引进,目前上海、北京、大连等地均养有该鸡。2001～2002 年,荷兰来列斯特测定中心对褐壳蛋鸡随机抽样测验结果(518 日龄):入舍母鸡产蛋量 327 个;饲养日产蛋量 337 个,平均蛋重 60.9 克,总产蛋重 19.91 千克;21～74 周龄产蛋率 72.5%;日采食量 111 克;料蛋比为 2.12∶1;死亡率 8.2%。

(三)罗曼褐

罗曼褐系德国罗曼家禽育种公司育成的四系配套、产褐壳蛋的高产蛋鸡。父本两系均为褐羽,母本两系均为白羽。商品代雏鸡可从羽色自别雌雄:公雏白羽,母雏褐羽。据该公司的资料,罗曼褐商品鸡:0～20 周龄育成率 97%～98%,152～158 日龄达 50%产蛋率;0～20 周龄总耗料 7.4～7.8 千克;20 周龄体重 1.5～1.6 千克;产蛋高峰期的峰值 90%～93%,72 周龄入舍鸡产蛋量 285～295 个,12 月龄平均蛋重 63.5～64.5 克,入舍母鸡总产蛋重 18.2～18.8 千克,每千克蛋耗料 2.3～2.4 千克;产蛋期末体重 2.2～2.4 千克;产蛋期存活率 94%～96%。2001～2002 年荷兰来列斯特测定中心对褐壳蛋鸡随机抽样测验结果(518 日龄):入舍母鸡产蛋量 301 个;饲养日产蛋量 319 个,平均蛋重 62.6 克,总产蛋重 18.83 千克;71～74 周龄产蛋率 70.1%;日采食量 109 克;料蛋比为 2.14∶1;死亡率 11.4%。中德合资河南省华罗家禽育种有限公司,于 1996 年、1997 年、1998 年、2000

年、2002年曾多次引进该鸡祖代种鸡。

(四)迪卡褐

迪卡褐系是荷兰汉德克家禽育种公司育成的四系配套杂交鸡。它原由美国迪卡公司培育,1998年兼并入荷兰汉德克家禽育种公司。父本两系均为褐羽,母本两系均为白羽,商品代雏可用羽色自别雌雄:公雏白色,母雏褐色。据该公司提供的资料,商品代蛋鸡:20周龄体重1.65千克;0～20周龄育成率97%～98%;24～25周龄达50%产蛋率,高峰产蛋率达90%～95%,90%以上产蛋率可持续12周,78周龄产蛋量为285～310个,蛋重63.5～64.5克,总产蛋重18～19.9千克,每千克蛋耗料2.58千克;产蛋期存活率90%～95%。2001～2002年,荷兰来列斯特测定中心对褐壳蛋鸡随机抽样测验结果(518日龄):入舍母鸡产蛋量324个;饲养日产蛋量337个,平均蛋重63.6克,总产蛋重20.61千克;71～74周龄产蛋率73.8%;日采食量115克;料蛋比为2.09:1;死亡率12.3%。目前,中外合资的上海大江有限公司是我国迪卡褐祖代鸡规模最大的供种基地。父母代场遍布全国各地。

(五)海兰褐

海兰褐系美国海兰国际公司育成的四系配套杂交鸡。父本鸡红褐色,母本鸡白色。商品雏鸡可用羽色自别雌雄:公雏白色,母雏褐色。据海兰国际公司的资料,海兰褐商品鸡:0～20周龄育成率97%;20周龄体重1.54千克,156日龄达50%产蛋率,29周龄达到产蛋高峰,高峰产蛋率91%～96%,18～80周龄饲养日产蛋量299～318个,32周龄平均蛋重60.4克,每千克蛋耗料2.5千克;20～74周龄母鸡存活率91%～95%。2001～2002年,荷兰来列斯特测定中心对褐壳蛋鸡随机抽样测验结果(518日龄):入舍母鸡产蛋量316个;饲养日产蛋量330个,平均蛋重61.6克,总产蛋重 19.35 千克;71～74 周龄产蛋率 73.1%;日采食量 111 克;料蛋比为 2.15∶1;死亡率 8.2%。目前北京华都集团峪口禽业有限公司、河北省石家庄华牧集团公司种禽场、中美合作济空肥城种鸡场都有该品种。

(六)宝 万 斯

宝万斯系荷兰汉德克家禽育种公司选育的。据称该鸡以成活率高、抗病力强和耐粗饲为特点。2001～2002 年荷兰来列斯特测定中心对褐壳蛋鸡随机抽样测验结果(518 日龄):入舍母鸡产蛋量 330 个,饲养日产蛋量 339 个,71～74 周龄产蛋率 75%;平均蛋重 62.6 克,总产蛋重 20.62 千克;日采食量 118 克;料蛋比为 2.19∶1;死亡率 6.8%。宝万斯有一个配套系叫宝万斯高兰,该鸡在此次测验结果(518 日龄):入舍母鸡产蛋量 333 个,饲养日产蛋量 341 个,71～74 周龄产蛋率 74.9%;平均蛋重 62.6 克,总产蛋重 20.83 千克;日采食量 115 克;料蛋比为 2.11∶1;死亡率 6.8%。另一个配套系叫宝万斯尼拉,据广告资料介绍,商品鸡育成率 98%,产蛋高峰产蛋率可达 92%～94%,72 周龄产蛋量 328～333 个,总产蛋重 20.2 千克,料蛋比 2.3∶1,产蛋期末体重 2.2 千克。目前,北京华都集团有限责任公司、河北省示范种鸡场、四川省原种鸡场有该品种。

(七)巴布考克 B-380

巴布考克 B-380 是法国哈伯德伊莎家禽育种公司经过近 30 年的精心选育成功的蛋鸡品种,在全球各地都表现出较好的生产性能。河南省家禽育种中心于 2001 年 8 月和 2008 年 9 月,分两批引进我国。与其他品种相比,巴布考克 B-380 具有以下特点。

第一,有优越的产蛋性能。78 周龄产蛋量可达到 337 个,初产体重 1 650 克,成年体重 2 050 克左右;蛋重 62.8 克左右,产蛋前后期蛋重较为一致，蛋壳颜色均匀。

第二，有较强的适应性，容易饲养。

第三，有非常明显的特征——黑尾。这也是褐壳蛋鸡中唯一具有黑尾特征的品种，可以清晰地与其他品种相辨别。

2001～2002 年，荷兰来列斯特测定中心对褐壳蛋鸡随机抽样测验结果(518 日龄)：入舍母鸡产蛋量 311 个；饲养日产蛋量 328 个，71～74 周龄产蛋率 69.2%；平均蛋重 62.3 克，总产蛋重 19.36 千克；日采食量 112 克；料蛋比为 2.13∶1；死亡率 14.5%。

(八)尼克红蛋鸡

尼克红蛋鸡是美国辉瑞公司选育的配套系祖代鸡，近年来已先后引进河北省华裕家禽育种有限公司和山东佳牧畜禽实业有限公司。据中国畜牧业协会资料介绍，尼克红蛋鸡商品代生产性能：0～18 周龄育成率 96%～98%，19～76 周龄成鸡存活率94%～96%，开产体重 1.56 千克，76 周龄体重 2.2 千克，140～150 日龄达 50%产蛋率，76 周龄入舍鸡产蛋量 314～320 个，全期平均蛋重 63～65 克，总产蛋重 20～20.8 千克；蛋料比 1∶2.2～2.3，90%以上产蛋率可维持 17～21 周，80%以上产蛋率可维持 36～44 周，高峰产蛋率 92%～96%。

(九)农大褐 3 号

农大褐 3 号节粮小型蛋鸡，是中国农业大学的育种专家，历经多年培育的优良蛋用品种。他们成功地把位于性染色体上的矮化(dW)基因导入农大褐蛋鸡，使体型变小 20%～30%，腿短，饲料转化率提高 15%～20%，节省饲料 20%左右，能大大提高蛋鸡饲料的综合经济效益。该品种 1999 年获国家科技进步二等奖。据中国农业大学动物科技学院和北农大种禽有限公司 2002 年 6 月资料报道，农大褐 3 号商品代生产性能：育成率(1～120 日龄)

96%,产蛋期成活率 95%～96%,150～156 日龄达 50%产蛋率,高峰产蛋率 94%以上,入舍鸡产蛋量(72 周龄)278 个,饲养日产蛋量 288 个,平均蛋重 55～58 克,后期蛋重 60.5 克,总产蛋重 15.6～16.7 千克;母鸡 120 日龄体重 1.2 千克,成年体重 1.55 千克,育雏育成期耗料 5.5 千克;产蛋期日耗料 87 克,产蛋高峰日耗料 90 克,料蛋比为 2～2.1∶1。以上生产性能来自好的饲养管理条件。

三、粉壳蛋鸡

这种类型的蛋鸡,是由洛岛红品种与白来航品种的品系间正交或反交所产生的杂种鸡。从蛋壳颜色上看,介于褐壳蛋与白壳蛋之间,呈浅褐色,故称粉壳蛋。在羽色上以白色为主,有黄、黑、灰等杂色羽斑。

粉壳蛋鸡的特点是生活力强,适应性好,性情与褐壳蛋鸡一样温顺,成年鸡的体重介于褐羽鸡与白羽鸡之间,一般不超过 2 千克,产蛋量较高,蛋重比白壳蛋大。粉壳蛋鸡具有两亲本品系的优点。因此,近年来饲养者对这种鸡的需求量有增加的趋势。

(一)京白 939

京白 939 是北京市种禽公司的科研人员,在 20 世纪 90 年代选育的品系配套、可通过羽速自别雌雄的蛋鸡。父本为褐壳蛋鸡,母本为白壳蛋鸡。杂交商品鸡可从羽速区分公母。生产性能测定结果:20 周龄育成率 96%～98%,产蛋期存活率 93%～95%,20 周龄体重 1.4～1.5 千克,21～72 周龄饲养日产蛋量为 300～306 个,平均蛋重 60.5～63 克,平均日耗料 105～115 克,总产蛋重 18.7 千克。目前该鸡已广泛推广应用。

(二)罗曼粉

2001 年 8 月,北京农业职业学院(原北京农校)种鸡场,首批自德国引进罗曼粉祖代种鸡。该鸡父母代均为白色,商品代鸡羽色一致,蛋色一致,淘汰体重适宜,深受人们的偏爱。商品蛋鸡生产性能:140~150 日龄达 50%产蛋率,高峰产蛋率 95%,入舍鸡年产蛋量 300~310 个,总产蛋重 20 千克,平均蛋重 63~64 克,产蛋期耗料 110 克,料蛋比 2.1∶1;产蛋期末体重 2 千克;育成期存活率 97%~98%,产蛋期存活率 96%。

(三)农大褐 3 号粉壳蛋鸡

本鸡是中国农业大学的育种专家历经多年培育的优良蛋用鸡品种。农大褐 3 号有两种产品类型,一种是褐壳蛋鸡,另一种是浅褐壳蛋鸡(粉壳蛋鸡)。2002 年 6 月,中国农业大学动物科技学院、北农大集团——北农大种禽有限公司报道,农大褐 3 号粉壳蛋鸡商品代生产性能:育雏育成期成活率 96%,产蛋期成活率 96%,148~153 日龄达 50%产蛋率,高峰产蛋率 90%以上,入舍鸡产蛋量(72 周龄)278 个,饲养日产蛋量 288 个,平均蛋重 55~58 克,后期蛋重 60 克,总产蛋重 15.6~16.7 千克,母鸡 120 日龄体重 1.2 千克,成年体重 1.55 千克,育雏育成期耗料 5.5 千克,产蛋期日耗料 87 克,产蛋高峰日耗料 90 克,料蛋比 2~2.1∶1。以上生产性能来自于好的饲养管理条件。

四、绿壳蛋鸡

绿壳蛋鸡是江苏省家禽科学研究所家禽育种中心培育出的绿壳蛋鸡系列新品种。分黄麻羽和灰白羽两个品系。绿壳蛋鸡生产性能:父母代产种蛋量为 185~190 个,成年鸡体重 1.25~1.4 千克，存活率94%～96%，绿壳蛋率达99%以上。黄麻羽商品代：产蛋量210～230个，成年鸡体重1.3～1.5千克，存活率94%～96%，绿壳蛋率在95%以上。灰白羽商品代：产蛋量230～250个，成年鸡体重1.4～1.6千克，存活率94%～96%，绿壳蛋率在95%以上。为节省篇幅，以上仅是简要介绍我国现有的国内外部分蛋鸡良种。

2009年2月，北京市峪口禽业公司培育的“京红1号”和“京粉1号”两个蛋鸡配套系通过国家畜禽遗传资源委员会审定。中国科学院院士、中国农业大学教授吴常信认为，峪口禽业公司培育的这两个蛋鸡品种，与以往我国国内培育的蛋鸡品种比较，具有很大的优势。这两个品种规模更大，影响更广，产量更高，效益更好。从此，我们可以逐步减少对国外蛋鸡品种的依赖。

为了使家禽品种及其产品质量合格，农业部于2001年4月，成立了农业部家禽品质监督检验测试中心(扬州)。中心开展以下产品的检测工作：家禽产品质量安全合格检测和无公害家禽产品认证检测；家禽品种性能测定；禽蛋品质测定；禽肉品质测定；为各饲料生产厂家、用户提供有关饲料的测定服务。

第二章 蛋鸡的选育

养鸡业由自然经济转入商品经济的生产，特别是转入集约化经营以后，对鸡种的选育工作提出了更高的要求。鸡种的优劣，产蛋的多少，与经济利益息息相关。优良品种是夺得高产的遗传基础；全价的营养则是实现遗传潜力的物质基础；而科学管理则是发挥鸡遗传潜力的手段；防疫卫生措施则是经营成败的关键。经营者对上述4条不可偏废，缺一不可。有了高产的品种，在其他3种情况正常时，可比一般鸡种要多产蛋；有了良种，管理也得当，没有全价的营养物质，良种的性能也不能发挥；其他3种条件都具备，若不按科学办事，管理不当，防疫卫生工作做得不好，同样不会有高产。一旦暴发烈性传染病，全群覆灭，一年辛苦一场空。因此，良种还需良方才行。广大农村采用传统方法养鸡，每年春天养鸡不少，到年底剩下的鸡却不多，原因就在这里。

一、蛋鸡育种的现状和趋势

过去一说蛋鸡，人们就以为是白来航鸡。确实，白来航鸡是蛋用型鸡的典型代表。它原产于意大利，1835年从意大利的来航港输往美国以后，就以该港命名，以后全世界就家喻户晓了。来航鸡有羽色不同的12个变种，其中以白色来航鸡数量最多，产蛋量最高。因此，目前我们所说的来航鸡，就是以白来航鸡作代表。经过长期的选择选配，已育成许多各具特色的白来航鸡品系，产蛋量有高有低。育种家又通过品系间杂交或与不同品种鸡的品系间杂交，培育出生产性能不同的高产配套杂交组合。如海赛克斯白、罗曼白、海兰W-36、京白938等，不胜枚举。总之，现代养鸡业的成就，归功于杂交鸡的育成。

最早，人们只知道用纯品种或品系的鸡作商品生产。后来使用品种间杂交生产商品鸡，使产蛋量得到明显提高。接着，品系间杂交又得到了最广泛的推广。杂交鸡特别是配套杂交鸡的选育成功，是育种工作的巨大成绩。杂交鸡的产蛋量比纯种鸡高 20％以上，并能更好地适应集约化生产，更合理地利用饲料。养禽业发达的国家，商品蛋鸡群中，90％～100％都是杂交鸡。目前，我国的大型鸡场，几乎也都养杂交鸡。

除了白来航杂交鸡以外，新汉县、洛岛红、洛岛白等品系的杂交鸡也开始推广了。当前的褐壳蛋鸡配套系就属于后者。例如，依莎褐、罗曼褐、海赛克斯褐等。

由于育种工作的进展，配套杂交鸡的大量推广，商品代蛋鸡 72 周龄产蛋量从 140 个提高到 280 个，增加了 1 倍。要想突破产蛋量的稳定性，专家们指出，仅着眼于遗传上改进还不够，还应通过改进饲养管理，降低发病率，增强抗应激能力。为了提高蛋鸡业的经济效益，育种家正在下述方面进行努力。

(一)降低产蛋鸡的体重和提高饲料报酬

白壳蛋鸡的潜力已有限，但褐壳蛋鸡潜力还很大。认为白色杂交鸡产蛋期末的适宜体重为 1.7～1.8 千克，褐色杂交鸡为 2.2～2.3 千克。国外育种专家的未来目标，是把蛋用型鸡每产 1 千克蛋的耗料，降到 2.3 千克以下。

(二)提高早熟性和延长生产利用期

提早开产有利于增加产蛋量，减少育成期的费用，达到有效地利用鸡舍。认为 155～160 日龄达到 50％产蛋率较为理想，过去，蛋鸡的育成期与产蛋期之比为 1∶2(育成期 6 个月，产蛋期 12 个月)，未来应达到 1∶3(即育成期 5 个月，产蛋期 15 个月)。

(三)改善蛋品质指标

主要是提高蛋壳强度,减少破蛋带来的经济损失。对褐壳蛋鸡来说要通过选育,减少血斑蛋和肉斑蛋在蛋中的比例。

(四)减少蛋重的变异程度

在降低鸡体重的同时不降低蛋重,使小蛋的比例缩小,标准蛋和大蛋的比例增加,从而增加每只鸡的总产蛋重。

(五)提高杂交鸡的抗应激能力

集约化生产条件下,鸡的行为发生了改变,只要工艺程序上出现毛病,鸡就产生应激,成活率降低,产蛋量下降。目前主要通过笼养选育,使鸡对工厂化的管理条件产生适应性,从而培育出抗应激的鸡。

二、蛋鸡选育的主要方法

选育的目的是使鸡的基因纯合,生产性状趋于一致,并使生产性能指标不断提高。通过选育,将不同的品系进行配合力测定,选出最佳杂交组合,生产高产的商品杂交鸡。

常规的育种方法有两种:近交法和闭锁群家系选育法。

(一)近 交 法

过去许多国家在培育新品系时,都曾先后使用过生产杂交玉米的方法,即近亲交配法,简称近交法。建立近交系要连续进行4～5代同胞兄弟与同胞姐妹的交配。近交能使基因纯合,使有利基因和有害基因都固定下来。因此,要使有害基因暴露出来并加以去除。近交的结果会引起衰退,使鸡的产蛋量、生活力、繁殖力下降，于是不得不在以后的选育中淘汰大多数的家系和品系。而且，为了通过正反杂交测定配合力，选出最好的杂交组合，必须建立大量的近交系，因此需要很多的鸡舍和资金。例如，有10个近交系，要进行两品系正反交，就要做90个杂交组合测定；如果进行三品系杂交，就要有720个杂交组合测定；要进行四品系杂交，就要做5 040个杂交组合测定。这样多的组合测定，没有一定规模的鸡舍、人力和财力，是不能设想的。因此，育成一个优良品系，出售时价钱很高，也是理所当然的。我国从国外引进一些曾祖代鸡，价格十分昂贵，也就可以理解了。

近交虽然出现衰退，而且由于生活力低，大多数家系也因繁殖力低而自然被淘汰掉。幸存下来的近交系，通过近交系之间杂交，则产生明显杂种优势，这就是近交仍被育种家采用的根本原因。

为了避免近交产生的不良后果和因近交带来的经济损失，育种家研究了产生杂种优势的其他方法，这就是具有一定遗传同质性和特点的闭锁群家系选育法。

(二)闭锁群家系选育法

所谓闭锁群选育，就是一种鸡群引入以后，再不引入任何外血，按某一性状进行4～5代以上的家系选育，而且要避免近亲交配。这样的鸡群具有一定的遗传同质性，同时又有别于其他鸡群。由于闭锁选育法比较稳妥，不会给生产带来危害，故被普遍采用。专家们认为，一个闭锁系中如有20个选育家系，就可进行正常的选育而避免近交系数明显上升，并取得一定的遗传进展。闭锁系的家系如果过少，经过几代的选育就必不可免地导致近亲交配。

为了防止品系闭锁选育时出现近交，每个品系中要确立5～7个系祖，以形成5～7个小系。每个世代繁殖时，一个小系的公鸡都与另一个小系的母鸡交配。每一代都选留20%～40%的母鸡和2%～3%的公鸡作种用。选留母鸡时，既考虑家系的成绩也考虑本身的性能水平;选留公鸡时,兼顾家系的成绩与同胞姐妹的成绩。家系越多,选择强度越大,遗传进展也越快。

国外的育种公司在选育配套杂交鸡时,一般做法是这样的:根据掌握的信息,购买各国的鸡种和参加随机抽样测定成绩最好的杂交鸡。在此基础上杂交,用近交法或闭锁法建立在某一性状上具有特长的新品系即合成系。每个公司一般都有 40～60 个这样的品系。广泛收集这些品系使公司能对市场的需求与变化很快作出反应。最普遍的选育方案如下。

被选育的品系,按随机法相互杂交即随机交配。从杂交后代中选出有益性状结合得最好的个体。这些个体就成为新品系的系祖(一般 8～10 个),然后进行不同公鸡与同一母鸡的交配。两系杂种至少要进行两次重复测验,再选出三系和四系杂种的亲本。多系杂交鸡先由公司自己测定,然后参加国际测定站的随机抽样测定,如获成功,就将商品杂交鸡出售给用户。

育种公司一般都储备有性能很好的品系。因此,一般不育成完全定型的杂种,而只是到一定时间就更换现有配套组合中的某一品系。

一个基本原则是,必须分出专门的父本和母本,它们可以是纯系,也可以是单交种。一般父本品系的选育性状是:产蛋数,蛋重,蛋壳质量,受精率,与母本的配合力,育成率;母本品系的选育性状是:性成熟,产蛋数,产蛋高峰与强度,产蛋曲线的平稳性,孵化率,育成率和存活率。

国外的公司认为,种鸡单笼饲养人工授精效果最好,这样能对选育性状作准确的统计和评定,既简单又能改进选种的工艺。有时 1 周收蛋 1 次,这样能确切地判断鸡的产蛋强度,同时很直观地得到有关蛋形、蛋壳质量的资料。

目前,褐壳蛋鸡和白壳蛋鸡的市场地位不相上下。所以,国外的育种公司为适应市场的需求,白壳蛋鸡和褐壳蛋鸡均同时出台。

在培育和改进蛋用杂交鸡时，正反反复选育法采用最多。对此至少要有两个品系，各自按不同性状进行选育。为保持A系，要根据A系×B系杂交后代的生产性能来决定组成亲本群；为保持B系，则根据B系×A系杂交后代的生产性能来组成亲本群(图2-1)。正反反复选育法的实质是在所测试的品系中，查明能产生杂种优势的基因，并加以固定。这种方法在选育纯系时与闭锁法相同，所以，不致引起高度近亲。与近交系杂交法相比所花的代价也不高。但正反反复选育法也有一定的难度。因等候杂交后代的性能测定结果才能决定纯系的组群繁殖继代，故要利用两年的老鸡。此外，种鸡场要测定大量的杂交后代，会减少纯系种蛋的利用率。

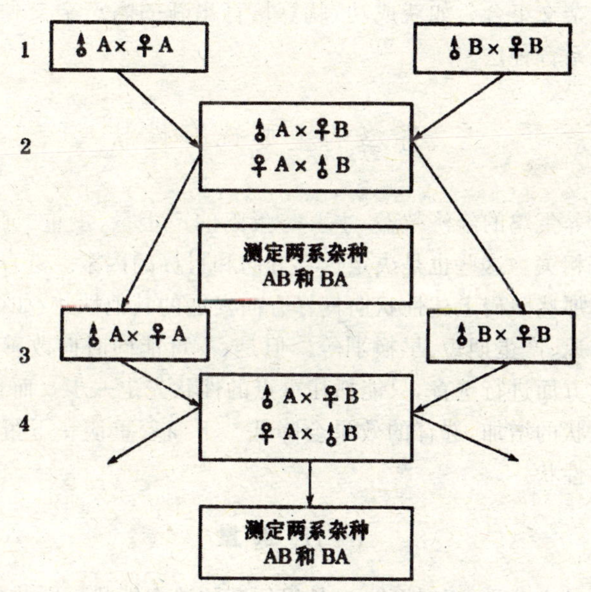

图2-1　正反反复选育法示意图

为缩短选育的世代间隔，加速遗传的进展，北京农业大学吴常信教授提出“先选后留”和“先留后选”相结合的家系选育法。这种创新的选育方法，已在北京白鸡的育种中应用。

立陶宛的育种家从1968年起改进了正反反复选育法，把纯系分成两部分，一部分进行纯繁，一部分正反杂交。先孵化正反杂交的杂种，然后孵化纯繁的后代，这样在同一年内就能得到同一母鸡的杂种后代和纯种后代。经过改进的选育方法使时间缩短了1年，能较快地选育配合力好的配套系。这就是国内所称的双选法。

近年来，许多人认为，培育新的杂交鸡，多元杂交法最有前途：第一步，建立多元杂交群体；第二步，杂交群体自群繁育2～3代；第三步，建立几个系，进行一般配合力和特殊配合力的测定，寻找最佳的杂交组合。如获成功，就算培育出新的高产杂交种。这就是合成系育种法。

三、蛋鸡的主要选育性状

饲养蛋鸡的经济效益，主要与蛋鸡的产蛋量、蛋重、饲料转换率密切相关。这些也是决定选育方向和目标的因素。选育工作旨在对付那些阻碍上述性状向良好方向发展的其他性状，如体重大、性成熟迟、产蛋期短、早换羽等。但是，不可能同时向改善所有理想性状方面进行选育，只能抓住重点的性状先走一步。而且，随着选育性状的增加，选育的效果会降低。下面着重谈一下蛋鸡选育的主要性状。

（一）产蛋量

这是十分重要的性状，也是很复杂的选育性状。因此，迄今为止还没有分出决定产蛋量的专门基因，也没有确定这些基因的数目。产蛋量的遗传力平均为0.25～0.3，范围在0.15～0.45之间。通过选育和改善饲养管理，蛋鸡已达很高的产蛋水平。在荷兰来列斯特测定中心对褐壳蛋鸡随机抽样测定，518 日龄产蛋量达到 333 个，1 年中母鸡的产蛋量与下列 5 个因素有关，按其重要性分列如下。

1. 产蛋持续期的长短　即母鸡从产第一个蛋开始，到产最后一个蛋为止并开始换羽的天数，也就是生物学年的长短。生物学年的开始和结束，在时间上存在着个体的由遗传所决定的差异。有些母鸡开产很早，结束产蛋却很晚。通过选择这样的鸡，可以提高年产蛋量。第一年产蛋量与第二年产蛋量之间存在着高度相关性，但第二年的产蛋量约比第一年减少 12%。总之，产蛋持续时间越长，母鸡产蛋量就越高。

2. 产蛋强度　用 1 天或 1 段时间（1 个月或几个月）内全部母鸡与所产蛋数的百分比来表示，也叫做产蛋率。如 100 只母鸡 1 天内产蛋 80 个或 100 只母鸡 1 个月内产蛋 2 400 个，则鸡群的产蛋强度或产蛋率为 80%。这个性状在开产初期和产蛋末期十分重要。前者表示产蛋的增长速度，后者反映产蛋的持续性。产蛋强度这个性状是可以遗传的，而且个体和品系之间有很大的差别。母鸡头几个月的产蛋强度与全年产蛋量有关。也就是说，头几个月产蛋率越高，全年产蛋量也越高。

在考虑产蛋强度时，也应该注意最大的产蛋强度（即俗称的产蛋高峰值）及母鸡进入产蛋高峰的时间。进入产蛋高峰的时间越早，高峰值越高，在其他条件不变的情况下，产蛋量就越高。目前蛋鸡的高峰值可达 80%～95%，33 周龄进入产蛋最高峰。

母鸡保持高产蛋强度的能力也很重要，因为这涉及产蛋率的下降速度问题。使产蛋率下降速度缓慢是提高产蛋量的主要潜力之一。优秀蛋鸡的产蛋率下降速度为每月 2%～4%。到 15 或 16 月龄应保持 65%的产蛋率。

产蛋的平稳性也很重要，可以观察鸡抗不良应激因素的能力。

母鸡如能抗不良应激因素，又不降低产蛋率和有很快摆脱应激状况的能力，对保持产蛋率的平稳性是十分有利的。产蛋率越平稳，产蛋量越高。与其追求产蛋最高峰，不如保持产蛋率的平稳性。有些鸡群产蛋高峰很高，但高峰过后产蛋率下降很快，结果产蛋量并不高。

产蛋周期的概念与产蛋强度的概念密切相关。产蛋周期的定义是母鸡连续产蛋的天数和下一周期开始前停产天数的总和。例如，母鸡连产 10 天蛋，接着停产 2 天才重新产蛋，产蛋周期为 12 天。周期的长短变化很大，产蛋低的母鸡为 3～4 天，高产的母鸡可达 30 天、50 天、甚至 60 天以上。产蛋周期的长短与年产蛋量呈正相关。周期之间母鸡停产的日数增加，会降低年产蛋量。选产蛋周期之间停产日数短的鸡，也可以提高产蛋量。

3. 冬歇 指母鸡并非就巢而产蛋终止 7 天以上的时间。在规模鸡场，鸡在可控小气候的鸡舍中饲养，特别是饲养现代的高产杂交鸡，冬歇的现象很少。不过，在开放式的鸡舍饲养，应激因素较多，冬歇的现象还是时有发生。冬歇时间越长，次数越多，母鸡的产蛋量自然就越低。

4. 就巢性 来航鸡群中实际上已没有就巢现象了。中型蛋鸡当鸡舍气温在 30℃以上，特别是夏天气温高时，有些个体会出现短期的就巢现象。就巢性是由遗传所决定的，不过遗传力不高(0.2 以下)。单纯用淘汰就巢母鸡的办法可以消除这一性状。母鸡就巢时间越长，次数越多，产蛋量就越低。

5. 性成熟 这是很重要的经济性状。母鸡初产日龄越短，育成鸡所花的开支也越低。衡量母鸡的性成熟有两种表示方法：个体记录者以产第一个蛋的日龄为准；群体记录者则以全群鸡连续两天达到 50％产蛋率的日龄作为标志。性成熟的遗传力不高(0.25～0.27)，变化范围也很大(0.12～0.52)，表明通过选择可以加快性成熟。

开产日龄与母鸡的产蛋量的相关系数很高(0.58)，因此，早熟性可作为品系内选育提高产蛋量的性状。增加光照和提高日粮中的蛋白质水平，能促进母鸡的性成熟。初产日龄与蛋重之间存在不理想的正相关；母鸡开产越早所产的蛋就越小。对母鸡进行加快性成熟的选育任务，是获得在正常饲养条件下体重小而较早开始产大蛋的母鸡。

(二)蛋　重

这是决定母鸡总产蛋重高低和经济意义最大的第二个性状。认为蛋鸡的蛋重应在55～60克。通过选育来改进蛋重是较快的。蛋重不同的品种杂交可得到蛋重中等的后代，一般都接近蛋小的亲本。体重与蛋重呈正相关。母鸡开产越早，体重就越小，蛋重也越小。通过增加体重来提高蛋重是不理想的，因为会增加耗料量。

开产后头几个月蛋重增加最快，每月增加2～3克，至6～7个月时蛋重最大，此后蛋重又开始变小。开产越早，达到标准蛋重所需的时间越长。蛋白和蛋壳比蛋黄的重量增加要快。因此，小蛋的蛋黄相对重量要大些。长期饲养不当和鸡舍温度高于25℃会使蛋重降低。换羽后蛋重略有增加。

蛋重与产蛋强度之间呈负相关(－0.16)，而且变化幅度很大(－0.04～－0.39)。这种相关为曲线相关，有时在产蛋率70%以上才表现出来。蛋重受外界因素的影响比产蛋量要小。因此不必经常测定蛋重。8月龄的蛋重与1年龄的蛋重之间呈高度正相关(0.8)。因此，常常在30周龄和52周龄时称蛋重。45～46周龄蛋重能更客观地代表年平均蛋重。测平均蛋重时，每只母鸡称测2～4个蛋或者称全群5～7天内所产的全部蛋重求平均数。蛋重的遗传力最高(0.36～0.8)，可以顺利地通过个体选择得到提高。选育改进蛋重的目的，不仅为了提高蛋重，而且要使鸡尽早达到最大蛋重并保持产蛋强度和不增加体重。

(三)蛋的品质

这是最具经济价值的性状,包括蛋形、蛋壳质量和颜色、蛋的密度、蛋白浓度和血肉斑率等。

1. 蛋形 蛋的形状是在母鸡输卵管峡部形成的。蛋形对减少蛋破损率、包装运输和孵化有意义。蛋形用蛋形指数来表示。最佳蛋形指数为 1.3～1.35。指数大于 1.35 时蛋形变长,指数小于 1.3 时蛋形变圆。过长的蛋破损率高,孵化率低。蛋形遗传力为 0.1～0.25,通过 2～3 代的选育可以改变蛋形。

2. 蛋壳颜色 来航鸡产白壳蛋,褐色鸡产深色蛋。蛋壳颜色是在子宫中沉积色素的结果,受遗传制约。产蛋初期壳色最深,然后随年龄增加而变浅。发现产蛋量高的母鸡其蛋壳颜色较浅。壳色遗传力为 0.58～0.76。通过选育可以改变蛋壳颜色的深浅。深褐色的基因不完全是显性。白来航公鸡与深色蛋的母鸡杂交,后代壳色较浅,反交时则较深。蛋壳颜色与蛋的营养价值无关。深色蛋孵化时透光性差,不好照蛋,不易检查胚胎发育情况。

3. 蛋壳厚度 对收蛋、分级、包装、运输和孵化时,保护蛋的完整性起重要作用。蛋壳重量与蛋重呈正相关(0.64)。蛋壳厚薄变化很大,受环境温度、代谢过程的影响,品系之间也有差异。蛋壳厚度的遗传力从 0.15～0.3 甚至到 0.6,通过选育可以改善蛋壳厚度,但蛋壳厚度与产蛋量有负相关(—0.26)。蛋壳厚度应在 0.35 毫米以上。

4. 蛋的密度(比重) 代表蛋壳的质量。最佳蛋的密度在 1.08 以上,蛋的密度与产蛋量呈负相关(—0.31)。蛋壳的强度是由蛋的密度、蛋壳的厚度和壳膜的质量所决定的。虽然没有蛋密度遗传力的资料,但对选育是有益的。试验表明,通过 4 代选育,蛋的密度可提高 10.8%。蛋的密度(比重)用盐水漂浮法测定。

5. 蛋白的浓度 最重要的是指浓蛋白的数量和质地。蛋白越浓，蛋的质量越好，孵化率越高。蛋白的浓度用哈氏单位来表示。最适宜的哈氏单位为75～80。哈氏单位与蛋的营养价值及孵化率呈正相关。可通过育种提高哈氏单位。该性状的遗传力为0.2～0.5。

6. 血斑和肉斑率　这是受遗传制约的性状，其遗传力为0.5。已经知道，蛋中血斑的形成主要与排卵时输卵管少量出血有关，肉斑则与输卵管黏膜损伤有关。白壳蛋的血斑、肉斑率很低，褐壳蛋的血斑、肉斑率较高，在产蛋后期，蛋的血斑、肉斑率增加。通过选育可以减少血斑和肉斑率。

（四）体　重

这是受遗传制约的数量性状。其中有1个基因与性别有关，所以公鸡体重比母鸡大。体重的遗传力相当大（0.35～0.53）。因此，家系选择和个体选择均有效。蛋鸡应对降低体重进行选育，以减少维持饲料的消耗。降低体重还可以提高鸡舍的容鸡量。体重增加，鸡的性成熟就晚，产蛋数量减少。

体重不仅对选育性状有意义，而且也是鸡健康的标志。保持鸡的最佳体重极为重要，种鸡应经常检查体重的变化情况。种鸡场应积累每一品系或杂交鸡的标准体重，制定出监督体重变化的曲线图，以便检查后备鸡和成年种鸡的体重。一般用测得的18～20周龄体重和52周龄的体重，作为蛋鸡品系体重的资料。根据选育的需要，还可测定其他时期的体重。

青年鸡的体重与产蛋量及性成熟之间，有不理想的相关，在实际选育工作中应设法克服。当代养鸡业要求体重较小的鸡，以增加单位面积的饲养密度和降低饲料消耗。

（五）生 活 力

这是鸡抵抗外界不良影响的特性。实际考察生活力时可分3

个阶段:第一阶段是胚胎生活力,用孵化率和健雏率作为衡量的指标;第二阶段为 0～20 周龄的育成率;第三阶段为产蛋期存活率。一般在讲到鸡的生活力时,都用存活率或死亡率来表示。

鸡的生活力与体况结实性有关,可预示鸡的健康、高产和抗病能力。死亡率与入舍鸡产蛋量之间的遗传相关为 0.56,与饲养日产蛋量之间的遗传相关为 0.27。幼鸡死亡率的遗传力为 0.01～0.03,成鸡死亡率的遗传力为 0～0.08。

(六)受精率和孵化率

除产蛋量以外,鸡的繁殖性能主要包括受精率、孵化率和雏鸡的成活率。自然选择和人工选择都作用于同一方向,从而保存了鸡的繁殖能力。在像产蛋量这些性状方面有关因素的作用方向是不一致的。因此,必须重视保存高产鸡的繁殖特性。如果母鸡留下很少的后代,即使繁殖高产鸡也无意义。

受精率既与公鸡有关,也与母鸡有关;公鸡能使蛋受精,母鸡能产受精的蛋。

孵化率代表受精蛋的生物学全价性。孵化率是胚胎发育能力和孵出雏鸡生活力的指标。在任何情况下,孵化率都是鸡生活力的第一个特征。

影响孵化率有许多非直接的因素:蛋的大小、蛋结构的缺陷、蛋壳的厚度和多孔性、鸡的饲养等。

对孵化率影响最大的遗传因素,有致死基因和半致死基因,致使胚胎在不同发育阶段死亡。这些基因大多数都是隐性的,很难查出来。

受精率和孵化率的遗传力很低(0.03～0.2)。因此,提高鸡群的受精率和孵化率,个体选择是无效的,只能用家系选择的办法。

(七)饲料转换率

饲料转化率又称饲料报酬。育种的方向之一是繁育出生产蛋用饲料较少的品系,其作用越来越显得重要。单位产品的饲料消耗随产蛋性能的增加而减少。改善饲料报酬的选育有两条途径:一是提高鸡的产蛋量;二是改善鸡将饲料转变成蛋的能力。目前鸡的产蛋量已达到相当高的水平,进一步提高产蛋量已慢得多。因此,今后降低生产蛋的饲料消耗的很大比重,是放在使鸡能更好地利用饲料。

鸡转化饲料的能力用饲料转化率的指标来表示,也就是生产单位产品所用的饲料数量。在饲料转化率方面,品系间存在着明显的差别,从 33.6%～40%不等。也发现同一品系内部,有些母鸡的饲料转化率很低(16.1%),有些则很高(44.7%)。也就是说,每产 1 千克蛋所耗的饲料,从 2.2 千克到 6.2 千克不等。已查明,饲料转化率与产蛋量有显著相关(0.83±0.02),与蛋重的相关较小(0.14±0.07),与体重无关(－0.04±0.07)。体重大的鸡也可以有很好的饲料报酬。吃料量与饲料转化方面无明显联系,吃料多和吃料少的母鸡可以有相同的饲料报酬。

选吃料少和饲料转化率高的母鸡,与同样特征的公鸡交配,能使后代在杂交 1 代(F_1)中重复这些性状。母子之间饲料转化率的相关为 0.2±0.13。

虽然测定种鸡个体的饲料转化率较费劳力,但已提到育种的议事日程上来了。据报道的资料,蛋鸡某些性状的遗传力见表 2-1。

表 2-1　蛋鸡主要经济性状的遗传力

主要性状	平均值	变化范围
产蛋量	0.12	0.09～0.22
产蛋强度	0.20	0.19～0.22
性成熟	0.25	0.10～0.56
蛋　重	0.57	0.31～0.81
受精率	0.12	0.11～0.13
孵化率	0.10	0.03～0.16
育成率	0.10	0.05～0.16
成鸡存活率	0.10	0.03～0.13
10～20 周龄体重	0.43	0.32～0.54
成年鸡的体重	0.41	0.32～0.60
蛋形指数	0.22	0.10～0.62
蛋壳颜色	0.58	0.35～0.80
蛋壳厚度	0.31	0.14～0.58
蛋白浓度	0.22	0.14～0.54
血斑率	0.19	0.10～0.50

四、蛋鸡的选择与选配

(一)蛋鸡的选择

选育的具体任务,是保持鸡群的原有生产性能或者提高其生产性能。为此,需要把鸡群中不理想的鸡淘汰掉,而选择最好的个体作为繁殖后代用。选育在字义上就意味着选择,包括自然选择

(生活力低和繁殖力低的个体由于不能继代而被淘汰)和人工选择。后者的目的是多种多样的,其中主要是设法提高生活力和繁殖性能。

选择可以使理想的性状在后代中加强,选配则能把理想的性状在后代中固定下来。因此,选择、选配是选育工作中两个互相联系的措施。

个体评定和家系(或群体)评定是选择和选配的基础。评定时,一是根据表型,即个体的外貌、健康状况和生产性能;二是基因型,即不是评定某一个个体,而是评定祖先和后代。表型评定多用于选育工作的初期,因为,此时还没有后裔的资料。随着选育工作的深入,个体的基因型资料积累起来以后,基因型的评选才作为基础的评定。

评选出的个体,只有当它们的后代具有很高的生产性能时,才最有种用价值。例如,有两只母鸡,1 号产蛋 240 个,2 号产蛋 270 个,按表型选择,肯定选 2 号母鸡而淘汰 1 号母鸡,但 1 号母鸡的 5 个女儿平均产蛋 260 个,而 2 号母鸡的 6 个女儿平均产蛋 230 个。按基因型选择,必定选 1 号母鸡而不选 2 号母鸡,因为 1 号母鸡最有种用价值。具体的选择方法有如下几种。

1. 顺序选择法　是一个性状一个性状地逐步选择。先按一个性状(如产蛋量)进行选择,当达到高水平以后再选第二个性状(如蛋重),如此类推。这种方法对选择一个性状是较有效的,但使所有性状达到高水平所花时间长,而且也没有保证,因为过渡到选择第二个性状时,可能会降低第一个性状的水平。例如,产蛋量达到较高水平后,开始选择蛋重,由于性状之间是有相关的,而且很多呈负相关,蛋重要增加,体重必须要增大,结果产蛋量会降低。因此,这种选择法对选育进展不快。

2. 独立选择法　这种选择方法在培育配套系时使用最广,其实质是按一个主要性状选择最好的个体,同时对其他性状定出最起码的要求进行选择。这样,在提高主要选育性状的同时,仍然保持其他性状的原有水平。例如,如果父系对后代的产蛋量影响较大,在保持其他性状满意的情况下,重点放在产蛋量的选择上;如果母系对后代生活力影响较大,就着重对生活力的选择,而维持其他性状有较好水平即可。这些都要以配合力测定的结果来定。

3. 家系选择法 这种方法可以提高所有优秀个体的可靠性,因为是考虑双亲的基因型来选择的。在家系选择时,不是考虑个体,而是考虑整个家系(全同胞和半同胞)的指标,凡主要选育性状超过群体平均数的家系的个体都选上。在这种情况下,有些个体的指标比个体选择要低些。因为是按全群平均数选家系,自然有一部分个体的指标是在平均值以下的。

4. 合并选择法 即按家系指标和家系内个体的指标进行选择。这种方法比上述几种选择方法取得的选育效果好。合并选择法实质是优中选优法,即选择最好家系中的最优秀的个体用来繁殖。这种方法使用最广泛。

5. 育种指数选择法 也叫综合指数法。这种方法是把主要选育性状根据各性状的遗传力、遗传相关和性状的经济重要性,综合成一个指数,然后按照指数的大小择优选留家系。据称,这种选择法效果最好。但运用综合指数法计算费时费力,在确定性状的经济重要性时主观随意性大,育种条件不好时难于客观评估性状的遗传参数。因此,在使用指数选择法选鸡时,要慎重考虑其利弊。

(二)蛋鸡的选配

蛋鸡的选配方法有两种:同质选配和异质选配。

1. 同质选配 其实质是具有同样优点的种用价值高的公鸡与母鸡定向交配。同质选配是以亲缘交配或"相似与相似"交配为基础的。表型相似的个体交配未必就能把同一性状巩固下来,特别是遗传力低的性状。只有表型和基因型相似的公鸡与母鸡选配，才能较可靠地把被选育性状固定下来。

长期同质选配可能出现近交。用基因型相似的不同家系的个体交配可以避免近交的不良影响，并使后代的被选育性状固定在应有的水平上。

2. 异质选配　为了保持品系高产和品系杂交时获得的杂种优势，必须进行异质选配。性状彼此间有明显差别的公鸡与母鸡选配，叫做异质选配。这样选配既可用于品系间杂交，也可用于品系内交配。后一种方式是选不同家系的公鸡与母鸡。异质选配既可以表型选择，也可以基因型选择为基础。基因型不同家系的个体选配保证品系或配套杂交组合中出现杂种优势，从而有利于把鸡的生产性能保持在较高的水平上。目前国内外的高产配套系均采用异质选配法，中型褐壳蛋鸡就更为明显。

五、电子计算机在育种中的运用

众所周知，育种是一项费时、费力、耗资的工作。在商业化育种中，鸡的育种目标已出现多样化。因此，要进行大量的多项目记录。如果用人工计算各个育种性状的遗传参数和各性状间的相关，不仅工作量大，而且还可能出错。没有准确的数据，很难做出正确的判断。目前，鸡的育种中，家系选育还是基本的手段，用家系早期产蛋性能的资料作为早期选择的依据。这样保证一年一个世代，从而缩短世代间隔，加快遗传进展的速度。为抓紧有利时机组建家系繁育，必须在短期内尽快进行早期资料的统计处理，以便选择选配，组建新的家系；每年育种鸡群的资料总结、配合力测定资料的整理，工作量都很大。电子计算机的应用使育种技术人员按照自己编制的程序，输入数据之后，就能迅速地进行统计处理，得到所要的数据，作出合理的决策，从而促进育种工作水平的提高。将原始资料输入计算机以后，可根据工作需要，随时查询有关数据。此外，电子计算机对饲料配方的优化选择、鸡场的经营管理等，也提供了便利的条件。

六、种质资源的保存与利用

随着集约化养禽业的发展，必须建立专门化的品系，通过品系配合力的测定，确定最佳的配套杂交组合，利用配套杂交鸡生产商品蛋。可以说，目前所有高产配套系实际上都是合成系。由于追求经济效益，许多生产性能低和配合力不好的品种、品系和种群，无法与专门化配套系相比而被取代。结果这些鸡的数量明显减少，育种工作也就无法维持而萎缩。有些品种群已濒临消失乃至绝种。许多地方品种也走向消失的边缘。特别是国外鸡种的引进，对我国地方鸡种的冲击很大。

鸡种数量急剧减少和消失的原因是多方面的，没有竞争能力，经济效益低，是重要的原因之一；没有专门的保种场和育种场也是一个原因。如不采取有效措施对这些鸡种加以保护和保存，很快就会被高产鸡种所取代，最后从人类的经济生活中消失。这些鸡种虽然目前还不能适于集约化饲养，但它们具有适应性好，对饲养管理条件要求不严，抗病力强，蛋品质好等特点。随着育种的发展和新配套系的进一步增加，需要有新的多样化的遗传素材加入。目前所用的高产配套系只是少数的鸡种，长期利用会使遗传多样性减少。育种家要克服生产水平难以迈上遗传的新台阶，使鸡的产蛋水平超越当今的水平，就必须从别的鸡种中引入新的基因。可见，地方品种和其他目前还不能用于生产的贮备种群的保存，是当代养禽业的重要任务之一。

鸡品种资源的保种作用，由它们的遗传多样性来决定。因此，繁育方法应能保证把它们在长期繁殖下固有的有价值的品质保存下来，以便进一步利用。在鸡种数量过少的情况下长期繁殖，不可避免地会改变鸡种的表型和基因型的特点。这样，确定最起码的保种数量和最适宜的公母比例，做到既不导致近交系数的过快增长和基因的飘变，又能节省保种费用，就成为保种工作的重要任务。目前的保种工作大致可分为以下三类。

第一，适于集约化饲养的专门化配套系。要保持这些品系已取得的生产性能水平，可用定向选择的方法，特别是遗传上有加性特征的性状，如体重、蛋重等，应用配套系原来所用的选择和繁殖的方法。经配合力测定过的高产专门化品系，最好用家系选择法来保持其种质。每个品系至少有25～30个家系，每个家系要有50个以上的后代，并做个体生产性能的记录。

第二，未具集约化生产意义，但可在一般非专门化鸡场利用的品种和品种群。要保持这些鸡种的种质，可用大群选育的方法。

第三，数量少并濒于消失的珍稀品种群体。

保存后两类鸡种要注意它们的生产性能表现、羽色、皮色和冠形等。为保持鸡群基因型的多样化和避免近交的不良影响，必须保证群体的有效数量。国外保种工作的实践证明，要长期保存鸡种，最起码的群体数量，应有母鸡120只，公鸡40只。在自由交配情况下，鸡的死亡、淘汰率很高。最佳群体的数量，建议母鸡为250只，公鸡50只。最佳留种繁殖期应放在35～39周龄期间，因为此段时间正值母鸡的产蛋高峰期，蛋的品质也好。这样，能保证绝大多数鸡都能有后代，从而保存基因型的多样化（但也不能担保所有的母鸡都能得到相同数量的后代）。在此情况下，最好考虑使每只鸡的入孵蛋数大致相等。当群体数量不多时，采取这种办法就特别重要。为防止近交不良影响，最好将保种鸡分成几个小群，每年顺时针方向交换公鸡，如第一组公鸡与第二组母鸡交配，第二组公鸡与第三组母鸡交配，第三组公鸡与第四组母鸡交配，等等。

保种是为了利用，要利用就必须选择。因此，在保证每只母鸡都有大致相同后代数的前提下选择，只有这样才能保存整个群体的典型性。所以，保种工作不是很容易的事。目前我国还不可能把珍稀的鸡种集中到一个场去保存，主要靠行政部门抽出一定的资金支持保种工作，由科研机关与产地合作，开展保种工作的研究。

第三章 蛋鸡的良种繁育体系

一、良种繁育体系的作用

在养鸡业中，饲养配套杂交鸡的经济效益最高，目前已被越来越多的人所接受。杂交鸡在生产性能的一系列指标上，都表现出明显的杂种优势。例如，产蛋量多、蛋重大、体型适中、饲料转化率高、抗病力强等，一般都比它们的双亲要高。因此，育种公司或育种场在选育过程中，以选出的高产配套系为中心，按参与配套纯系的多少，根据分代次杂交制种的程序，逐级提供曾祖代、祖代、父母代的种鸡，形成完善的繁育体系，向商品代场出售杂交鸡，用于商品生产。繁育体系就是由数量较少的纯系，通过逐级制种繁殖，最后得到大量的高产杂交鸡。

英国罗斯公司的遗传学家认为，以配套的曾祖代母本母系100只母鸡为基数，按繁育体系杂交制种，可生产5 000只(每只母鸡生产50只母雏计算)祖代鸡、30万只父母代鸡(每只母鸡生产60只母雏计算)、2 550万只商品代母雏(每只母鸡生产85只母雏计算)。

可见，建立良种繁育体系的目的，是尽量少用人力、物力、财力和时间，使先进的育种技术和成果应用于生产。只要集中力量办好育种场，就能充分利用纯种资源，使成功的配套纯系按杂交方案逐级杂交制种，最终为商品场提供大量的优秀商品鸡。

繁育体系所属的育种场、曾祖代场、祖代场和父母代场，是现代化养鸡业的良种基地。只有建立和健全良种繁育体系后，才能有效地生产并向各类商品场提供数量充足而生产性能好的商品代鸡，满足农户乃至各类商品场对高产商品鸡的需要量。不建立良种繁育体系，良种蛋鸡难于推广和普及，要改变农村长期饲养生产性能低下的土种鸡的状况就有困难，也不可能从根本上提高全国蛋鸡的单产水平。有了良种繁育体系，各地区乃至全国就可以有计划地按需要和可能安排蛋鸡生产。当代高产配套杂交鸡在科学饲养条件下，其遗传潜力一般都能稳定地发挥出来，能正确地估测母鸡的产蛋量。

良种繁育体系，不仅是某一高产配套系应用于生产必不可少的制种程序，同时也是一个国家蛋鸡育种水平及良种普及的重要标志。不按制种程序办事，鸡种质量无保证，良种不能发挥其应有的作用，也给商品场带来经济损失。可见，让养鸡者清楚这些道理是十分重要的。

二、与配套系有关的名词解释

（一）品　系

品系指的是来源于同一品种或品种间的优秀种公、母鸡，此品种有较高的生产性能和种用品质，并能将这些品质遗传给后代的鸡群。品系繁育的目的，在于建立基因型不同的类群，通过不同类群鸡杂交，获得高产的后代。

品系鸡都具有一定的基因组，从而决定品系的特点。不同的品系有不同的特点。品系的系祖，可以是一个品种或几个品种的种公鸡。在同一品种内育成的品系叫做单系，它同样具有品种的特点和结构。由两个以上的品种或品系育成的品系称为合成系。合成系主要是根据某几个经济有益性状进行选育，只要达到选育的目标，合成系就算育成。培育合成系的目的，是把不同品系的生产性状在高水平上融合在一起，使配套杂交的效果更好。目前许多配套系中都有合成系。

(二)配套杂交组合和配套系

配套杂交组合，是指对配合力进行选育的专门化品系的综合。这些品系按照特定的杂交方案进行杂交，可得到高产和高生活力的后代。配套杂交组合的第一代杂种用于商品生产。配套杂交组合中的各个品系叫做配套系。配套杂交组合至少包括两个品系。根据参加杂交的品系数量的多少，分为两系配套、三系配套、四系配套等。几系配套为好，主要由品系的配合力和育种家要使自己选育的杂交鸡达到什么样的生产性能水平而定。一般来讲，凡是特殊配合力突出的品系，采用两系配套；凡是一般配合力好的品系，多用三系或四系配套。所谓品系的配合力，指的是一个品系与另一个品系杂交时得到高产和高生活力后代的特性，即主要经济有益性状出现杂种优势。配合力分为特殊配合力和一般配合力。前者由某一具体杂交组合中杂种优势值来衡量，后者由全部杂交组合中杂种优势的平均值来衡量。目前，商品蛋鸡生产中，无论国内还是国外，多用配套杂交鸡。养禽业发达的国家，几乎全部利用这种杂交鸡。因为当今真正最高产的鸡，不是纯种鸡，而是配套杂交鸡。

(三)杂 交 鸡

目前所说的杂交鸡，是指由两个或两个以上的同一品种或不同品种有配合力的品系杂交所得的杂种鸡。杂交鸡比纯系和亲本有更高的生产性能和更好的生活力。杂交时能得到高产杂种后代的能力，是代表品系最重要的特征。这是由杂种优势现象来决定的。第一代杂种鸡在经济性状方面一般都超过它们的双亲。杂种鸡在胚胎发育阶段就显示出杂种优势，表现为代谢过程加强，生长发育加快，种蛋孵化率高，雏鸡质量好。并不是任何品系杂交都有杂种优势,只有经过对配合力选育的品系杂交,才有良好的杂种优势。杂交鸡的普及程度能反映养鸡业的水平。

(四)父系和母系

两个或两个以上的配套系杂交时,形成配套杂交组合,其中一个系叫做父系,另一个系叫做母系。父系的公鸡称为父本,母系的母鸡称为母本。

在 A,B,C,D 四系配套杂交组合中,父本(AB)和母本(CD)都是单交种,A 系叫做父本父系,B 系叫做父本母系,C 系称为母本父系,D 系称为母本母系。如果用字母和数字来表示,第一个字母或数字表示父系或公鸡,第二个字母或数字为母系或母鸡。例如,ABCD 配套杂种,A 和 C 都表示父系,B 和 D 表示母系。配套杂交方案如下。

	父本		母本	
	父本父系	父本母系	母本父系	母本母系
曾祖代	♂A×♀A	♂B×♀B	♂C×♀C	♂D×♀D
	↓	↓	↓	↓
祖　代	♂A ×	♀B	♂C ×	♀D
	↓		↓	
父母代	♂AB	×	♀CD	
		↓		
商品代		♀ABCD		

在三系配套杂交组合 ABC 中,有两种配套方案:父本 A 与母本 BC 杂交,或父本 AB 与母本 C 杂交。这两种情况,A 系都是父系,C 系为母系,B 系在第一种方案中为母本父系,在第二种方案中为父本母系,其配套杂交的方案如下。

方案一：

	父本	母本	
	父本父系	母本父系	母本母系
纯系	♂A×♀A	♂B×♀B	♂C×♀C
	↓	↓	↓
祖代	♂A×♀A	♂B ×	♀C
	↓	↓	
父母代	♂A ×	♀BC	
	↓		
商品代	♀ABC		

方案二：

	父本		母本
	父本父系	父本母系	母本母系
纯系	♂A×♀A	♂B×♀B	♂C×♀C
	↓	↓	↓
祖代	♂A ×	♀B	♂C×♀C
	↓		↓
父母代	♂AB ×		♀C
	↓		
商品代	♀ABC		

父本和母本是纯系还是单交种，要由配合力测定的结果来确定。一般情况下，父本应尽可能是纯系。这样，杂交效果更好一些。

因此，配套杂交组合结构取决于亲本的组合方式。两系配套时，鸡群有纯系、祖代和父母代。四系配套时，鸡群有纯系、曾祖代、祖代和父母代。

（五）纯　系

配套杂交组合的纯系鸡群为同一品系的公鸡和母鸡。纯系的繁殖在育种场中进行。纯系的结构包括育种核心群、测定群、自由交配群和纯系扩繁群。纯系的育种核心群主要进行家系选育，经过配合力测定后为曾祖代场或祖代场提供曾祖代或祖代鸡。育种核心群是整个配套系的支柱。测定群主要是进行配合力测定的鸡群，纯系鸡与杂种鸡同时进行对比测定。自由交配群是不进行选育的鸡群，用其生产性能与纯系对比，看纯系选育的进展水平。自由交配群也叫对照群。经过配合力测定，确定杂交优势好，纯系的性能又比对照群高，这样纯系就可以进行扩群推广。纯系通过不断选育，其生产性能也不断提高。因此，纯系永远不会停留在一个水平上。当某一种鸡公司把曾祖代鸡卖给你时，意味着该公司的纯系已有进展，它将起用更好的纯系进行配套。纯系是以育种核心群为支柱的。

三、蛋鸡良种繁育体系的结构

当代的高产杂交鸡，是通过纯系培育、配合力测定、品系配套、品系扩繁和杂交制种等一系列的过程，才用于商业生产的。杂交鸡的培育过程，就是良种繁育体系的基本内容。这一体系包括育种和杂交制种两个部分。育种部分主要由育种单位收集育种素材，进行纯系的选育提高，通过配合力测定，筛选出优秀配套杂交组合。制种部分是根据参与配套品系的多少，逐级建立曾祖代场（原种场）、祖代场（一级场）、父母代场（二级场）和商品代场。作为四系配套的杂交鸡，没有祖代场或者缺少父母代场，就不可能有定型的高产商品鸡。因为祖代鸡和父母代鸡，无论是生产性能还是生活力都没有杂交鸡高。

整个良种繁育体系各个环节(各级育种场),既是一个有机的整体,又在承担任务上各有分工,在统一目标下,各司其职,中间环节总是起承上启下的作用,垂直联系。

(一)育种场

由收集到的育种素材,进行培育纯系。为使鸡群的基因纯合化,或用近交法,或用闭锁群选育法进行家系选育。培育1个纯系,至少要有60个以上家系。国外的育种公司,纯系的家系一般有120～160个。家系越多,选择压就越大,选育的进展也就更快。经过一段时间的选育,鸡群基本纯合后,通过品系间的配合力测定,选出最佳杂交组合。然后将成功配套组合中的父系和母系提供给曾祖代场,从而进入繁育体系。

(二)曾祖代场

由育种场提供的配套纯系种蛋或种雏,在曾祖代场安家落户。曾祖代场进行配套纯系的选育、扩繁纯系,也继续进行杂交组合的测定。将优秀组合中的单性纯系提供给祖代场。例如,四系配套的曾祖代场,将A系公鸡,B系母鸡,C系公鸡和D系,母鸡按定的公、母比例提供给祖代场。目前,我国的曾祖代场与育种场结合在一起,叫原种场。

(三)祖代场

祖代场不进行育种工作,主要任务是用从曾祖代场得到的单性鸡,进行品系间杂交制种,即用A系公鸡与B系母鸡杂交,C系公鸡与D系母鸡杂交,然后将单交种向父母代场提供,祖代场可以向父母代场提供单性的单交种雏(AB公和CD母),也可以提供种蛋。

(四)父母代场

将祖代场提供的父母代鸡进行第二次杂交制种,即用 AB 公鸡与 CD 母鸡进行杂交。父母代场要把 AB 母鸡和 CD 公鸡淘汰掉。决不能用反交方式进行杂交。也不能利用祖代场提供的种蛋,继续进行 AB 鸡和 CD 鸡的自繁,这样做就会降低商品代鸡的质量,是违背繁育体系的本意的。规定祖代场每年必须由曾祖代场进鸡,父母代场每年必须由祖代场进鸡。父母代场经过杂交制种,向商品代鸡场提供双交种母雏,即商品杂交鸡。

(五)商品代场

商品代鸡场的任务是接收父母代场提供的商品杂交鸡(ABCD 母雏),按杂交鸡的饲养管理指南,进行科学饲养,生产商品蛋。

以上就是蛋鸡良种繁育体系的全部内容。一种定型的高产配套杂交鸡,不建立和健全繁育体系,就不可能推广和普及。其中某一环节失灵,就意味着繁育体系不健全。没有健全的繁育体系,再好的配套系也不能在生产中发挥其应有的作用。鸡繁育体系示意图如下。

如果是两系配套,则无需曾祖代场,祖代场同时起着曾祖代场的作用。

由于我国地区差别大,各地条件不同,对鸡种会出现多层次的需求。各鸡种之间不可代替,每一种鸡都有自己的优点,也有各自的不足。对鸡种的宣传要适度,不可以偏概全。要因地制宜进行引种。条件好的地区或鸡场,可以引高产的鸡,条件差的地区或鸡场,可引产蛋性能好而适应性也较好的鸡种。特别是国内选育的鸡种,由于较适应当地条件,一般鸡场饲养这种鸡可以获得满意的生产性能。从实际出发,根据本地条件选择鸡种是十分重要的。

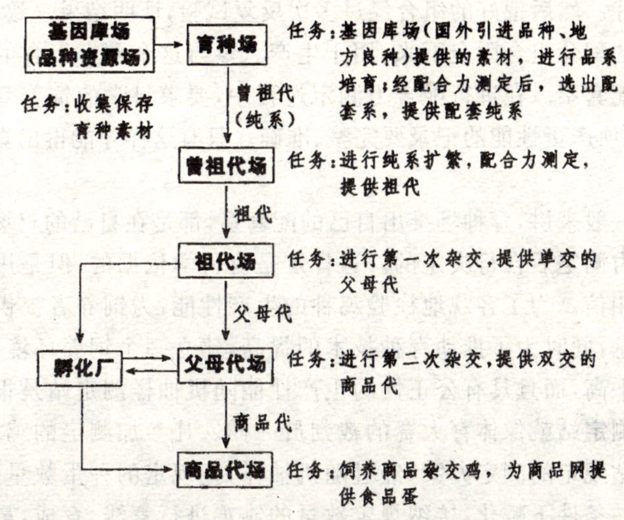

四、配合力测定与测定站

育种家用近交法或闭锁群家系选育法育出纯系鸡,这只是育种工作中走出的第一步。接下来的工作是进行品系间的杂交效果的测定,以决定哪个品系与哪个品系杂交的效果最好,即哪个杂交组合的杂种鸡产蛋性能最佳。这个寻找最佳杂交组合的测定工作,就叫做配合力测定。在做配合力测定时,一般要进行品系间的相互杂交。例如,2 个品系杂交要进行 2 个组合的测定,3 个品系杂交要进行 6 个组合的测定,4 个品系杂交要进行 24 个组合的测定。通过这些组合杂种的生产性能的测定,发现有些组合的鸡产蛋性能很高,组合效果较好,而有些组合表现一般,有些组合效果不好。产蛋性能好的组合,说明杂交优势好,也就是品系间杂交的配合力好。有些是用这个系的公鸡与另一系的母鸡杂交效果好,相反就不好;有些是用这个系的母鸡与另一系的公鸡杂交好,相反就不好。然后把好的组合经过多次反复试验,证明结果一致,就把这样的配套组合固定下来,用于生产。参与这个配套组合的品系称为配套系。在进行配合力测定过程中,要求科学的饲养管理条件,各项产蛋性能的记录要完整、准确。只有这样才能得出真实的结果。

一般来讲,育种场推出自己的配套系,都是在自己的鸡场进行配合力测定后自行决定的。这肯定是有科学依据的,但是用户不一定相信。为了客观地检验鸡种的生产性能,为饲养者提供引种的信息,同时为了推动育种技术的提高,建立一个饲养环境好,管理水平高,而且具有公正性的生产性能随机抽样测定站是很必要的。测定站就像体育大赛的裁判员一样。凡参加测定的鸡种,按测定站规定的测定方案,经过随机抽样,把规定的种蛋数量送来,在同一条件下孵化,接纳规定数量的雏鸡进行育雏、育成,最后按规定数量的鸡进行生产性能测定。测定周期结束以后,测定站整理资料,通过测定数据对各种商品鸡的生产性能进行公正的比较,最后公布测定结果。为了客观评定鸡种的生产性能,最好全国多设几个测定站,同时进行测定。有了公正、客观的测定结果,就有利于建立和健全良种繁育体系,有利于高产良种蛋鸡的推广。测定站的测定结果,为用户选择鸡种提供一个广告栏,也为育种场改进鸡种的生产性能提供科学依据。鸡种参加测定站的测定,实际上是一项竞赛评比活动。因此,从某种意义上说,测定站起着商业广告的作用。

第四章　蛋鸡的主要生产性能指标

有关蛋鸡生产性能指标的名称及其计算方法，列述如下。

一、种蛋与孵化

（一）种蛋合格率

种母鸡在规定的产蛋期内，所产符合本品种、品系要求的种蛋数占产蛋总数的百分比，称为种蛋合格率。其计算公式为：

$$种蛋合格率(\%)=\frac{合格种蛋数}{产蛋总数}\times100\%$$

这里所指的规定的产蛋期内为72周龄内。在实际生产中，种鸡一般只能使用到68周龄，因为到产蛋后期蛋壳质量差，畸形蛋、沙皮蛋、薄壳蛋、特大蛋增多。同时，后期母鸡产蛋率低，受精率与孵化率也较低，所以合格种蛋数也大大减少。

符合要求的种蛋，指的是由纯系、祖代、父母代种鸡所产的蛋。商品代的鸡不能直接作为种用。种蛋的标准必须符合孵化的要求，即蛋重在50～70克之间（畸形的、薄壳的、沙皮和钢皮的、蛋形过长或过圆的除外）的蛋。种蛋合格率的指标，反映出种鸡的健康状况、体重、产蛋率、饲料和饲养管理水平等。

（二）种蛋受精率

指的是受精蛋占入孵蛋的百分比。其计算公式为：

$$种蛋受精率(\%)=\frac{受精蛋数}{入孵蛋数}\times100\%$$

实践中通过孵化的头照(白壳蛋 5 天以上,褐壳蛋 7 天以上)来判断种蛋是否受精。血圈、血线的死胚蛋按受精蛋计算,散黄蛋按无精蛋计算。种蛋受精率反映出种鸡质量,公鸡的精液品质,饲养管理水平,种鸡公、母比例是否合理,人工授精技术水平等。死胚蛋多与种蛋保存期过长、公鸡精液品质不良、饲料营养不全、疾病、孵化温度不适等有关。种蛋受精率应在 90%以上。长途运输对种蛋受精率有一定的影响。

(三)种蛋孵化率

种蛋孵化率又称出雏率。有受精蛋孵化率和入孵蛋孵化率两种计算方法。

1. 受精蛋孵化率 出雏数占受精蛋数的百分比。其计算公式为:

$$受精蛋孵化率(\%)=\frac{出雏数}{受精蛋数}\times 100\%$$

2. 入孵蛋孵化率 出雏数占入孵蛋数的百分比。其计算公式为:

$$入孵蛋孵化率(\%)=\frac{出雏数}{入孵蛋数}\times 100\%$$

种蛋孵化率反映种蛋的质量和孵化技术水平。入孵蛋孵化率是一个过硬的指标,反映出种鸡的质量、饲养管理水平、种蛋保存和孵化技术等综合水平。受精蛋孵化率反映胚胎的生活力和孵化技术,但不能全面反映实际情况(尤其是受精率)。受精蛋孵化率有时很高,但入孵蛋孵化率却很低,特别是受精率很低的情况下,会出现这种现象。

(四)健雏率

指健康的雏鸡占出雏数的百分比。其计算公式为:

$$健雏率(\%)=\frac{健雏数}{出雏数}\times 100\%$$

健雏是指适时清盘时绒毛蓬松光亮；脐部愈合良好、没有血迹；腹部大小适中、蛋黄吸收好；精神活泼，叫声响亮，反应灵敏；手握时有饱满和温暖感，有挣扎力；无畸形的雏鸡。健雏率反映孵化率、孵化技术和种鸡的质量，也预示将来育雏成活率的高低。实践表明，孵化率越高，健雏率也越高。

二、育雏与育成

(一)育雏成活率

指育雏期(0～8 周龄)末成活的雏鸡数占入舍雏鸡数的百分比。其计算公式为：

$$雏鸡成活率(\%)=\frac{育雏期末成活雏鸡数}{入舍雏鸡数}\times 100\%$$

雏鸡的成活率反映雏鸡的健康水平、种母鸡的疾病净化水平、疾病的感染、饲养人员的责任心、育雏温度、免疫是否及时有效、管理是否科学等。育雏成活率应当在 95%以上。

(二)育成鸡成活率

指育成期(9～20 周龄)末成活的育成鸡数占育雏期末雏鸡数的百分比。其计算公式为：

$$育成鸡成活率(\%)=\frac{育成期末成活的育成鸡数}{育雏期末的雏鸡数}\times 100\%$$

该指标反映雏鸡的生活力、防疫卫生、饲养管理水平。育成鸡成活率应在 95%以上。

统计成活率一般比较简单，只要接雏时点清鸡数记在记录本上，然后每天记录死亡淘汰的雏鸡数，到期汇总就能很快计算出来。

目前多用全程(0～20周龄)育成率来代替育雏成活率和育成鸡成活率。计算公式为：

$$0\sim20\ 周龄育成率(\%)=\frac{育成期末成活的鸡数}{入舍雏鸡数}\times100\%$$

育成率高的鸡群,将来成年鸡的存活率和生产性能水平会更高。育成率应在92%以上。

三、产　蛋

(一)开产日龄

从雏鸡出壳到成年产蛋时的日数。开产日龄就是母鸡性成熟的日龄。计算开产日龄有两种方法:①做个体记录的鸡群,以每只鸡产第一个蛋的天数的平均数作为群体的开产日龄;②大群饲养的鸡,从雏鸡出壳到全群鸡日产蛋率达50%时的日龄,为鸡群的开产日龄。

一般来讲,开产日龄越早(即日龄越小),母鸡的产蛋量就越高,但达到标准蛋重所需的时间就越长。高产鸡的开产日龄应在155～165天之间。

做个体记录的多是育种单位使用,需要有自闭产蛋箱(母鸡能自由进箱产蛋,但不能自由出箱,要人工放出)或个体笼,按脚号或翅号记录每只鸡产第一个蛋的日期,然后查日龄。这种计算方法准确、可靠。

群体计算方法并不代表那天全部鸡都已产蛋,实际观察表明,到产蛋率50%这一天,至少还有30%左右的母鸡尚未开产。群体计算的开产日龄比个体记录计算的要早得多。

(二)母鸡的产蛋量

指母鸡在统计期(72 周龄或更长)内的产蛋数。母鸡的产蛋量有按入舍母鸡数和按母鸡饲养日数两种统计方法。

1. 按入舍母鸡数　其计算公式为:

$$入舍母鸡产蛋量(个)=\frac{统计期内的总产蛋量}{入舍母鸡数}$$

入舍母鸡产蛋量是一个很过硬的生产指标,它反映鸡群的生活力、产蛋率、饲养管理水平等。因为只要 20 周龄母鸡上笼或转入产蛋鸡舍之后,产蛋期内母鸡死亡、淘汰都算数,作为上式中的分母。因此,母鸡死亡、淘汰率越低,产蛋率越高,入舍鸡产蛋量就越高。国外普遍使用此指标考核鸡场的饲养管理水平。国内由于成年鸡死亡、淘汰率较高,一般鸡场多愿使用饲养日产蛋量的指标。

2. 按母鸡饲养日数　其计算公式为:

$$饲养日产蛋量(个)=\frac{统计期内的总产蛋量}{平均饲养的母鸡只数}$$

$$=\frac{统计期内的总产蛋量}{统计期内累加饲养只日数\div 统计期天数}$$

饲养日产蛋量指标不考虑鸡的死亡、淘汰率,因此,鸡场在死亡淘汰率很高的情况下也能得到很高的饲养日产蛋量。这种计算方法很烦琐,每天都得统计饲养日数,然后每天累加起来,再求平均饲养日,除以全期的产蛋总数。饲养日产蛋量指标能给人以错觉。为展示鸡场的实际饲养管理水平,鸡群的健康状况和产蛋水平,如用饲养日产蛋量这个指标时,要注明鸡群的死亡、淘汰率,或者列出入舍鸡产蛋量。只有死亡和淘汰率低、入舍鸡产蛋量较高时,饲养日产蛋量才能反映实情。

目前产蛋期多用 72 周龄表示,但国外由于鸡的产蛋性能高,高峰持续期长，许多公司的广告都用 76 周龄、78 周龄或 80 周龄的产蛋量来展示鸡种的生产性能。在看介绍材料时，要注意这一点。否则，就可能怀疑资料的真实性。

(三)产 蛋 率

指母鸡在统计期内的产蛋百分比。有饲养日产蛋率和入舍鸡产蛋率两种计算方法。

1. 饲养日产蛋率 其计算公式为：

$$饲养日产蛋率(\%)=\frac{统计期内的总产蛋数}{实际饲养日母鸡只数的累加数}\times 100\%$$

当天鸡群的饲养日产蛋率，即表示当日鸡群的产蛋率。鸡群的日产蛋率达到 80%以上时，就表示鸡群进入产蛋高峰期。高峰产蛋率就是产蛋期间日产蛋率达到最高点的数值。产蛋高峰期的长短和高峰产蛋率，是决定鸡群产蛋量高低的重要指标，也是鸡种优劣的重要标志。

2. 入舍母鸡产蛋率 其计算公式为：

$$入舍母鸡产蛋率(\%)=\frac{统计期内的总产蛋数}{入舍母鸡数\times 统计日数}\times 100\%$$

入舍母鸡产蛋率与入舍母鸡产蛋量一样，都是反映鸡群真实情况的指标。当饲养日产蛋率与入舍母鸡产蛋率基本一致时，表明鸡群健康状况良好，两者的数值高而一致，表明这是一个高产的鸡群。

(四)平均蛋重

代表母鸡蛋重大小的指标，以克为单位表示。经过各周对蛋重的测定，发现 43 周龄的平均蛋重与全期各周平均蛋重指标最接近。因此，通用 43 周龄的平均蛋重代表全期的蛋重。个体记录的鸡群，在 43 周龄连称 3 个以上蛋求平均值；大群记录时，连续称 3

天的总蛋重求平均值。鸡群数量很大时，可按日产蛋量的5%称测蛋重，求3天的平均值。

（五）总产蛋重

即每只母鸡产蛋的总重量，以千克表示。计算公式为：

$$总产蛋重(千克)=(产蛋量\times平均蛋重)\div1000$$

总产蛋重指标反映鸡群的实际生产能力，是最有经济价值的一个指标。总产蛋重取决于产蛋量的高低和蛋重的大小。

（六）产蛋期存活率

指入舍（上笼）母鸡数减去死亡和淘汰后的存活数，占入舍母鸡数的百分比。计算公式为：

$$产蛋期存活率(\%)=\frac{入舍母鸡数-(死亡数+淘汰数)}{入舍母鸡数}\times100\%$$

产蛋期存活率是鸡群的生活力指标，反映鸡群的健康水平和饲养管理技术水平。高水平的鸡群产蛋期存活率应在90%以上。目前国内一般鸡场的产蛋期存活率在80%～85%，原因在于死亡淘汰率较高。

（七）产蛋期死亡淘汰率

指产蛋期间死亡和淘汰的总鸡数占入舍母鸡数的百分比。计算公式为：

$$死亡淘汰率(\%)=\frac{死亡鸡数+淘汰鸡数}{入舍母鸡数}\times100\%$$

产蛋期死亡淘汰率与存活率具有同一含义，都是代表鸡群生活力的指标。国外一般用死亡率这一名称。我国多用死亡淘汰率名称。为什么呢？按理说，病弱残的鸡在笼养条件下，迟早都要死亡的，如果让这些毫无饲养价值的鸡养下去至死为止，一是传播疾病，二是浪费饲料。及早淘汰一举两得，对伤残而无希望好转的鸡及时处理，还有一定的残值。因此，将这部分鸡及早淘汰是有生产和防疫意义的。

（八）产蛋期料蛋比

指的是每只母鸡在产蛋期内消耗的饲料数量与产蛋总重量之比。计算公式为：

$$产蛋期料蛋比=\frac{产蛋期总耗料量(千克)}{总蛋重(千克)}$$

实际上就是每产 1 千克蛋要消耗多少千克的饲料。产蛋期料蛋比，有时也称为产蛋耗料比，现在又主张叫做饲料转化比。都是同一含义。

料蛋比是一个很重要的经济指标，它反映鸡对饲料的利用和转化效率，鸡的体型大小，吃料量的多少等。鸡的产蛋量高不见得利润就高。只有产蛋量高，蛋重大，同时耗料又少的鸡群才有较高的收益。选择料蛋比低的鸡种，是提高经济效益的重要途径之一。理想的料蛋比为 2.1～2.3∶1。

四、蛋的品质

（一）蛋形指数

是指蛋的纵径与横径之比。纵径和横径的长短用游标卡尺来测量，以毫米为单位，精确度为 0.5 毫米。计算公式为：

$$蛋形指数=\frac{蛋的纵径}{蛋的横径}$$

蛋形指数反映蛋的形状，与蛋的大小无关，但与蛋的破损率、种蛋合格率密切相关。理想的蛋形指数在 1.3～1.35 之间。指数过大就是长形蛋，指数过小就是圆形蛋。

（二）蛋壳厚度

用蛋壳厚度测定仪测定，分别测量蛋的钝端（大头）、中部、锐端（小头）三个部位蛋壳的厚度，求其平均值。测量前要剔除内壳膜。以毫米为单位，精确到 0.01 毫米。

蛋壳厚度是蛋品质的重要指标，主要与饲料、鸡龄、温度、疾病等有关。蛋壳厚度在 0.35 毫米以上。

（三）蛋的比重

也是测定蛋壳厚度的方法之一。用盐水漂浮法测定。每升水加盐 68 克为 0 级，然后每增加盐 4 克为一级，共制成 9 级比重溶液，见表 4-1。

表 4-1　盐水漂浮 9 级比重溶液

级　别	0	1	2	3	4	5	6	7	8
比　重	1.068	1.072	1.076	1.080	1.084	1.088	1.092	1.096	1.100

把蛋放入溶液中，凡能在该级溶液中漂浮上来的蛋，该级别就是蛋的比重。比重越大，蛋壳就越厚。理想的蛋比重应在 1.080～1.096 之间。

（四）蛋壳强度

指蛋的抗压力程度，取决于蛋的形状和蛋壳厚度。用蛋壳强度测定仪来测定，以千帕为单位表示。把蛋放在测定仪上，开动机器，使蛋的两端接受压力，直至蛋壳破裂为止，机器自动停止，抗压力的大小就显示出来。蛋壳厚度中等的蛋，其蛋壳强度在 245.1～441.3 千帕（2.5～4.5 千克力/平方厘米）之间，强度越大，蛋壳越厚。蛋壳强度大，蛋的保鲜程度就高，蛋的营养特性保存时间就长。

(五)哈氏单位

也有叫哈夫单位的，是表示蛋的蛋白质量和蛋的新鲜度的指标。浓蛋白的高度越高，蛋就越新鲜，哈氏单位就越大。哈氏单位与孵化率密切相关。

测量哈氏单位时，先把蛋打破倒在玻璃板上，保持蛋黄和浓蛋白层完好情况下，用蛋白高度测定仪，避开系带测量蛋黄周围浓蛋白层中部，取 3 个等距离点的平均值为蛋白高度。然后按下列公式求哈氏单位。

$$哈氏单位=100\times\log(H-1.7W^{0.37}+7.57)$$

式中：H 为浓蛋白高度(毫米)，W 为蛋重(克)。蛋的最佳哈氏单位指标为 75～80。

(六)蛋壳和蛋黄的颜色

蛋壳的颜色是鸡种特定的特征。如白壳是白色来航鸡所具有的特征；褐壳是中型有色蛋鸡的特征。按蛋壳色泽区分，有白、浅褐(粉)、褐、深褐和青色等。褐壳蛋的壳色随鸡龄增大而变浅。产蛋期免疫反应，喂磺胺类药物，暴发疾病如减蛋综合征等时，蛋壳颜色会变浅，甚至变白。

蛋黄颜色，按罗氏比色扇的 15 个色泽等级，来对蛋黄进行比色和分级。蛋黄颜色深浅是蛋黄品质和食品蛋的等级指标之一。蛋黄颜色主要与饲料中的叶黄素有密切关系，叶黄素中对蛋黄着色最起作用的是黄体素、玉米黄素和新黄素。

(七)蛋的血斑和肉斑率

蛋中含血斑和肉斑的总数占测定总蛋数的百分比。计算公式为：

$$血斑和肉斑率(\%)=\frac{蛋中含血斑和肉斑总数}{测定总蛋数}\times 100\%$$

蛋的血斑和肉斑率，随鸡的品种而不同，一般情况下，褐壳蛋鸡比白壳蛋鸡要高得多。血斑、肉斑对蛋的质量有影响，对种蛋的孵化率也不利。通过选种的途径可以减少和消除。

由于蛋鸡生产性能指标的名称各地叫法不同，计算的方法也不尽一致。统一名称和计算方法，有利于交流技术与经验，也有利于互相比较，特别是在国际交流方面。有了统一的计算方法，也有利于国家统计我国蛋鸡生产的发展成绩。

第五章 蛋鸡的营养需要、饲养标准与实用饲料配方

一、能量的需要量

鸡在一生中的全部生理过程都离不开能量,没有能量饲料供应就不能进行生命活动。在鸡的日粮中,能量饲料所占的比重最大。

鸡的能量营养,主要是碳水化合物和脂肪。

谷物(如玉米等)是含碳水化合物最多的饲料,是鸡能量的主要来源,占日粮的70%~80%。

碳水化合物又分为储备性碳水化合物(糖、淀粉)和构造性碳水化合物(半纤维素、纤维素和木质素等)两大类。家禽对储备性碳水化合物的利用率可达95%~99%。这类饲料的能量价值最大,而构造性碳水化合物仅被家禽利用10%~20%。饲料含构造性碳水化合物越高,能量价值就越低。所以,鸡的日粮中含纤维素过高的饲料不能太多。否则就会降低日粮中其他营养物质的利用。

脂肪含能量很高,是最理想的能源。豆类、动物性脂肪都是很好的能源。在高温气候条件下,鸡的食欲不好,或者由于其他原因造成饲料适口性差,鸡的采食量低。在鸡食进的饲料不能满足能量需要时,补加含脂肪高的饲料以增加能量的浓度,是很有意义的。鸡对脂肪的消化率随日龄增长而提高。而对雏鸡,喂脂肪高的饲料是不利的。

鸡的体型虽然比其他家畜小得多,但体温比家畜要高。例如,

马的肛温为 38℃±0.5℃，而鸡的则为 40.8℃±0.5℃。因此，鸡为了维持生命要消耗更多的能量。鸡摄食的饲料大部分都用于维持生命的需要。

维持生命的能量需要，包括基础代谢和正常活动的能量消耗。基础代谢的能量需要量，经科学家的研究证明，约等于 83×〔体重(千克)〕$^{0.75}$。例如，体重 1.75 千克的母鸡，每天基础代谢的能量需要将等于：$83\times1.75^{0.75}=83\times1.52=126$ 千卡＝527 千焦。这大约占代谢能的 82%。全部代谢能数量为 126÷0.82＝154 千卡＝644 千焦。此外，鸡运动也要消耗能量。在平养时要补加全部代谢能总数的 50%，笼养条件下活动量最小，要补加 37%。这样，体重 1.75 千克的鸡，在平养时对代谢能的总需要量为 644 千焦＋322 千焦(即 644×0.5)＝966 千焦/天，笼养时为 644 千焦＋238(即 644×0.37)千焦＝882 千焦/天。除维持的能量需要外，母鸡产蛋时还有产蛋的能量需要。已知产 1 个 58 克的蛋，母鸡要消耗 360 千焦能量。因此，在温度 20℃的情况下，笼养母鸡每产 1 个蛋(产蛋率为 100%时)，每天对代谢能的需要量为 882 千焦＋360 千焦＝1.24 兆焦。当母鸡产蛋率为 70%时，每天对代谢能的总需要量为 882 千焦＋产蛋的能量需要 252(即 360×0.7)千焦＝1.13 兆焦。如果每千克饲料含代谢能 11.08 兆焦，则每只鸡每天约需摄食 102 克饲料(1.13÷11.08＝102 克)。由于某种原因得不到最高产所需的能量时，母鸡还可以在一段时间内动用体内储备的能量，使产蛋率不致降低。但从饲料中再得不到足够的补充能量时，鸡的体重就会降低 10%～15%，产蛋率也开始下降。母鸡的体重在未恢复原来水平之前，产蛋率就不会上升。

青年母鸡生长也需要消耗能量，体重每增加 1 克，需要能量 6.27～12.55 千焦，实际需要量要看沉积在体内的脂肪和蛋白质的比例如何。青年母鸡在开产初期，既产蛋，又生长，故要补充能量。蛋重随日龄增加而变大，能量也要增加，然而鸡的生长也随日龄增加而停止，正好产大蛋的能量消耗因鸡停止生长而得到抵消。到产蛋后期，随着产蛋率的降低，母鸡对能量的需要也随着减少。如果日粮的能量不变，这一阶段母鸡很容易变肥，也是脂肪肝综合征发生的重要原因之一。

饲料中能量降低时，母鸡往往有增加饲料采食量来补充能量不足的趋向。含能量低的饲料，一般都是含纤维素高的大容积饲料，这种饲料会使鸡的消化道的负担加重，饲料利用率也会降低，产蛋率也不会高。

总的来看，鸡对能量的需要，取决于体重的大小，产蛋率的高低，蛋重的大小，羽被状况的好坏，以及气温的变化。研究表明：产蛋率每升降 10%，鸡的采食量相应地增减 4%；蛋重每增加 2.4 克，采食量相应增加 1.2%；体重每增加 45.2 克，采食量相应提高 1.3%；温度每变动 1℃，采食量就变动 1.6%；日粮含热量每改变 460.2 千焦/千克，采食量就要改变 4%。

据文献资料报道，产蛋鸡对能量的需要与体重和产蛋率的关系，见表 5-1。

表 5-1　鸡的体重和产蛋对能量的需要　（单位：千焦）

母鸡体重(克)	产蛋率				
	0	20%	40%	60%	80%
1500	774	878	983	1088	1192
2000	1046	1150	1255	1360	1464
2500	1297	1402	1506	1611	1715
3000	1548	1652	1757	1858	1966

二、蛋白质的需要量

蛋白质是构成生物体的基本物质，也是生物有机体最重要的营养物质。鸡的内脏器官、血液、肌肉、皮肤、羽毛、神经、激素、酶以及鸡蛋等，主要由蛋白质构成。

蛋白质主要含有碳、氢、氧、氮 4 种元素。蛋白质的基本单位是氨基酸。鸡对蛋白质的需要实质上是对氨基酸的需要。

氨基酸又分为必需氨基酸和非必需氨基酸两类。凡在鸡体内不能合成，或者合成速度慢、量又少，不能满足需要，必需由饲料中提供的氨基酸，就称为必需氨基酸。蛋氨酸、赖氨酸、组氨酸、色氨酸、精氨酸、胱氨酸、亮氨酸、异亮氨酸、苯丙氨酸、缬氨酸、苏氨酸、酪氨酸和甘氨酸等，均属于鸡体的必需氨基酸。凡能在鸡体内合成，或者由其他氨基酸可以代替的氨基酸，就称为非必需氨基酸。蛋氨酸、赖氨酸和色氨酸的缺乏会影响其他氨基酸的利用率，这 3 种氨基酸的存在与否会限制其他氨基酸的利用。因此，这 3 种氨基酸又称为限制性氨基酸。在饲养实践中，在考虑氨基酸的需要量时，首先要保证这 3 种氨基酸的供应。

但在配合饲料中，如果必需氨基酸供应不足，或者它们之间的比例不协调，就会影响鸡的生长发育，影响鸡的产蛋量和蛋的质量。氨基酸缺乏时，鸡生长迟缓，羽毛生长慢而蓬乱，体重轻，性成熟晚，产蛋率低，蛋重也小。氨基酸过量或不平衡，均使蛋白质和整个饲料的利用率降低，造成浪费。因此，在配制鸡的日粮时，保证饲料中氨基酸数量的供应和比例平衡，就显得十分重要。

在鸡的管理条件和健康状况正常的情况下，日粮的蛋白质水平，150～300 日龄为 16.5％，301～510 日龄为 15.5％，在舍温 10℃～26℃，日摄食能量 1 129～1 255 千焦的情况下，产蛋率 90％～93％时，每天每只鸡对蛋白质的日需要量为 18.5 克，产蛋率在 85％时为 17.5 克，产蛋率在 75％时为 16～16.5 克，而产蛋率为 57％时，有 15 克就够了。

因为按蛋白质来规定鸡的饲养定额是不完善的，所以，研究者越来越多地计算每天氨基酸的需要量。国外在研究高产来航鸡每天饲养定额时已查明，当鸡群产蛋率在 80％～83％时，不管日粮中蛋白质水平如何，母鸡每天需要得到 650 毫克含硫氨基酸（其中蛋氨酸 390～400 毫克），赖氨酸 660～780 毫克。

三、无机盐的需要量

无机盐又称矿物质。迄今为止，已知动物必需的无机盐元素有 16 种。无机盐在鸡体内起调节血液渗透压、维持酸碱平衡的作用，也是构成骨骼、蛋壳的重要成分。是保持鸡正常生理功能和产蛋所必需的无机营养成分。

鸡需要的无机盐种类很多，有些无机盐是金属元素，有些则是非金属元素，但多数均以化合物的形式存在。这些元素可分为常量元素（通常占体重 0.01％以上的元素）和微量元素（占体重 0.01％以下的元素）两类。前者使用量最多，如钙、磷、钠、氯等，后者用量极少，但其生理作用很大，如锰、锌、钴、铜、铁、碘、硒等。在配合饲料中，无机盐的含量都有一定的允许范围，过量或缺乏都可能产生不良的后果。

（一）钙

钙是构成骨骼和蛋壳的主要成分。缺钙会引起血钙降低，雏鸡发育不良，出现佝偻病，骨质疏松，龙骨弯曲，成年鸡产软壳蛋、薄壳蛋或无壳蛋，破蛋率增加，产蛋量下降，甚至出现瘫痪。

不同日龄和不同产蛋水平的鸡对钙的需要量不同。在育成阶段，对钙的需要量一般占饲料的 0.9％～1％，而在产蛋阶段则需要 3.3％以上，在热天或后期则需 4％左右。1 个蛋含钙 2～2.2 克，产蛋鸡对日粮中钙的利用率为 50％～60％。因此，母鸡每产 1 个蛋，需要食进 4 克左右的钙。青年鸡对钙的利用比老龄鸡要好。热天鸡的呼吸强度高，呼出二氧化碳多，不利于钙的吸收，故热天蛋壳薄脆，蛋的破损率高。产蛋鸡日粮中钙的含量为3.5%。石灰石、贝壳、蛋壳等都是很好的钙源。

(二)磷

磷存在于骨骼、血液和某些脏器中。鸡缺磷时表现生长迟缓，食欲不好，严重时关节硬化，骨质松脆。谷物饲料中含植酸磷最多，约占总磷的70%。鸡对植酸磷的利用率很低(约30%)，对无机磷的利用率达100%。一般情况下，产蛋鸡的日粮应含有效磷0.4%～0.45%。也就是每只产蛋鸡每天应摄取450毫克的有效磷，这样才能满足蛋壳形成的需要。

产蛋鸡日粮中既要注意钙、磷含量，也要注意两者的比例。雏鸡的钙、磷比例为1.2∶1，产蛋鸡为4∶1。

(三)食　盐

食盐有促进食欲的作用，食盐主要是提供钠和氯，以保持体内渗透压和酸碱平衡。饲料中缺盐，鸡食欲不好，生长发育慢，出现啄肛、啄羽、啄趾等癖性。食盐过多，轻者出现饮水量增加，粪便过稀，重者造成中毒死亡。雏鸡用盐量一般占饲料量的0.2%～0.3%，成年鸡为0.3%～0.5%。使用咸鱼粉时，要测量其中的含盐量，以防止食盐中毒。

(四)铁

铁是构成血红蛋白的成分。产蛋鸡饲料中每吨饲料含铁60克，可保证产蛋量和孵化率指标为最好。雏鸡对铁的吸收率为40%～50%，成年鸡只有5%～10%。

(五)铜

缺铜时血红蛋白的比色指标和某些酶的活性下降，蛋壳异样增多。产蛋鸡饲料中每吨加补 8 克铜,可以维持鸡的健康状况正常。日粮中锌的含量增加会加剧缺铜症状。

(六)锰

日粮中锰不足会降低产蛋率和孵化率,蛋壳质量差劣。鸡胚出现软骨性营养不良症状而死亡。锰的补加量为每吨饲料 60 克。

(七)碘

碘是构成甲状腺素的成分。缺碘会影响甲状腺素的形成。过量的碘又使性成熟和甲状腺功能受抑制。产蛋鸡日粮中每吨饲料碘的添加量为 0.35 克。

(八)锌

锌是骨骼的生长发育和维持上皮组织功能活动所必需的。缺锌时鸡生长受阻,羽毛发育不正常,羽梢被磨损。锌过多会引起食欲减退,羽毛脱落,停产。产蛋鸡每吨饲料含锌量为 80 克。

(九)硒

家禽对硒的需要量极微。硒是某些酶的成分。缺硒会影响维生素 E 的利用,易患渗出性素质病。过量的硒会抑制雏鸡生长,降低孵化率,胚胎畸形。硒能防止胰腺变性,胰腺变性就会导致渗出性素质病。鸡日粮中硒的需要量为每吨饲料 0.3 克。通常添加亚硒酸钠。

四、维生素的需要量

维生素是一组化学结构不同、营养作用和生理功能各异的有机化合物,是生物学上重要的活化物质,主要用于控制和调节物质代谢。因此，维生素是鸡生存、生长发育和繁殖所必需的营养物质。鸡对维生素的需要量很少，但它的生物学作用很大。缺乏维生素就会患维生素缺乏症。维生素有 20 多种，分脂溶性和水溶性两大类。

(一)脂溶性维生素

1. 维生素 A　维生素 A 为维持上皮细胞健康所必需。能增强对传染病的抵抗力，对视觉、骨骼形成也有作用，能促进雏鸡的生长。因此，维生素 A 也叫抗传染病维生素、抗干眼病维生素等。缺乏维生素 A 时，生长缓慢或停止，精神不振，瘦弱，羽毛蓬松，脑脊髓液压升高而导致运动失调，出现夜盲，干眼病，关节僵硬、肿大等症状。胡萝卜素可以转化为维生素 A。据 2004 年发布的《鸡饲养标准》规定，每吨饲料含 800 万～1 000 万单位维生素 A 就足够鸡的需要。

2. 维生素 D　它能促进钙的吸收，与钙、磷代谢有关。缺乏维生素 D 时，鸡生长缓慢，喙、爪及龙骨变软，胸骨弯曲，长羽不良，成年鸡瘫痪，产蛋率低，产薄壳蛋、软壳蛋或无壳蛋，孵化率也降低。维生素 D 最重要的是维生素 D_3，对预防软骨病最有效。因为它参与钙的肠道吸收，或在血钙过低的情况下，使骨骼中储备的钙释放出来，以供形成蛋壳。

据 2004 年发布的《鸡饲养标准》规定，每吨饲料含 160 万～200 万单位维生素 D(某些情况下允许增加 2～3 倍)。用量过高会引起中毒，表现为肾小管营养不良性硬化，有时有动脉硬化症。

3. 维生素 E　它起抗氧化作用，是细胞核的一种代谢调节剂，与硒和胱氨酸有协同作用。长期维生素 E 不足会引起母鸡横纹肌和肝脏发生病变，公鸡睾丸萎缩，促进白肌病、小脑软化和渗出性素质病的发展，营养性肌肉萎缩，孵化率降低。维生素 E 对种鸡是必需的。血液中红细胞的抗溶解力是维生素 E 不足与否的标志，正常溶解力不超过 8%。据我国 2004 年发布的《鸡饲养标准》规定，每吨饲料中应有 5 000～10 000 单位维生素 E。

4. 维生素 K 鸡不能合成维生素 K，全靠从饲料中得到。它能形成凝血酶原，为凝血所必需，因此又叫凝血维生素。缺乏维生素 K 时，鸡食欲不振，皮肤、冠子、羽枝、眼睑干燥，易出血。在皮下、胸部和四肢上，肌肉和肠黏膜上出现大量出血点，出血不止，凝血时间长。实际上维生素 K 缺乏症很少见。我国 2004 年发布的《鸡饲养标准》规定，每吨饲料含维生素 K 0.5～1 克，必要时每吨饲料中可补加 2 克维生素 K 制剂。

（二）水溶性维生素

1. 维生素 B_1（硫胺素） 它是能量代谢中的一种辅酶，参与碳水化合物代谢。维生素 B_1 不足，会影响动物生长，使外周神经功能紊乱，表现为失调症，颈退缩性痉挛，死亡率增加。所以，维生素 B_1 也叫抗神经炎因子。种鸡缺乏维生素 B_1 时，受精率和孵化率降低。饲料热处理时会破坏大部分维生素 B_1。因此，饲料中需要补加维生素 B_1。种鸡饲料中，每吨饲料应加 0.8 克维生素 B_1。

2. 维生素 B_2（核黄素） 它参与氧化还原过程的许多酶系统。种鸡维生素 B_2 不足会降低产蛋率、孵化率，引起肝脏肥大，孵出雏鸡趾弯曲。缺维生素 B_2 会降低碳水化合物和蛋白质的利用率，结果导致贫血发生。产蛋鸡每吨饲料中应补加 2.5 克核黄素。

3. 泛酸（维生素 B_3） 它是辅酶 A 的成分。辅酶 A 参与碳水化合物、蛋白质和脂肪的许多代谢过程。缺泛酸时会发生皮下出血、水肿，皮炎，羽毛易脆，产蛋率低，胚胎在孵化后期 2～3 天死亡。死亡的鸡肝、肾肿大，脾萎缩。种鸡需要较多的泛酸，每吨饲料应补加 10 克泛酸制剂。

4. 烟酸(尼克酸、维生素PP、维生素B_5) 它是某些辅酶的成分,参与葡萄糖、脂肪的氧化,合成胆固醇和氨基酸。烟酸不足,鸡出现腹泻,羽毛蓬乱,口腔黏膜发炎,腿弯曲,跗关节肿大,产蛋率和孵化率低。鸡体内可由色氨酸合成烟酸,肠道中微生物区系也能合成一定数量的烟酸,总计能满足体内需要1/6左右。烟酸补加标准为每吨饲料20～30克。

5. 维生素B_6(吡哆醇) 它参与氨基酸和血红蛋白的合成,转氨基作用,也是蛋白质代谢的一种辅酶。日粮中维生素B_6不足时,鸡食欲差,体重减轻,体内脂肪沉积,受精率和孵化率低,孵出雏鸡生长慢,羽毛蓬乱,性发育延迟。为保证最佳生长速度和产蛋率,每吨饲料中应补加3～3.5克维生素B_6,种鸡饲料每吨补加4.5克。

6. 生物素(维生素H、促生素Ⅱ、维生素B_7) 它是脂肪代谢和丙酮酸氧化辅酶的成分,参与氨基酸的脱氨基化作用以及神经营养的过程。生物素不足会破坏内分泌腺的分泌活动,脚上发生皮炎,头部、眼睑和嘴角发生表皮角化症,产蛋率和孵化率低。死亡胚胎颈部弯曲,骨骼变短,喙变形。生物素不足与肝、肾脂肪综合征之间有相互关联。鸡日粮中生物素的含量应为0.11～0.18克/吨。

7. 叶酸(抗贫血因子、维生素B_{11}) 它以辅酶形式参与许多代谢反应。叶酸与维生素B_{12}的代谢紧密相关。叶酸不足时,骨骼组织发生病理性变化,破坏核酸的合成,分泌甲酰胺谷氨酸,结果使食欲丧失,生长减慢,羽毛脱色,血红蛋白含量降低,鸡冠发白,口腔黏膜苍白,死亡率增加。胚胎在最后几天死亡,雏鸡喙变形,胫骨弯曲,出现典型的颈部麻痹。我国2004年发布的《鸡饲养标准》规定,每吨饲料中加入0.25～0.55克叶酸是适宜的。

8. 维生素B_{12}(氰钴素) 它是钴酰胺辅酶的成分,在许多生化反应中起重要作用,缺维生素B_{12}时,鸡生长迟缓,雏鸡死亡率高，贫血，孵化率低。平养和喂动物性蛋白质饲料条件下一般不缺维生素 B_{12}，但若只喂用植物性饲料和在笼养条件下，则可能缺乏。一般认为每吨饲料中补加 4～10 毫克维生素 B_{12} 是适宜的，高于此量时，肝和卵黄中维生素 B_{12} 含量并不增加。

9. 维生素 C(抗坏血酸) 它参与形成胶原化合组织，能促进形成蛋壳。在热应激条件下，补加维生素 C 能提高存活率、产蛋率和蛋壳厚度。发生螺旋体病、沙门氏菌病和感冒时喂维生素 C(50～100 克/吨饲料)，能改善鸡的总体状况，对产蛋鸡笼养疲劳征也有良好作用。维生素 C 也可以作为抗应激药剂(100 毫克/千克饲料)，对缓解应激影响有一定作用。正常情况下，鸡体内都能合成维生素 C。

10. 胆碱(维生素 B_4) 它是构成磷脂和卵磷脂的成分，能帮助血液中脂肪的转移，可预防脂肪肝综合征，能促进雏鸡生长，预防滑腱症(关节变形)。雏鸡对胆碱需要量较高，每吨饲料应含 1 300 克，成年鸡有 500 克/吨饲料即够。目前多使用工业生产的氯化胆碱。

五、水的需要量

水是养鸡业中最易被人们忽视的营养成分。水是一种溶剂，能把营养物质运输到体内各组织，又把代谢的废弃物排出体外。初生雏鸡体内含水分约 75%，成年鸡则含 55%以上。断水几小时特别是热天对鸡的生长和产蛋都有不良影响，断水 3 天以上就会使产蛋量明显下降，甚至停产换羽。产蛋鸡对水的需要量视环境温度而定，气温 35℃时，鸡的耗水量比 21℃多 1 倍。一般情况下产蛋鸡每吃 1 千克饲料要消耗水 1.5～2.5 升。鸡对断水比断料更敏感，也更难耐受。

农业部 2001 年 10 月 1 日发布实施的《无公害食品　畜禽饮

用水水质标准》,见表 5-2。

表 5-2　禽饮用水水质标准

项　　　目		标　准　值
感官性状及一般化学指标		
色(°)	≤	色度不超过 30°
浑浊度(°)	≤	不超过 20°
臭和味	≤	不得有异臭、异味
肉眼可见物	≤	不得含有
总硬度(以 $CaCO_3$ 计,毫克/升)	≤	1500
pH 值	≤	6.4～8.0
溶解性总固体(毫克/升)	≤	2000
氯化物(以 Cl^- 计,毫克/升)	≤	250
硫酸盐(以 SO_4^{2-} 计,毫克/升)	≤	250
细菌学指标		
总大肠菌群(个/100 毫升)	≤	1
毒理学指标		
氟化物(以 F^- 计,毫克/升)	≤	2
氰化物(毫克/升)	≤	0.05
总砷(毫克/升)	≤	0.2
总汞(毫克/升)	≤	0.001
铅(毫克/升)	≤	0.1
铬(毫克/升)	≤	0.05
镉(毫克/升)	≤	0.01
硝酸盐(以 N 计,毫克/升)	≤	30

六、蛋鸡的饲养标准

在积累一定饲养经验的基础上，经过大量营养需要量的测定和研究，科学规定每天供给鸡能量和各种营养物质的数量及比例，这种规定称为鸡的饲养标准。它是制定日粮配方、科学养鸡的重要依据。由于测定时所用的鸡及饲养管理条件，不可能与各饲养场完全相同，而且随着营养科学的发展和鸡的新品种出现，饲养标准本身也要不断被修订。所以，应因时因地制宜，灵活掌握。

我国第一版《鸡的饲养标准》是 1986 年经农牧渔业部批准正式发布的。10 多年来，随着品系选育和饲料营养科学的发展，蛋鸡的生产性能得到了极大的提高，76 周龄的产蛋量，已由 15.5～17 千克提高到 17.5～19.5 千克。在这种情况下，蛋鸡的新陈代谢强度在不断提高，原来的饲养标准已不能适应现代高产品系鸡的生产要求。因此，用最新的研究成果更新我国《鸡的饲养标准》，对科学配制日粮、充分发挥鸡的遗传潜力和生产性能，有着重要意义。

农业部近年来组织有关专家，根据我国的鸡品种、饲料原料和环境条件的实际情况，并借鉴世界其他国家先进的饲养标准和营养需要量，制定了新的《鸡的饲养标准》(NY/T 33－2004)。有关蛋鸡部分，新标准将生长蛋鸡划分为 0～8 周龄、9～18 周龄和 19 周龄至开产(5%产蛋率)3 个阶段。19 周龄至开产也叫产蛋预备期。这个阶段的营养需要量适当提高了蛋白质和钙的需要量，以增加蛋白质和钙的储备，为产蛋做准备。

GB－1986《鸡的饲养标准》将产蛋鸡划分为 3 阶段产蛋率(65%，65%～80%，>80%)。新标准根据生产实践和实用性，将产蛋鸡划分为开产至产蛋率>85%和产蛋率<85%两个阶段。

(一)生长蛋鸡营养需要量

生长蛋鸡营养需要量见表 5-3。

表 5-3　生长蛋鸡营养需要量*

营养指标	单　位	0～8 周龄	9～18 周龄	19 周龄～开产**
代谢能	兆焦/千克	11.91	11.70	11.50
粗蛋白质	%	19.0	15.5	17.0
蛋白能量比	克/兆焦	15.95	13.25	14.78
赖氨酸能量比	克/兆焦	0.84	0.58	0.61
赖氨酸	%	1.00	0.68	0.70
蛋氨酸	%	0.37	0.27	0.34
蛋氨酸＋胱氨酸	%	0.74	0.55	0.64
苏氨酸	%	0.66	0.55	0.62
色氨酸	%	0.20	0.18	0.19
精氨酸	%	1.18	0.98	1.02
亮氨酸	%	1.27	1.01	1.07
异亮氨酸	%	0.71	0.59	0.60
苯丙氨酸	%	0.64	0.53	0.54
苯丙氨酸＋酪氨酸	%	1.18	0.98	1.00
组氨酸	%	0.31	0.26	0.27
脯氨酸	%	0.50	0.34	0.44
缬氨酸	%	0.73	0.60	0.62
甘氨酸＋丝氨酸	%	0.82	0.68	0.71
钙	%	0.90	0.80	2.00
总磷	%	0.70	0.60	0.55
非植酸磷	%	0.40	0.35	0.32
钠	%	0.15	0.15	0.15

续表 5-3

营养指标	单　位	0～8 周龄	9～18 周龄	19 周龄～开产**
氯	%	0.15	0.15	0.15
铁	毫克/千克	80	60	60
铜	毫克/千克	8	6	8
锌	毫克/千克	60	40	80
锰	毫克/千克	60	40	60
碘	毫克/千克	0.35	0.35	0.35
硒	毫克/千克	0.30	0.30	0.30
亚油酸	%	1	1	1
维生素 A	单位/千克	4000	4000	4000
维生素 D	单位/千克	800	800	800
维生素 E	单位/千克	10	8	8
维生素 K	毫克/千克	0.5	0.5	0.5
硫胺素	毫克/千克	1.8	1.3	1.3
核黄素	毫克/千克	3.6	1.8	2.2
泛　酸	毫克/千克	10	10	10
烟　酸	毫克/千克	30	11	11
吡哆醇	毫克/千克	3	3	3
生物素	毫克/千克	0.15	0.10	0.10
叶　酸	毫克/千克	0.55	0.25	0.25
维生素 B_{12}	毫克/千克	0.010	0.003	0.004
胆　碱	毫克/千克	1300	900	500

*蛋鸡营养需要根据中型体重鸡制订，轻型鸡可酌减 10%

**开产日龄按 5%产蛋率计算，下同

(二)产蛋鸡营养需要量

产蛋鸡营养需要量见表5-4。

表5-4　产蛋鸡营养需要量

营养指标	单　位	开产～高峰期(>85%)	高峰后(<85%)	种　鸡
代谢能	兆焦/千克	11.29	10.87	11.29
粗蛋白质	%	16.5	15.5	18.0
蛋白能量比	克/兆焦	14.61	14.26	15.94
赖氨酸能量比	克/兆焦	0.64	0.61	0.63
赖氨酸	%	0.75	0.70	0.75
蛋氨酸	%	0.34	0.32	0.34
蛋氨酸+胱氨酸	%	0.65	0.56	0.65
苏氨酸	%	0.55	0.50	0.55
色氨酸	%	0.16	0.15	0.16
精氨酸	%	0.76	0.69	0.76
亮氨酸	%	1.02	0.98	1.02
异亮氨酸	%	0.72	0.66	0.72
苯丙氨酸	%	0.58	0.52	0.58
苯丙氨酸+酪氨酸	%	1.08	1.06	1.08
组氨酸	%	0.25	0.23	0.25
缬氨酸	%	0.59	0.54	0.59
甘氨酸+丝氨酸	%	0.57	0.48	0.57
可利用赖氨酸	%	0.66	0.60	—
可利用蛋氨酸	%	0.32	0.30	—
钙	%	3.5	3.5	3.5
总　磷	%	0.60	0.60	0.60

续表 5-4

营养指标	单　位	开产～高峰期(＞85％)	高峰后(＜85％)	种　鸡
非植酸磷	％	0.32	0.32	0.32
钠	％	0.15	0.15	0.15
氯	％	0.15	0.15	0.15
铁	毫克/千克	60	60	60
铜	毫克/千克	8	8	6
锰	毫克/千克	60	60	60
锌	毫克/千克	80	80	80
碘	毫克/千克	0.35	0.35	0.35
硒	毫克/千克	0.30	0.30	0.30
亚油酸	％	1	1	1
维生素 A	单位/千克	8000	8000	10000
维生素 D	单位/千克	1600	1600	2000
维生素 E	单位/千克	5	5	10
维生素 K	毫克/千克	0.5	0.5	1.0
硫胺素	毫克/千克	0.8	0.8	0.8
核黄素	毫克/千克	2.5	2.5	3.8
泛　酸	毫克/千克	2.2	2.2	10
烟　酸	毫克/千克	20	20	30
吡哆醇	毫克/千克	3.0	3.0	4.5
生物素	毫克/千克	0.10	0.10	0.15
叶　酸	毫克/千克	0.25	0.25	0.35
维生素 B_{12}	毫克/千克	0.004	0.004	0.004
胆　碱	毫克/千克	500	500	500

(三)生长蛋鸡体重与耗料量

生长蛋鸡体重与耗料量见表 5-5。

表 5-5　生长蛋鸡体重与耗料量

周　龄	周末体重(克/只)	耗料量(克/只)	累计耗料量(克/只)
1	70	84	84
2	130	119	203
3	200	154	357
4	275	189	546
5	360	224	770
6	445	259	1029
7	530	294	1323
8	615	329	1652
9	700	357	2009
10	785	385	2394
11	875	413	2807
12	965	441	3248
13	1055	469	3717
14	1145	497	4214
15	1235	525	4739
16	1325	546	5285
17	1415	567	5852
18	1505	588	6440
19	1595	609	7049
20	1670	630	7679

注:0～8 周龄为自由采食,9 周龄开始结合光照进行限饲

(四)产蛋鸡体重与耗料量

无论蛋种鸡还是商品蛋鸡,根据它们的成年体重,均分为轻型和中型两种。轻型和中型18周龄体重一般分别在1 250克和1 500克左右;60周龄成年体重一般分别在1 500克左右和2 000克以上。轻型和中型鸡产蛋期耗料量,建议为100克/日和115克/日。

七、蛋鸡的实用饲料配方

根据新的《鸡的饲养标准》(NY/T 33－2004),并参考有关蛋鸡的营养和饲料配方研究资料,对生长蛋鸡和产蛋鸡所需的饲料配方,进行了配比和计算。此配方基本上符合中型体重蛋鸡的需要量,如为轻型鸡可酌减10%。蛋鸡因品种、饲料品质、饲养环境等不同,对饲料的要求也有差异。因此,该配方仅供饲养者参考。蛋鸡饲料配方见表5-6,表5-7。

表 5-6 生长蛋鸡的饲料配方

项目		0～8 周龄		9～18 周龄		19 周龄～开产	
		1	2	3	4	5	6
饲料组成	玉米 (%)	68.4	58.10	66.00	54.00	64.80	67.20
	麸皮 (%)	—	11.00	14.20	22.00	7.20	3.50
	豆粕 (%)	23.00	—	12.00	—	17.50	22.00
	豆饼 (%)	—	19.00	—	18.00	—	—
	棉籽粕 (%)	3.50	—	3.00	—	3.00	—
	槐叶粉 (%)	—	—	—	3.50	—	—
	鱼粉 (%)	—	6.00	—	—	—	—
	骨粉 (%)	—	2.15	—	—	—	—
	贝壳粉 (%)	—	0.50	—	—	—	—
	石粉 (%)	1.20	—	1.20	—	4.20	4.50
	磷酸氢钙 (%)	2.00	—	1.50	1.20	1.50	1.50
	膨润土 (%)	—	1.00	—	—	—	—
	植物油 (%)	0.60	—	0.80	—	0.50	—
	预混料 (%)	1.00	1.00	1.00	1.00	1.00	1.00
	食盐 (%)	0.30	0.35	0.30	0.30	0.30	0.30
营养水平	代谢能 (兆焦/千克)	11.92	12.10	11.50	11.13	11.29	11.39
	粗蛋白质 (%)	19.09	19.05	15.59	15.20	17.01	17.40
	蛋白能量比 (克/兆焦)	16.02	15.74	13.56	13.66	15.07	15.28
	钙 (%)	1.12	1.06	0.95	0.78	2.02	2.15
	总磷 (%)	0.83	—	0.76	0.57	0.73	0.70
	有效磷 (%)	0.59	0.46	0.49	—	0.48	0.35
	赖氨酸 (%)	0.81	0.97	0.58	0.73	0.69	0.73
	蛋氨酸 (%)	0.28	0.35	0.22	0.32	0.24	0.26
	蛋+胱氨酸 (%)	0.57	0.59	0.46	0.63	0.50	0.52

表 5-7 产蛋鸡的饲料配方

项目		开产～高峰期(>85%)			高峰后(<85%)		种鸡	
		1	2	3	4	5	1	2
饲料组成	玉米 (%)	66.1	60.00	53.70	63.00	61.00	64.20	51.00
	麸皮 (%)	—	10.00	—	—	5.00	—	—
	豆粕 (%)	20.00	—	—	—	—	21.00	18.00
	豆饼 (%)	—	10.00	28.00	23.80	18.00	—	—
	棉籽粕 (%)	2.00	—	—	2.00	—	—	—
	棉籽饼 (%)	—	—	—	—	3.00	—	—
	高粱 (%)	—	—	5.00	—	—	—	15.00
	菜籽饼 (%)	—	—	1.00	—	4.00	—	—
	葵籽饼 (%)	—	—	1.00	—	—	—	—
	槐叶粉 (%)	—	2.00	2.00	—	—	—	—
	苜蓿粉 (%)	—	—	—	—	—	—	1.00
	鱼粉 (%)	—	10.00	—	—	—	4.00	5.00
	骨粉 (%)	—	—	2.50	—	1.70	—	—
	贝壳粉 (%)	—	6.70	5.30	—	—	—	—
	石粉 (%)	8.30	—	—	8.40	6.00	7.20	7.00
	磷酸氢钙 (%)	1.50	—	—	1.50	—	1.50	1.50
	动物油 (%)	—	—	—	—	—	0.80	—
	植物油 (%)	0.80	—	—	—	—	—	0.2
	预混料 (%)	1.00	1.00	1.00	1.00	1.00	1.00	1.00
	食盐 (%)	0.30	0.30	0.30	0.30	0.30	0.30	0.30

续表 5-7

项　目		开产～高峰期(>85%)			高峰后(<85%)		种　鸡	
		1	2	3	4	5	1	2
营养水平	代谢能（兆焦/千克）	11.27	11.34	11.26	11.15	10.38	11.43	11.14
	粗蛋白质　(%)	16.73	16.50	16.90	15.80	15.30	18.50	18.00
	蛋白能量比（克/兆焦）	14.84	14.55	15.01	14.17	14.74	16.19	16.15
	钙　(%)	3.51	3.20	3.46	3.55	3.07	3.27	3.30
	总　磷　(%)	0.67	0.70	0.65	0.65	0.58	0.77	0.79
	有效磷　(%)	0.47	—	—	0.48	—	0.58	0.61
	赖氨酸　(%)	0.70	0.91	0.96	0.76	0.69	0.85	0.81
	蛋氨酸　(%)	0.25	0.32	0.24	0.24	0.27	0.30	0.30
	蛋＋胱氨酸(%)	0.51	0.59	0.55	0.50	0.54	0.57	0.54

第六章　鸡场场址选择、建筑与设备

一、鸡场场址的选择

建立鸡场要根据生产方向(供应种蛋、种雏或生产食品蛋)、生产规模来决定场址选在什么地方为好。卫生防疫条件是否有利于安全生产,这是选择场址所要考虑的首要因素。现代养鸡业的实践证明,鸡病的发生与传播,给养鸡业带来的威胁和损失最大。即使人们尽最大努力在卫生防疫上采取一切严密措施,仍是防不胜防。养鸡是为了提供营养品,自然不能与外界隔绝往来,所以,在鸡场场址选择上,既要考虑防疫安全,又要为生产的正常运转提供方便。

从当前条件来看,办鸡场选择半径在1～2千米内无居民区和工厂的不宜耕作的地段,就基本上具备防疫条件。建场应尽量不占或少占农田,充分利用比较平坦的荒山荒坡。要求地势高燥,排水良好,水源供应充足,水质好,供电方便,而且要考虑交通方便,以利于运输。但鸡场要离主干线公路1千米以上。

二、鸡舍的建筑类型

目前,蛋鸡舍的建筑类型有两种:密闭型和开放型。

(一)密闭型鸡舍

也叫无窗鸡舍。这种鸡舍设置的应急窗,除在断电时临时开窗通风换气以外,平常是封闭的。采用机械喂料,机械通风换气,人工光照。鸡处于人工控制的封闭环境中，受外界干扰少，有利于鸡的生长发育和产蛋。但一次性投资大，建筑造价高，光照、通风、降温等都离不开电源，对电源的依赖性很强，耗电量很大。没有电源保证就不能使用。由于密闭式鸡舍饲养密闭度很大，夏天必须有良好的通风和降温设施，否则会有热死鸡和产蛋量下降的现象发生。

（二）开放型鸡舍

也叫有窗鸡舍，白天利用自然光，靠开关窗户来调节通风换气和控制温度。这类鸡舍有两种形式：一种是有窗户的砖瓦结构的鸡舍；另一种是北京农业大学研制的开放式卷帘鸡舍，靠卷帘的升降来调节窗户的大小，以便调节通风透光和控制温度。卷帘鸡舍通风良好，但冬季严寒季节保温性能较差，只适于华北以南的地区使用。开放式鸡舍造价低，利用自然光、自然风、自然热，所以节电省能，但不能控制光照，易受外界的干扰。

只要饲养管理得当，不管密闭鸡舍还是开放鸡舍，同样可以获得高产。比较神经质类型的鸡养于密闭鸡舍可能更好一些。这种鸡舍环境较安静，鸡不受外界的刺激，能保持高产稳产。

三、鸡舍的布局

养鸡场的场区一般分为两大部分：一为生产区，二为管理区。在布局时既要考虑卫生防疫，又要考虑便于组织生产，节约投资，有利于减轻劳动强度和提高劳动效率。

生产区是全场的主体，主要是各类鸡舍。鸡舍的布局要考虑当地的主导风向。如果以北风为主风向，则鸡舍布局由北向南逐次按孵化室、育雏舍、育成舍、成年鸡（种鸡或商品鸡）舍安排，避免成年鸡对雏鸡的可能感染。饲料供应和行政管理区应设在与风向平行的一侧。鸡场职工的生活区应设在场外。各区之间的距离根据具体情况,应该尽可能远些,特别是生活区应远离鸡舍。

鸡舍的一端应设专用粪道与粪场相通,人行和运输饲料应有专门的清洁道,两道不要交叉,更不能共用,以免感染疾病。鸡场应设围墙,防止外人及其他畜禽进入场区。

孵化室应不让外人进入,以防带入病原。从种蛋贮存、孵化、出雏、鉴别、存放到发送,都应按顺序消毒,一切人员只能单向前进,不能交叉串走或往返。

育雏舍设在鸡场的上风方向,远离成年鸡舍,以防疾病的感染。育雏舍的多少及面积大小,要根据鸡场年饲养量、鸡群的更新和生产安排来确定。鸡场一次性育雏,需要有足够的面积,真正做到全场实际上的全进全出制,有利于防疫;但育雏舍的利用率低。根据成年鸡舍的数量,合理安排分批育雏,实行单栋鸡舍全进全出制,可以有效地利用育雏鸡舍。

育成鸡舍位于育雏舍和成年鸡舍之间,便于转群。育成鸡舍的多少应与育雏数量相配套。根据成年鸡舍的饲养容量,可以 1 栋育成舍所养的育成鸡与成年鸡舍相一致,也可以 2 栋育成鸡装 1 栋成年鸡舍。

成年鸡舍的多少,主要取决于鸡场的生产规模。

种鸡舍的规模和栋数,主要取决于鸡场商品雏的需要量、社会的需求量、种鸡的种用性能等。同一鸡场,种鸡舍应在成年鸡舍的上风方向或同侧,或者单独设区。

孵化室最好设在场外,特别是孵化向社会提供雏鸡的鸡场更应如此,这样可以防止接雏的人员和车辆接近场区。

如果鸡场的饲料加工车间担负向外供应饲料的任务,也应设在场外。

1 栋成年鸡舍养多少母鸡为好呢?这要看养鸡场的饲养规模、操作的机械化程度等条件来定。北京农业大学的专家提出,1

栋鸡舍养蛋鸡5 000～6 000只为宜。这样一次供雏困难不大，一般种鸡场均能解决；适合1人管理1栋鸡舍，可以实行育雏、育成、产蛋鸡的一条龙到底的管理方法，人随鸡走，了解自己的鸡群状况，责任心强；喂饲、捡蛋、清粪不用机械化，1人也能胜任，劳动生产率并不比机械化养鸡场低；实行小批量，勤周转，有利于疾病的控制，一旦发病对生产的损失也较小。因此，这种1栋养蛋鸡5 000～6 000只的规模，是目前可供选择的一种好模式。

四、饲养设备的选择

饲养设备的选择主要取决于饲养工艺、机械化程度、劳动生产率、经营方向和经济实力。同样是饲养蛋鸡，密闭鸡舍与开放鸡舍所用设备有所不同，种鸡与商品鸡用的设备有所差别，笼养管理与平养管理设备也不一样，手工操作与机械操作设备更不相同。财力雄厚可以购置机械化自动化程度较高的设备，资金缺乏则只能选择比较简陋的设备。电力不足时，手工操作最为可靠。

（一）孵化设备

搞孵化，若资金充足，应选择自动化程度高的先进孵化器，容量大小根据孵化量选择。这种孵化器只要供电正常，调好各种孵化技术参数。机器就能按人的意志去运行。如果财力有限，可以选择半自动化的孵化器，除温度控制外，翻蛋、加湿都由手工调节。这种孵化器造价较低，也较简陋，只要孵化人员责任心强，有一定的经验积累，孵化率也不见得低。没有电力或供电不正常的条件下，可以采用土法孵化，有经验的孵坊师傅，同样可获得很满意的孵化效果。只不过是牵涉到经验、劳动生产率、劳动强度的问题罢了。

(二)供暖设备

用电热、水暖、煤炉甚至火炕加热,都能达到加热保温的目的。电热、水暖比较干净卫生。煤炉加热比较脏,容易发生煤气中毒事故。火炕加热比较费燃料,耗劳力,但温度比较平稳。只要能保证达到所需的温度,采取哪一种供暖设备都是可行的。

(三)通风设备

密闭鸡舍必须采用机械通风。机械通风就不能缺电。密闭鸡舍机械通风,主要是解决换气的问题,夏天还有降温的任务。机械通风有送气式和排气式两种。用通风机向鸡舍内强行输送新鲜空气,使舍内形成正压,把污浊空气排走,这就是送气式通风。用通风机把鸡舍内的污浊空气强行抽出,使新鲜空气由进气孔充入鸡舍,这种换气方式叫做排气式通风,也叫做负压通风。通风机械的种类和型号很多,可根据实际情况选购。

过去的密闭鸡舍多采用横向通风,一侧进风,另一侧排气。近年来北京市有些鸡场采用纵向通风,结果证明通风效果更好。纵向通风由鸡舍中央进风,鸡舍两端将空气排出,或者由鸡舍的一端进风,另一端排风(图 6-1)。纵向通风的优点是,能消灭和克服横向通风时舍内的通风死角和风速小而不均匀的现象,同时消除横向通风造成鸡舍间交叉感染的弊病。纵向通风的风机安装在鸡舍

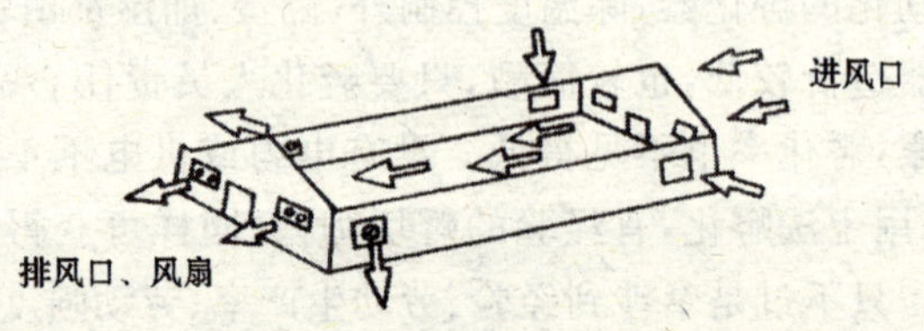

图 6-1 纵向通风鸡舍的空气流向

的一端，风机少，噪声低，耗电也少。据测，夏天外界气温37℃时，纵向通风的鸡舍平均温度为34℃，开放式鸡舍为36.2℃。说明纵向通风在高温季节对降温有明显的效果。

一般开放式的鸡舍均采用自然通风。这种鸡舍主要是利用门窗和天窗的开关来调节通风量。当外界风速较大或内外温差大时通风较为有效。夏季天气闷热，风速小时，自然通风效果不大，难以保证所需的通风状态。

开放鸡舍如果采用卷帘代替窗户，夏天通过提升卷帘，形成扫地窗，通风良好，具有“亭子效应”，能保持鸡舍允许的温度。冬季靠帘子布保温而产生温室效应，使鸡舍保持允许的温度。冬季严寒的地区，不宜采用卷帘鸡舍。

（四）供水设备

从节约用水和防止细菌污染的角度看，乳头饮水器是最理想的。但因产品质量不过关，时至今日没有多少鸡场使用乳头式饮水器，原因是漏水问题不能解决。现在笼养育成鸡和成年鸡使用最普遍的还是“V”形水槽，常流水供水。这种水槽供水可靠，只要连接牢固，安装坡度适当，不会漏水跑水。但每天要花劳力去刷槽。雏鸡使用真空饮水器最合适，但要定期加水并洗刷。平养的鸡可以使用吊塔式普拉松自动饮水器，这种饮水器既卫生又节水。

（五）喂料设备

主要使用食槽，笼养鸡都用长的通槽，自动化喂料采用上料机及链条式喂料机供料，平养鸡也可使用这种供料方式，也可用吊桶供料。

食槽的形状对鸡采食饲料的抛撒有影响。食槽过浅，没有护沿会造成较多的饲料浪费。食槽的一边应较高，斜坡也较大，以防止鸡采食时将饲料抛撒出槽外。

除机械化给料以外,国内一般都采用手工给料。借助手推车装料,1个饲养员操作可以担负5 000只鸡的饲养量。

(六)集蛋设备

机械化程度高的鸡场采用传送带自动集蛋。自动集蛋虽然生产效率高,但蛋的破损率较高,最后还需人工挑拣破蛋和搬运。因此,一般都是手工集蛋。技术熟练的饲养员集蛋的速度也是很快的,借助蛋托装蛋,蛋的破损率很低。边捡蛋就能边挑出破蛋。

(七)清粪设备

鸡场一般采用人工定期清粪,用小车将粪推到粪场。这样能保持鸡舍的卫生,夏天能减少舍内蝇蛆的繁衍。少数鸡场采用刮粪板机械清粪。刮粪板的钢丝绳容易腐蚀断裂,维修不方便,造价高,没有电力保证难以采用。因此,采用机械清粪的鸡场不多。

(八)笼　具

育雏可以用网板,也可以采用立式多层育雏器。育成鸡除平面网养外,多用重叠式或阶梯式育成笼。产蛋鸡基本上都是笼养。实行笼养,可以充分利用空间,增加饲养容量,清洁卫生状况好,便于防疫,节省饲料,蛋的清洁度较高,管理鸡群便利。笼养的这些优点,是促进实行笼养的主要因素。目前国内生产鸡笼的厂家很多,可根据情况去选购。

种鸡笼有育种用的个体笼,祖代、父母代鸡可以用普通的产蛋鸡笼,也可以用小群配种笼。这种小群配种笼的一端可专设布帘遮光,一是为母鸡产蛋创造一个安静的遮光环境,二是防止产蛋时引起啄肛。

(九)光照设备

国内普遍采用白炽灯即普通灯泡来照明。许多鸡场安装定时器自动控制灯的开关,从而取代人工开关,保证光照时间的准确可靠。鸡舍的照明可采用日光灯管,灯管不是面向鸡笼,而是朝向天花板,灯光通过天花板反射到地面。这种散射光比较柔和均匀。

第七章　雏鸡的饲养管理

雏鸡是指从孵出到8周龄的小鸡。在育雏期间(0～8周龄)，雏鸡的生长发育好坏直接关系到育成鸡的整齐度和合格率，间接地影响成年母鸡的生产性能。因此，育雏是为整个蛋鸡生产周期打基础的关键阶段。

一、育雏的方式

从目前国内的情况来看，育雏的方式有两种：平面饲养和立体饲养。

(一)平面育雏

这是传统的育雏方式。又分为地面平养、火炕平养和网上平养等。

地面平养，就是在地面上铺垫5～10厘米厚的垫料饲养雏鸡。垫料可就地取材，诸如切碎的干净稻草、麦秸、刨花等。锯末过细，为防止雏鸡啄食，最好不用它做垫料。如果育雏舍很大，头几天雏鸡小，活动范围有限，为便于保温和管理，应当用纸板或其他隔板把雏鸡围在热源的周围。待雏鸡长大，活动能力加强时，再把隔板撤去。

火炕平养的形式与地面平养基本相同，只是用火炕做热源，使地面加温，雏鸡可以在温度较稳定的炕面上活动。火炕育雏的方式适于北方地区；南方潮湿的地区采取这种方式可使地面保持干燥，也有利于提高雏鸡成活率。

上述两种方式的共同特点是投资少，管理方便，雏鸡有足够的自由活动空间。缺点是雏鸡与垫料和粪便经常接触，对防病特别是防白痢、球虫病等不利。

网上平养在平养方式中是最先进的一种，它是用网板代替地面。网板可用点焊网，一般网眼为 1.5 厘米×1.5 厘米。网板离地面 50～80 厘米，用角铁焊成支架把网板铺在上面。这样能承受饲养人员在上面走动，便于饲养操作。网养可省去垫料，最大优点是雏鸡与粪便接触机会少，发生球虫病、白痢的机会就少。但这种管理方式的投资较大。

(二)多层笼育

也叫立体育雏。这是吸收网养的优点，克服地面平养的缺点，而改进的现代育雏方式。最大的优点是能成倍地增加单位鸡舍面积的饲养容量。目前许多养鸡设备厂已生产多层的育雏笼。层次为重叠式的，一般为四层，每层底下有接粪盘，笼层的四周设有食槽和水槽。前两周的雏鸡在笼内放真空饮水器和食盘。随着雏鸡长大，撤去笼内的饮水器和食盘，雏鸡可自行通过周边的栅栏，从外边的食槽和水槽采食、饮水。有些厂家生产的育雏器，在笼层的一端设有可调温的供暖装置，供雏鸡取暖，其余部分为活动场所。采用这种电热源育雏器，雏鸡能自由选择温区，雏鸡成活率很高，饲养人员管理鸡群也很方便，只是造价很高。转群时抓鸡比较费事，必须有多人配合才行。

育雏所用的热源，可根据当地的条件选择电热、水暖、煤炉、煤气炉、火炕等均可，只要能达到不同日龄雏鸡所需的温度，哪一种供暖设备都行。

二、育雏前的准备工作

首先，要决定饲养什么鸡种，对鸡种的基本性能和饲养管理要求有所了解，以便做好有关准备。在选购鸡种时，一定要从可靠的种鸡场进鸡，切忌从私人的鸡场购买商品代自繁的鸡。

其次，要选好育雏季节。鸡场规模较大，不可能一次育雏，要分批进行，做到全年均衡生产，不存在季节性的问题。作为专业户饲养，数量不多，一般选在春季育雏为好，这样秋天产蛋，冬春季正值产蛋高峰期，蛋价较高。但春季育雏，早春气温低，因保温支出的燃料费用多，育雏人员昼夜都得看护，消耗体力大。春季育雏的鸡病种类较多，雏鸡处于日照渐增的时期，光照不好控制。秋季育雏气温较适宜，保温所费燃料少，雏鸡处于日照渐减的时期，与雏鸡所需光照时间相一致。秋季天气渐凉，鸡病较少，但是产蛋鸡的高峰期正值夏天，难于达到较高的产蛋高峰，高峰期也较短，而且蛋价也相对较低。所以，选择育雏时间，要从实际出发。

鸡种选好了，育雏时间也定了，就要开始做好育雏的各项准备工作。

最重要的工作是对鸡舍和一切饲养用具进行彻底的清洗和消毒，检查通风、保温设备是否符合要求。育雏舍和用具要用福尔马林熏蒸消毒。每立方米体积用福尔马林液 28 毫升和高锰酸钾 14 克。先将高锰酸钾放入非金属性容器内，然后倒入福尔马林液。操作时戴上口罩，穿好防护衣服，倒入福尔马林液后迅速离开。熏蒸前一定要把窗户密封好，堵住通风孔。熏蒸操作完毕，把门窗关闭 24～48 小时。然后打开门窗，将剩余的甲醛气体排除干净，鸡舍就可使用。熏蒸过程中产生的大量甲醛气体，有极强的杀菌能力。熏蒸是最有效的消毒方法，在养鸡场中已被普遍采用。

进雏前 1～2 天，对鸡舍进行升温预热，检查供热是否有效。地面平养雏鸡，要铺上 5～10 厘米厚的清洁垫料。进雏前 1～2 小时，把鸡舍的温度升至育雏所需的要求。饮水器内备好清洁的饮水或 0.1％的高锰酸钾水，最好准备 5％～8％的白糖水。把育雏鸡开食所用的饲料运到育雏舍。落实好育雏人员白班和夜班交接班制度。准备好必要的育雏记录本或表格。所有这一切都准备完毕，就随时可以接雏了。

三、雏鸡的接运

接雏前雏鸡必须接种鸡马立克氏疫苗。

如果是本场孵化雏鸡，接种完疫苗后就可接运到育雏室，不要等到全部出雏完毕才接运。这样可防止因孵化车间温度低而使雏鸡着凉或失水。

如果从外地外场接雏，要按孵化场的通知，提前到达接雏地点。因为有时候出雏时间可能提前或推迟半天。及时把雏运回，可防止雏鸡因开食过迟而影响成活率。长途运输超过一天时间的，更要提前到达。这样也能使运输司机有休息的时间，按时出发，防止途中出现意外。如不能及时运回雏鸡，就会影响育雏成绩。

只要符合健雏标准的雏鸡就可接运，弱雏、伤残、畸形的雏不在接运范围之内。长途运输要按每 80～100 只装进分成四等份的雏鸡盒中。装雏前运输工具要消毒。装雏时雏鸡盒之间要有通风的间隙，夏天更要注意此点。途中要经常注意观察雏鸡盒是否歪斜、翻倒。不要急刹车，道路不平时要开慢些、稳些，防止颠簸。每走 1～2 小时，最好停车把雏鸡盒上下层调换一下位置，以防过热把雏鸡闷死。如果雏鸡张嘴、叫声嘈杂，这是过热的表现，要注意通风。冬天，如果发现雏鸡扎堆，唧唧鸣叫，说明过冷，要适当加盖防寒物，但一定要注意通风，任何情况下都不能让风直接吹到雏鸡的身上。

四、接雏与雏鸡的开食

雏鸡进入育雏室后，如果是经长途运输的，应先连同雏鸡盒一起放在室内歇息20分钟左右，再清点雏鸡，放进育雏器或育雏伞下。清点雏鸡时，同时挑选绒毛光亮、叫声清脆、握在手中有温暖感、有挣扎力、眼神好、反应灵敏、腹部收缩好、脐部愈合好、无畸形和伤残的雏鸡。

进雏后，先让雏鸡饮水2～3小时，最好供给浓度为5%～8%糖水12小时，实践证明，这一措施能使第一周的雏鸡死亡率大为减低。同时，要使育雏舍的相对湿度保持在60%～70%，这样能缓解雏鸡的失水。饮水的温度以15℃左右为宜。

雏鸡经过3小时充分饮水之后，开始投喂饲料较为理想。雏鸡第一次吃食叫做开食。头1周把饲料撒在纸上或平盘上，每天换纸1次或洗盘1次。头两天喂给易消化的玉米碎末或玉米面，有利于减少雏鸡的糊肛现象。饲料干喂或稍微拌湿投喂均可。开食初期，可能只有一部分雏鸡啄吃饲料，这些一般是早孵出的雏鸡。大部分雏鸡都在适宜的温度环境下卧息。睡醒后的雏鸡，就会慢慢地仿效正在吃食的雏鸡学会吃料。除非是病弱的个体，从本能出发，雏鸡有饥饿感时就自然寻找食物。一般1天左右全部雏鸡均能学会吃料。1周以后可用食槽装料喂雏鸡。

头两天要求24小时光照，光照强度为20～40勒(每15平方米用1盏40瓦的白炽灯即可)。较亮的灯光有利于雏鸡熟悉环境和更快地学会饮水、吃食。喂料采用少给勤添的办法，让雏鸡自由采食，这样所有的雏鸡都有机会吃到所需的饲料。要注意经常保持饮水器中有水，如果每次添水以后1小时内发现饮水器中已没有水，说明饮水器数量和供水不足，就得增加饮水器，或者及时添水。

应注意料盘、料槽的清洁，因为刚开食时雏鸡常边吃料边排粪。每次添料时要清除纸上、盘上的粪便。饮水器每次换水时要清洗一下后再加水。任何情况下不能让雏鸡缺水，否则每次加水时雏鸡蜂拥而上抢水喝，一是把绒毛弄湿，二是招致挤压、踩伤和踩死的现象发生。

五、育雏舍小气候及其控制

鸡舍中的小气候主要是指温度、湿度、空气、光照等环境因素。

(一)育雏温度

初生雏鸡体温比成年鸡要低,稀短的绒毛保温能力较差,采食能力小,大约要1周以后体温才逐渐升至接近成年鸡的水平,要到3周以后体温才能稳定下来。在此之前,雏鸡对外界温度的变化很敏感,温度过低,或忽冷忽热,容易受凉,造成腹泻。因此,根据日龄为雏鸡提供温度适宜的环境,对雏鸡特别是头几天雏鸡的正常生长和成活十分重要。

育雏温度是指育雏器下的温度。育雏舍内的温度比育雏器下的温度低一些,这样可使育雏舍地面的温度有高、中、低3种差别,雏鸡可以按照自身需要选择其适宜温度。

育雏温度:进雏后1～3天为34℃～35℃,4～7天降至32℃～33℃;以后每周降低2℃～3℃;到第六周降至18℃～20℃。

测定舍温的温度计应挂在距离育雏器较远的墙上,高出地面1米处。

育雏的温度因雏鸡品种、气候等不同和昼夜更替而有差异,特别要根据雏鸡的动态来调整。夜间外界温度低,雏鸡歇息不动,育雏温度应比白天高1℃。另外,外界气候低时,育雏温度通常应高些,气温高时育雏温度则应低些;弱雏的育雏温度应比健雏高一些。

给温是否合适,也可通过观察雏鸡的动态获知。温度正常时,雏鸡神态活泼,食欲良好,饮水适度,羽毛光滑整齐,白天勤于觅食,夜间均匀分散在育雏器的周围(图7-1)。温度偏低时,雏鸡靠近热源，拥挤扎堆，时发尖叫，闭目无神，采食量减少，被挤压在下面的雏鸡有时发生窒息死亡。温度过低，容易引起雏鸡感冒，诱发白痢病，使死亡率增加。温度高时，雏鸡远离热源，展翅伸颈，张口喘气，频频饮水，采食量减少。长期高温，则引起雏鸡呼吸道疾病和啄癖等。

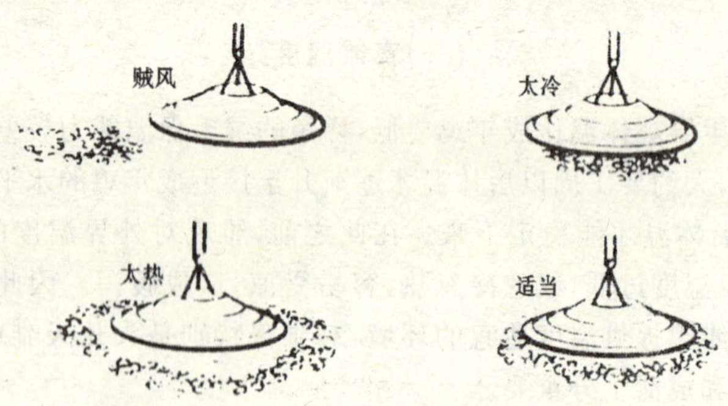

图 7-1　雏鸡的行动表现是温度高低的指标

(二)环境湿度

湿度也是育雏的重要条件之一，但养鸡户对此不够重视。育雏舍内的湿度一般用相对湿度来表示，相对湿度愈高，说明空气愈潮湿；相对湿度愈低，则说明空气愈干燥。雏鸡出壳后进入育雏舍，如果相对湿度过低，雏鸡体内的水分会通过呼吸而大量散发出去，不利于雏鸡体内剩余卵黄的吸收，雏鸡羽毛生长亦会受阻。一旦给雏鸡开饮后，雏鸡往往因饮水过多而发生下痢。

雏鸡 10 日龄前适宜的相对湿度为 60%～65%，以后降至 55%～60%。育雏初期，由于垫料干燥，舍内常呈高温低湿，易使雏鸡体内失水增多，食欲不振，饮水频繁，绒毛干燥发脆，脚趾干瘪。另外，过于干燥也易导致尘土飞扬，引发呼吸道和消化道疾病。因此，这一阶段必须注意舍内水分的补充。可在舍内过道或墙壁上喷水增湿，或在火炉上放置1个水盆或水壶烧水产生蒸汽，以提高舍内湿度。10日龄以后，雏鸡发育很快，体重增加，采食量、饮水量、呼吸量及排泄量与日俱增。舍内温度又逐渐下降，特别是在盛夏和梅雨季节，很容易发生湿度过大的情况。雏鸡对潮湿的环境很不适应，育雏舍内低温高湿时，会加剧低温对雏鸡的不良影响，雏鸡会感到更冷，这时易患各种呼吸道疾病；当育雏舍内高温高湿时，雏鸡的水分蒸发和体热散发受阻，感到闷热不适，雏鸡易患球虫病、曲霉菌病等。因此，这时要加强通风换气，注意勤换垫料，加添饮水时要防止水溢到地面或垫料上。

(三)通风换气

雏鸡虽小，生长发育却很迅速，新陈代谢旺盛，需氧气量大，排出的二氧化碳也多，单位体重排出的二氧化碳量要比大家畜高2倍以上。此外，在育雏舍内，粪便和垫料经微生物的分解，产生大量的氨气和硫化氢等不良气体。这些气体积蓄过多，就会造成空气污浊，从而影响雏鸡的生长和健康。如育雏舍内二氧化碳含量过高，雏鸡的呼吸次数显著增加，严重时雏鸡精神委靡，食欲减退，生长缓慢，体质下降。氨气的浓度过高，会引起雏鸡肺水肿、充血，刺激眼结膜引起角膜炎和结膜炎，并可诱发上呼吸道疾病的发生。硫化氢气体含量过高，也会使雏鸡感到不适，食欲降低等。我国无公害养殖GB 18407.3规定：氨的含量，雏禽舍小于8毫克/米^3，成禽舍小于12毫克/米^3；硫化氢的含量，雏禽舍小于3毫克/米^3，成禽舍小于15毫克/米^3。人对于8毫克/米^{3}浓度的氨一般不易察觉，浓度为15毫克/米^{3}时已有感觉，浓度为38毫克/米^{3}时引起流泪和鼻塞。因此，要注意育雏舍的通风换气，及时排出有害气体，保持舍内空气新鲜，使人进入育雏舍后无刺鼻、刺眼感觉。在通风换气的同时，也要注意舍内温度的变化，防止间隙风吹入，以免引起雏鸡感冒。

育雏舍通风换气的方法，有自然通风和强制通风两种。开放式鸡舍的换气可利用自然通风来解决。其具体做法是：每天中午12时左右，将朝阳的窗户适当开启，应从小到大最后呈半开状态。切不可突然将门窗打开，让冷风直吹雏鸡。开窗的时间一般为30分钟至1小时。为防止舍温降低，通风前应提高舍温1℃～2℃，待通风完毕后再降到原来的温度。密闭式鸡舍通常通过动力机械（风机）进行强制通风。其通风量的具体要求是：冬季和早春为每分钟每只雏鸡0.03～0.06立方米，夏季为每分钟每只雏鸡0.12立方米。

（四）光　照

光照包括自然光照（太阳光）和人工光照（电灯光）两种。光照对雏鸡的采食、饮水、运动和健康生长，都有很重要的作用，与成年后的生产性能也有着密切的关系。不合理的光照对雏鸡是极为有害的。光照时间过长，会使生长鸡提早性成熟，小公鸡早鸣，小母鸡过早开产。过早开产的鸡，体重轻，蛋重小，产蛋率低，产蛋持续期短，全年产蛋量不高。光照过强，雏鸡显得神经质，易惊群，容易引起啄羽、啄趾、啄肛等恶癖。而光照时间过短，强度过小，不仅影响到雏鸡的活动与采食，而且会使鸡性成熟推迟。异常光色如黄光、青光等，易引起雏鸡的恶癖。

合理的光照方案包括光照时间和光照强度两个方面。对于商品蛋鸡，应在育雏期和育成期采取人工控制光照来调节性成熟期。

1. 光照时间　雏鸡出壳后头3天视力较弱，为保证采食和饮水，每天可采用23～24小时的光照。从第四天起，按鸡舍的类型和季节，采取不同的光照方案。密闭式鸡舍，雏鸡从孵出后的第四天起到20周龄（种鸡22周龄），每昼夜恒定光照8～10小时。有条件的开放式鸡舍（有遮光设备，能控制光照时间），在制订4日龄以后的光照方案时，要考虑当地日照时间的变化。我国处于北半球,4 月上旬至 9 月上旬孵出的雏鸡,其育成后期正处于日照时间逐渐缩短的时期,故本批鸡 4 日龄以后至 20 周龄(种鸡 22 周龄),均可采用自然光照;9 月中旬至翌年 3 月下旬孵出的雏鸡,其大部分生长时期的日照时数不断增加,故本批鸡从 4 日龄至 20 周龄(种鸡 22 周龄)可控制光照时间。控制的方法有两种,一种是渐减法,即查出本批鸡达到 20 周龄(种鸡 22 周龄)的白天最长时间(如 15 小时),然后加上 3 小时作为出壳后第四天应采用的光照时间(18 小时)。以后每周减少光照 20 分钟,直到 21 周龄(种鸡 23 周龄)以后,按产蛋鸡的光照制度给光。另一种是恒定法,即查出本批鸡达到 20 周龄(种鸡 22 周龄)时的白天最长的时间(不低于 8 小时),从出壳后第四天起,就一直保持这样的光照时间不变,到 21 周龄(种鸡 23 周龄)以后,则按产蛋鸡的光照制度给光。

2. 光照强度 第一周龄内应稍亮些,每 15 平方米鸡舍用 1 盏 40 瓦的白炽灯悬挂于离地面 2 米高的位置即可,第二周龄开始换用 25 瓦的灯泡就可以了。

人工光照常用白炽灯泡,其功率以 25～45 瓦为宜,不可超过 60 瓦。为使光照度均匀,灯泡与灯泡之间的距离应为灯泡高度的 1.5 倍。舍内如安装两排以上的灯泡,应错开排列。缺电地区,可使用煤油罩灯、蜡烛、气灯等,人工补充光照。

六、雏鸡的饲养管理

育雏期间最关键的管理技术是温度的调控,其重要性及调控方法上面已经作了介绍。即使有自动控温装置,饲养人员也要经常进行检查和观察鸡群,注意温度是否适宜。特别是后半夜自然气温最低的时刻,也是值班人员最容易打瞌睡的时间。偶尔责任心不强,稍有疏忽,炉火熄灭,温度下降,雏鸡自然扎堆,就可能造成受凉感冒、踩伤或窒息死亡。雏鸡受凉特别是头几天的雏鸡可能出现腹泻糊肛的现象。白天温度高,夜间温度低,冷热骤变是造成雏鸡糊肛、腹泻的重要原因,许多人一见雏鸡腹泻就认为是鸡白痢,其实腹泻并不都是鸡白痢造成的。

众所周知,雏鸡在育雏阶段是一生中生长发育最快的时期。第一周末比出壳时体重增长 1 倍,2 周龄时增至 3 倍,3 周龄时增至 5 倍。雏鸡增重这么快,全靠采食饲料作为物质基础。因此,在育雏阶段采取自由采食的制度,料槽里应经常保持有一定数量的饲料,让雏鸡随意啄食。目的是让雏鸡吃得多,长得快,为以后的正常生长打下良好的基础。雏鸡采食量很小,消化能力又强,如果限制采食时间,强者抢吃,霸占地盘,弱者总吃不上食,这势必影响全群鸡的整齐度。在鸡群规模大,料槽数量又有限的情况下,不采用自由采食方法,鸡群肯定发育不均匀。所以,提供足够的料槽和水槽,让每只雏鸡都能同时有机会吃食和饮水,是最理想的。

育雏期间每只雏鸡平均应有料槽位置 2.5 厘米,饮水位置 1.5 厘米。否则就会影响到雏鸡的自由采食和饮水,导致雏鸡生长发育不均匀,鸡群越大就越应保证所需的料槽和水槽。

雏鸡的合理给料量和体重标准,见表 7-1。

表 7-1 白壳蛋鸡和褐壳蛋鸡各龄给料量

周　龄	白壳蛋鸡		褐壳蛋鸡	
	每只每日给料(克)	体重范围(克)	每只每日给料(克)	体重范围(克)
1	13	50～70	13	80～100
2	16	100～140	24	130～150
3	19	160～200	29	180～220
4	29	220～280	35	250～310
5	38	290～350	40	360～440
6	41	350～430	45	470～570

表 7-1 中的体重范围，是指鸡群中 80%的个体应在此范围内。

采取自由采食制度，不等于把饲料添得满满的，而是把一天喂料的数量分多次添加，让雏鸡随时都能吃到饲料。这种少喂勤添的方法，可以减少饲料的浪费，又能促进鸡的食欲和群势整齐，是降低饲养成本的重要途径。

随着雏鸡的生长发育，要及时注意调整和疏群。因为密度过大，鸡群采食拥挤，活动的空间也小，不利于鸡的生长发育。笼育雏鸡每只应占面积 100～150 平方厘米，平养雏鸡应占面积 400～450 平方厘米。笼育刚进雏时，从保温角度考虑，头 10 天可把 2 层的雏集中于 1 层，当进行新城疫疫苗免疫接种时，再一分为二地散开。平养时要逐渐扩大地盘。利用疏散鸡群的机会，把强弱雏分开，较弱的雏置于温度较高的部位，以利于它们的生长发育。及时调整鸡群，能使雏鸡有更大的活动空间，并增加吃食和饮水的位置，可使雏鸡发育更均匀，体格更健壮。

不管孵化条件多好，总会有一部分后出的弱雏。即使在接雏时把明显的弱雏剔除了，但由于遗传原因，育雏过程中管理不善，也总会出现一定数量发育落后的弱雏。有病征的弱雏理所当然要被淘汰掉，但剩余的发育落后的体质较差的雏，在加强饲养管理的情况下，是可以赶上健雏的。加强对弱雏的护理，可以提高雏鸡的成活率。不合理的密度，料槽和水槽不足，温度不符合标准，这是人为造成的出现弱雏的重要原因。

初生雏换羽是有一定顺序的，第一周主翼羽和尾巴先长出来，第二周肩部和胸侧的羽毛脱换，第三周是靠尾部的背上和嗉囊的部位，第四周颈部绒毛脱换，第五周为头部和腹部，第六周胸部，第七周轻型品种鸡已有完好的羽被了，而中型品种鸡则要晚 1～2 周才有完好的羽被。

研究已经表明，凡 5 周龄以后头颈部绒毛尚未脱落的雏鸡，均属发育落后的雏鸡。这种雏鸡在鸡群中占 20%左右，绒毛脱换晚的雏鸡体温调节功能差,应加强保温。这种雏鸡体重也较轻,主翼羽和尾羽都较短,疫苗接种后抗体产生也较差些。因此,根据雏鸡绒毛脱换程度,可以判断雏鸡的大致日龄,比用体重大小来判断更为准确。同时也可看到雏鸡的整齐度和饲养管理制度是否良好。

要加强对雏鸡的观察。通过喂料的机会,察看雏鸡对给料的反应、采食的速度、争抢的程度;每天察看粪便的形状与颜色;观察雏鸡的羽毛状况,雏鸡大小是否均匀,眼神和对声音的反应;有无扎堆、遛边的现象;注意听鸡的呼吸有无异音,检查有无死鸡,统计每天死多少。一旦发现病情,应立即向兽医报告,及时采取紧急措施。

1～20 日龄是雏鸡死亡的高峰时期,约占死亡数的 50%以上。雏鸡死亡主要原因多为育雏温度不适宜,雏鸡患白痢和球虫病,鼠害以及人为因素等。一年当中,早春死亡主要是低温、白痢造成的,夏天死亡率最高,主要是湿热、球虫病和饲料发霉变质中毒引起的。一般来讲,5 月份雏鸡死亡率最低。

育雏期间要及时进行鸡新城疫疫苗、鸡法氏囊疫苗、鸡痘苗的免疫接种。千万不要错过免疫的时机。最好经常进行带鸡喷雾消毒。

在注意保温的同时,要适当通风换气。如果人在鸡舍中感到沉闷,气味难闻,一定是通风不好,要及时通风。要注意及时清粪,每天打扫鸡舍,保持舍内清洁。

在预防鸡白痢、球虫病等给药时,一定要按规定用药,千万不可超量,以防药物中毒。

要防止煤气引起的中毒事故。

要及时实施断喙。为防止鸡群出现啄羽、啄趾、啄肛、啄蛋和防止吃料时勾撒饲料而造成浪费,蛋用鸡必须断喙。鸡断喙一般进行 2 次。第一次断喙在 7～10 日龄;第二次断喙在 10～14 周龄之间,目的是对第一次断喙不成功或重新长出的喙进行修整。断喙时用断喙器将上喙的 1/2，下喙的 1/3 切掉，切口出血部位一定要烙烫到止血的程度（图 7-2）。断喙前后一天可在饲料中添加维生素 K_4（4 毫克/千克），有利于凝血。

图 7-2　雏鸡断喙示意图

1. 断喙前　2. 断喙后

育雏期间雏鸡成活率应在 92％以上，雏鸡发育均匀，群势整齐。育雏期末，应从鸡舍不同部位随机抽测 50～100 只雏鸡的体重，检查达到标准体重的比例。因为这是育雏成绩好坏的主要标志之一。

搞好育雏期的记录工作。每育一批雏鸡，应有必要的记录，诸如鸡种名称、进雏日期、进雏数量、温度变化、死亡淘汰数量及其原因、进料量、投药与免疫日期、异常情况等。这种必要的日常记载工作，有利于分析问题和对育雏工作的检查，也便于总结经验与教训。

第八章　育成鸡的饲养管理

按阶段划分，雏鸡自育雏期结束后，从9周龄起至20周龄这一阶段称为育成期。处于这个阶段的鸡叫育成鸡(也叫青年鸡、后备鸡)。进入育成期的鸡，绒毛已基本脱换完毕，全身披上焕然一新的成年羽被。随着日龄的增加，身长腿高，显得十分清秀，对外界反应很灵敏，采食量日渐增加，消化能力加强，心肺系统、肌肉和骨骼系统进入旺盛的发育阶段。这一时期的鸡对外界环境的适应能力较强。疾病也少。育成阶段饲养管理的关键是：促进育成鸡体成熟，使鸡体格健壮；控制性成熟的速度，避免出现性早熟现象；防止脂肪过早地沉积，而影响以后的生产性能。总的目标是：在鸡达到性成熟并在开始产蛋之前，有一个良好的体型。体型是骨骼与体重的总和。骨骼的发育可由胫长的测定来评估。胫短而体重大者，表示鸡只肥胖；胫长而体重相对小者，表示鸡只过瘦，二者产蛋表现均不理想。只有胫长与体重都达到标准，才会有好的产蛋性能。胫长是指鸡爪掌底至跗关节顶端的一段(跖骨长)。体重、胫长标准见表8-1。

表8-1　育成鸡体重、胫长参考标准

周　龄	轻型鸡		重型鸡	
	体重(克)	胫长(毫米)	体重(克)	胫长(毫米)
7	520～535	80	540	77
8	590～625	85	650	83
9	660～700	89	760	88
10	730～775	93	840	92

续表 8-1

周 龄	轻型鸡		重型鸡	
	体重(克)	胫长(毫米)	体重(克)	胫长(毫米)
11	790～845	96	950	96
12	850～915	99	1010	99
13	910～975	101	1120	101
14	965～1035	102	1190	103
15	1020～1095	103	1280	104
16	1070～1155	104	1360	104
17	1115～1205	104	1450	105
18	1160～1250	104	1500	105
19	1210～1305	104	1550	105
20	1260～1360	104	1600	105
成年鸡	1500～1700	104	1700～1900	105

一、转群前的准备工作

对于规模鸡场，转群前要对育成鸡舍和设备进行维修和清洗，转群前 1 周进行彻底的熏蒸消毒。育成期换料要有一个过渡阶段，不可以突然全换，要使鸡有一个适应过程。为此，要先准备 1～2 周的雏鸡料向育成鸡料的过渡。

管理育成鸡的饲养人员，事先要了解雏鸡在育雏舍的健康情况，发生过什么疾病，免疫情况怎样，以便在转群后有所准备。

接鸡前要做好运输工具的消毒。育雏舍内事先进行带鸡消毒，然后转群。育雏舍的管理人员在转群前一天，最好先将病弱、伤残的鸡挑选出来,以使转群工作更顺利、快捷。

地面平养的鸡,转群前铺好垫料。

冬季或早春,如果育成鸡舍气温过低,应准备好取暖设备,并把温度升至所需的标准。

二、转群注意事项

转群前,在料槽和水槽中备好饲料和饮水。要避开雨雪天转群。转群时不要粗暴抓鸡,以防伤鸡。装笼时不可装得过多过挤,防止压死、闷死鸡。

冷天要在晴朗暖和的中午转群。热天要在早、晚较凉爽的时间转群。

平养的育成鸡,转群时要清点好鸡数。要按体重大小把鸡分开饲养管理,以利于鸡的生长发育。

从育雏舍转入育成鸡舍,环境变了,鸡会感到不安。鸡群的个体关系变了,必然要发生啄斗,有些个体斗败受伤,要尽快隔离起来。笼养的鸡,因笼门坏了或未关牢,或者有些因个体太小而跑出笼,要设法把鸡抓回来。也有些鸡的头、腿、翅膀被笼卡住,要巡回检查及时解救这些鸡。

注意观察鸡能否都喝得上水。笼养的鸡转群 1～2 天后,发现有些体型较小的鸡能吃食,但精神不太好,可能是鸡体矮小喝不上水所致,要调换笼位或者降低水槽。

育成鸡比较胆小。转群后环境变了,为减轻应激,饲喂作业时动作要轻,以防止惊群。大约经过 1 周,鸡对环境熟悉以后,才能安顿下来,饲养人员对鸡群也基本了解,转群后出现的临时性问题也基本得到解决,即可以按育成鸡的管理技术进行正常的操作了。

三、限制饲养

(一)限制饲养的意义

第一,通过限饲可使性成熟延迟 5～10 天,使卵巢和输卵管得到充分的发育,从而增加整个产蛋期的产蛋量。

第二,保持鸡有良好的繁殖体况,防止母鸡过肥、体重过重或过轻,进而提高种蛋的合格率、受精率和孵化率,使产蛋高峰持续时间长。

第三,可以节省饲料(一般为 10%～15%),提高成年鸡产蛋的饲料效能。

第四,可以降低产蛋期死亡率。健康状况不佳的病弱鸡,由于限饲反应在开产前就已被淘汰,从而提高了产蛋期的存活率。

(二)限制饲养方法

限制方法有多种,如限时法、限量法和限质法等。

1. 限时法　就是通过控制鸡的采食时间来控制采食量,从而达到控制体重和性成熟的目的。具体分为以下几种。

第一,每日限喂。每天喂给一定量的饲料和饮水,规定饲喂次数和每次采食时间。此法对鸡的应激较小。有的采用每 2～3 小时给饲 15～30 分钟的方法,能提高饲料转化率。

第二,隔日限喂。就是喂 1 天,停 1 天,把 2 天(48 小时)的饲料量集中在一天喂给。给料日将饲料均匀地撒在料槽内,停喂撤去槽中的剩料,也不给其他食物,但供给充足的饮水,尤其是热天更不能断水。此法对鸡的应激较大,可用于体重超标的鸡群限饲。

第三,每周限喂,即每周停喂 1～2 天,停喂 2 天的做法是:周日、周三停喂,将 1 周中限喂料量均衡地在 5 天中喂给。此法既节省了饲料，又减少了应激。

2. 限量法 就是规定鸡群每日、每周或某阶段的饲料用量。在实际限量饲喂时，一般喂给正常量的 80%～90%。此法易操作，应用比较普遍，但饲粮营养必须全价，不限定鸡的采食时间。

3. 限质法 就是限制饲粮营养水平，使某种营养成分低于正常水平。一般采用的有低能饲粮、低蛋白质饲粮、低能低蛋白质饲粮或低赖氨酸饲粮等，从而使鸡生长速度降低，性成熟延迟。

（三）限制饲养的注意事项

1. 定期称测体重，掌握好给料量 限饲开始时，要随机抽样抓取 50 只鸡称重并编号，每周或两周称重 1 次。将其平均体重与标准体重进行比较。10 周龄以内的误差最大允许范围为±10%，10 周龄以后则为±5%。超过这个范围说明体重不符合标准要求，就应适当减少或增加饲料喂量。每次增加或减少的饲料量以 5 克/只·日为宜，待体重恢复标准后，仍按表中所列数量喂给。育成鸡的大致给料标准和体重应达到的范围见表 8-2。

表 8-2 育成鸡给料标准和体重范围

周 龄	白壳蛋鸡品种		褐壳蛋鸡品种	
	每日每只给料（克）	体重范围（克）	每日每只给料（克）	体重范围（克）
9	52	570～710	59	740～900
10	54	660～820	63	830～1010
11	55	770～930	67	920～1120
12	57	860～1040	70	990～1220
13	59	940～1120	73	1070～1310
14	60	1010～1190	76	1130～1390

续表 8-2

周　龄	白壳蛋鸡品种		褐壳蛋鸡品种	
	每日每只给料（克）	体重范围（克）	每日每只给料（克）	体重范围（克）
15	62	1070～1250	79	1200～1460
16	64	1120～1300	82	1260～1540
17	67	1160～1340	85	1320～1620
18	68	1190～1370	88	1390～1690
19	74	1210～1410	91	1450～1770
20	83	1260～1480	95	1500～1840

2. 确定起限时间　目前，生产中对蛋鸡的限制饲养多从 9 周龄开始，常采用限量法。

3. 设置足够的料槽　限饲时必须备足料槽，而且要摆布合理，防止弱鸡采食太少，鸡群饥饱不均，发育不整齐。要求每只鸡都要有一定的采食位置，最好留有占鸡数 1/10 左右的空位。

四、光照的控制

实践证明，育成鸡的光照时间宜短不宜长。过长的光照会使生殖器官过早地发育，性成熟过早。由于鸡体未发育成熟，特别是骨骼和肌肉系统，过早开始产蛋，体内积累的无机盐和蛋白质不充分，饲料中的钙、磷和蛋白质水平又跟不上产蛋的需要，于是，母鸡出现早产早衰，甚至有部分母鸡在产蛋期间就出现过早停产换羽的现象。为防止育成鸡过早性成熟，育成期间一般采用恒定的光照制度，8～16 周龄每天 8～9 小时，到育成期末达 12 小时，17～20 周龄每周增加 1 小时。这种光照制度只适用于密闭式的鸡舍使用。

在开放式鸡舍饲养育成鸡,利用自然光照。不同季节的自然日照时数不同,无法进行控制。春季育雏正好处于日照增加的时期,与育成鸡所需的光照时间正好相反,秋季育雏处于日照缩短的时期,与育成鸡所需的光照制度基本相符。即使如此,光照的长度仍然超过 10～11 小时。因此,在光照不能控制的条件下,只能通过限制给料量或降低日粮中的蛋白质水平,以控制育成鸡的发育,从而延迟鸡的开产日龄。

育成阶段缩短光照,开产前和开产早期集中加强光照刺激,对褐壳蛋鸡产蛋效果最好。

白壳蛋鸡育成期光照度为 5 勒/米^2(每 18 平方米的鸡舍安装 15 瓦的灯泡),而褐壳蛋鸡对光照度为 15 勒/米^2(每 18 平方米的鸡舍安装 45 瓦的灯泡)。这种光照度更有利于刺激青年母鸡性成熟,而且在这种光照下母鸡感到很安静。

用密闭式鸡舍饲养育成鸡,由于光照长度和强度均可人工控制,因此,鸡群比较安静,啄癖也较少。在开放式鸡舍饲养育成鸡,过强的阳光照射(特别是夏天),会引起鸡群活动活跃和不安,容易发生啄癖如啄羽、啄尾、啄颈等现象,伤亡率较高。在不影响通风的情况下,适当遮光和断喙,是开放式鸡舍减少啄癖的有效措施之一。

五、其他管理措施

除了限制饲养和控制光照以外,在日常管理上还要做许多细致的工作,才能把育成鸡养好。

饲养育成鸡一定要注意保持适宜的密度。无论笼养或平养,要想使鸡群个体发育均匀,必须遵循鸡舍的容纳标准,切忌过度拥挤。在平养条件下,7～18 周龄的青年鸡,每平方米鸡舍面积养 10

只较为适宜。而在笼养条件下，应保证每只鸡有270～280平方厘米的笼位。饲养密度过大，鸡的活动空间减少，没有活动的余地；同时呼出的二氧化碳和排粪也多，鸡舍空气污浊，这对青年鸡的心、肺、肌肉和骨骼的发育不利。鸡多而活动空间小，也容易发生啄癖，鸡的体躯羽毛残缺不全，秃头、秃尾、光背等现象较普遍。由于密度过大，每只鸡所占料槽和水槽的位置不足，鸡不能同时进食，于是出现强弱与大小的差异。在这种条件下，实行限制饲养，更加剧强弱的差别。所以，保持新鲜空气的供给，给予适当的活动空间，对锻炼和加强青年鸡的心、肺、肌肉和骨骼系统的发育十分重要。健壮、整齐度高的鸡群，是高产的前提条件。

每次喂料一定要均匀。要经常检查，一旦发现有的槽段上积料较多，有的槽段已无剩料，要及时把料匀开，防止有些鸡吃得过多，有些鸡采食不足。要使鸡群发育整齐，做好匀料工作很重要。

经常注意把较小、较弱的鸡挑出单独护理，适当多喂一些饲料，以便使它们能够赶上强壮的鸡。只要在这方面下点功夫，这种弱小的鸡经过一段时间的护理，它们的增重和整个发育状况就会得到明显的改善。

育成鸡正处于发育以及向性成熟方面过渡的时期，一定要注意通风换气，提供足够的新鲜空气，以促进心、肺和生殖器官的发育。由于代谢旺盛，消化能力强，排粪也多。在育成期间，育成鸡不断地更换羽毛，鸡舍内比较污浊，尘埃较多。要勤于清粪和打扫地面。

为了检查给料量是否合理，要定期抽测鸡的体重。从5周龄起每1～2周称重1次。为了客观反映鸡群的状况，要挑选在鸡舍中不同部位的鸡称重；笼养时最好定位称重，这样能够互相对照每周的增重情况。称测的鸡数一般不应少于100只，鸡群较小时可适当减少，但不应少于50只，而且一定要个体称重。个体称重的目的是检查鸡群发育的整齐度。影响鸡群整齐度的主要原因是：

密度过大,发病,断喙不正确,营养摄取量不足等。如果发现鸡的体重达不到标准,就应当增加给料量,直到体重达到标准后,再按标准给料。育成期称测体重,是一项培育合格育成鸡的重要管理手段。

40~60日龄,是葡萄球菌病多发阶段,要做好防治工作。多雨季节容易暴发球虫病,对平养的育成鸡,要注意及时投药预防。

夏季蚊虫多,应提前做好鸡痘苗的刺种。

要严格按免疫程序,不失时机地进行鸡新城疫疫苗等的免疫接种。

第九章　产蛋鸡的饲养管理

产蛋期一般是从 21 周龄起计算至 72 周龄，也就是从育成期结束后至母鸡产蛋率降至 50%左右淘汰母鸡这段时间，约 1 年。在国外，产蛋期一般都延长至 76～78 周龄，甚至 80 周龄才开始淘汰。所以，在看广告材料时，不要光看母鸡产多少蛋，总产蛋重量是多少，重要的是看产蛋期是多长。72 周龄的鸡产蛋肯定要比 76 周龄、78 周龄、80 周龄的鸡要少。注明产蛋期多长，主要是有利于互相比较。在实际生产中，产蛋期的长短，主要由母鸡的产蛋性能来决定。一般来讲，如果产蛋后期母鸡产蛋率低于 50%，饲料价格高，蛋价又低，即使不到 72 周龄，也应淘汰，否则就要亏本。如果鸡舍空闲，蛋价又高，可以把停产的母鸡先淘汰，留下产蛋的鸡。鸡数虽少了，但既省饲料，又不影响总收蛋数量，还有利可图。鸡数相同，50%产蛋率的老鸡可相当于产蛋率 70%的新鸡产蛋的总重量。从生产的角度考虑，蛋鸡利用期的长短，要从经济核算的观点来决定。

产蛋期的蛋鸡就像工厂开工的机器，是生产产品、获取利润、收回投资的时期。因此，产蛋期饲养管理的目标，是为母鸡创造最佳的饲养管理条件，使母鸡适时开产，较早进入产蛋高峰，并使高峰期长而产蛋率起伏不大，蛋重较大而蛋壳质量好，减少死亡和淘汰率，在保持高产前提下注意节约饲料。

由于产蛋期有一年之久，会遇到许多问题；同时，也是收获的季节，关系到经济效益。因此，必须抓好各环节的工作。

一、饲养方式的选择

目前蛋鸡的饲养方式为笼养和平养两种。平养是传统的饲养方式,笼养则是现代化的集约化管理方式。

平养方式又分地面平养和网上平养两种。后者比前者先进,饲养密度可以适当增加,鸡与粪便不接触,有利于防病,无需使用垫料,但需要网板的投资。

笼养蛋鸡有利于防病和管理,单位鸡舍面积的饲养数量可以大幅度增加,节地、省工。笼养鸡限制其活动,可以节省饲料消耗。只是一次性投资较高。

根据宁夏田玉平先生对农户笼养和平养蛋鸡的对比资料(表9-1),可以判断两种饲养方式的优缺点。

表 9-1 蛋鸡笼养与平养方式效果的对比

项　　目	笼养方式	平养方式
每只鸡的投资(元)	9.70	5.35
每只鸡占地面积(平方米)	0.043	0.20
年平均产蛋率(%)	68.0	58.6
年平均产蛋量(个)	248	214
每只鸡平均日耗料(克)	110	125
每千克蛋平均耗料(千克)	2.98	3.62
全年每只鸡的平均成本(元)	26.81	28.76
每只鸡年均纯收入(元)	11.79	7.94
投资回收期(天)	242	409
笼养比平养每只鸡增收(元)	4.80	—

鸡种和饲料营养水平相同，但从表 9-1 中看出，笼养的蛋鸡，除一次性投资较高外，占地少，产蛋率和产蛋量比平养高得多，耗料少，饲料报酬高。成本较低，纯收入高。这就是笼养方式能普遍推广的主要原因。除此之外，笼养鸡管理方便，一个人可以管理 3 000～5 000 只鸡，劳动生产率大大提高。笼养鸡的死亡率、淘汰率较低，蛋壳较干净，破损率也较低。

从各方面因素分析来看，笼养蛋鸡是最佳饲养方式的选择。虽然购买鸡笼的一次性投资较高，但收回投资的时间较短。况且这一次性投资，一般可使用 5～7 年，甚至更长时间。

产蛋鸡笼根据鸡舍条件适当安置，安放形式主要有以下几种：全重叠式，全阶梯式，半阶梯式，阶梯层叠综合式等（图 9-1，图 9-2）。此外，还有单层平置式的，即将所有鸡笼排列在一个水平面上，鸡粪直接落入粪槽。

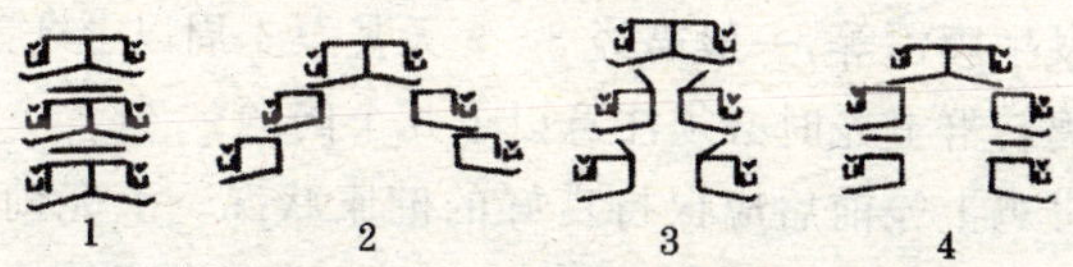

图 9-1　鸡笼配置形式

1. 全重叠式　2. 全阶梯式　3. 半阶梯式　4. 阶梯层叠综合式

生产鸡笼的厂家，一般都是将料槽、水槽配套设置。水槽、料槽有金属的，也有塑料的。金属槽不易变形，但易生锈，不耐腐蚀，使用寿命短。塑料槽耐腐蚀，容易洗刷，但易变形。

从节水节电、减轻劳动强度、防止鸡病交叉感染等方面考虑，使用乳头饮水器比使用水槽科学。

二、转群上笼

育成鸡一般 18 周龄进行转群上笼，最迟不应超过 22 周龄。

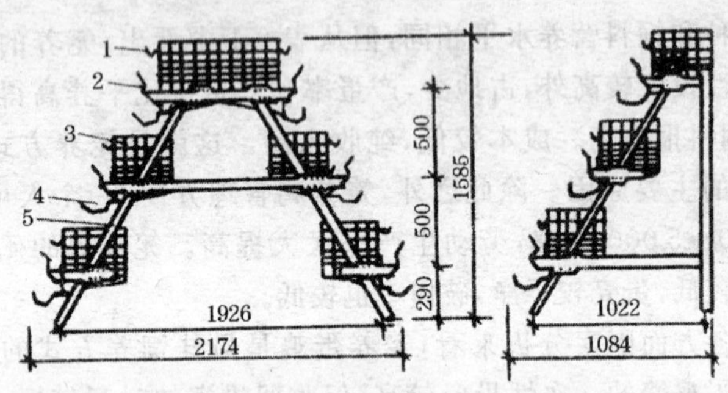

图 9-2 全阶梯式鸡笼 （单位：毫米）

1. 水槽 2. 料槽 3. 鸡笼 4. 蛋槽 5. 笼架

早些上笼能使母鸡在开产前有足够的时间适应环境。值得注意的是，转群上笼会使鸡产生较大的应激反应，特别是育成期由平养转为笼养时，应激反应尤为强烈，有些鸡经过转群上笼而体重下降，精神紧张，发生腹泻等，一般需经 3～5 天甚至 1 周以上才能恢复。因此，育成鸡转群上笼时必须注意以下几个问题。

第一，母鸡上笼前后应保持良好的健康状况。上笼前有必要对育成鸡进行整群，对精神不振、腹泻、消化道有炎症的鸡进行隔离治疗；对失去治疗价值的病鸡、弱鸡及时淘汰；对羽毛松乱、无光泽、冠髯和脸色苍白、喙和腿颜色较浅的鸡挑出来进行驱虫（也可以对整个鸡群进行驱虫）；把生长缓慢、体重较小的鸡单独饲养，给予较好的饲料，加强营养，使其尽快增重。对限制饲养的鸡群，转群上笼前 2～3 天可改为自由采食，上笼当天不需要添加过多的饲料，以够食为度，让鸡将料吃干净。

第二，白壳蛋鸡转群时间应早于褐壳蛋鸡。适当提早转群，有利于新母鸡逐渐适应新环境，有利于开产后使产蛋率尽快提高。

第三，转群上笼应尽量选择气候适宜的时间进行。夏季应利用清晨或晚上较凉爽时进行，冬季则应在中午较暖和时进行。上笼时舍内使用绿色灯泡或把光线变暗，减少惊群。捉鸡要轻拿轻放，避免粗暴。

第四，转群抓鸡时应抓鸡的双腿。在装笼运输时严禁装得过多，以免挤伤、压伤。在运输过程中，尽量不让鸡群受惊、受热、受凉，切勿时间过长。若育成鸡舍与蛋鸡舍距离较近，可用人工提鸡双腿直接转入蛋鸡舍。

第五，上笼时不要同时进行免疫接种或断喙，以免增加应激。

三、产蛋鸡各阶段的饲养

育成鸡转入产蛋鸡舍，无论笼养或平养，总会打乱原来的群序。头几天不可避免地要引起个体间的争斗，鸡群处于关系紧张的高度应激状态。受欺的个体总想逃走，于是出现撞笼的现象，有些鸡可能被笼卡住，吊脖、断翅的情况时有发生，身体小的可能从笼中跑出。所以，最好在入笼时把体型大小一致的放在一起。一般情况下，鸡群需要 4～5 天才能安定下来。

转群后 1 周内应力求保持育成期末的饲养管理制度。注意经常巡视检查，及时调整受欺、受伤的鸡。注意调整水槽的高度，让鸡都喝上水。平养的鸡要注意料槽和水槽数量是否足够。

当代高产鸡的产蛋率高峰可达 95%以上，有些甚至更高；产蛋率 80%以上的高峰期可持续 5 个月以上。从开产到产蛋高峰这段时间的饲养管理，对后半期的产蛋成绩是有影响的。

育成鸡从 18 周龄开始加入 1/3 的蛋鸡料，19～20 周龄时加入 1/2 的蛋鸡料，从 21 周龄开始，全部改为蛋鸡饲料。在鸡群产蛋率达 5%时，注意日粮中蛋白质、代谢能和钙的浓度。

优良的产蛋鸡，27～28 周龄开始进入产蛋高峰，产蛋率高达 90%。这一时期的母鸡，代谢强度大，繁殖功能旺盛，是一生中最重要的时期。而且母鸡此时还在增重和生长羽毛，所以每日每只必须供给 18 克以上的蛋白质。

产蛋高峰过去后，转入产蛋中后期的饲养管理。此时鸡群已不能维持高产，产蛋开始慢慢下降。从这时起，要根据所饲养鸡种，决定是否进行轻度限饲。有些品系能很好地利用饲料中的营养物质，采食量不大，不趋向积累过多体脂，因而不必进行限喂；有些品系此时不是根据能量需要来调节进食量，往往过多消耗饲料，因而必须进行限饲。否则，易沉积体脂，死亡率也高。

限制饲养有质的限制和量的限制两种方法。质的限制主要是控制能量和蛋白质，一般能量摄入量可降低 9%～10%，蛋白质降至每日每只 15～16 克。日粮中的钙却要增加。据研究，产蛋鸡随周龄增长，吸收钙的能力逐渐衰退。为保证蛋壳质量，要增加日粮的钙含量。产蛋鸡日粮含钙量，前期为 3.4%，中期为 3.51%，后期为 3.63%。

产蛋高峰期鸡的管理十分重要。此期间母鸡几乎每天产 1 个蛋。母鸡新陈代谢旺盛，消化能力强，采食量大，但由于产蛋勤，生理负担重，抗应激能力减弱，抵抗力较低，容易得病。因此，一定要保持原有的饲料和营养水平，正常的操作规程，已定的光照制度，保证正常供水，保持安静的环境，防止出现意外的干扰。无特殊情况，产蛋高峰期的鸡不能投药和进行免疫接种。千万不要更换饲料，否则鸡在产蛋率上会作出敏感的反应。

四、产蛋鸡的光照管理

光照管理是提高产蛋鸡产蛋性能必不可少的重要管理技术之一。产蛋鸡光照的目的，在于刺激和维持产蛋平稳。光照对鸡的繁殖功能影响很大，因为光照的长短与母鸡的产蛋生理有关。增加光照能刺激性激素分泌而促进产蛋。缩短光照，会抑制性激素的分泌，也就抑制排卵和产蛋。光照的另一个作用是调节青年鸡的性成熟和使母鸡开产整齐，以达到将来的高产稳定。光照对产蛋鸡是相当敏感的。采用正确的光照，产蛋能收到良好的效果；使用光照不当，则会给产蛋带来副作用。

产蛋鸡所需的光照时间，最短不能少于12小时，最长不得超过16小时。通过研究查明，长光照会增加蛋的破损率，特别是在光照的前半天出现破蛋率较高。在近来的光照建议方案中，已把商品鸡的最长光照时间，从过去的17～18小时缩短到14～16小时。

产蛋期增加光照以每周15分钟或每两周半小时的增长速率为好，直到14～16小时为止。

光照长度比光照明亮度重要，光照明亮度对鸡的生长和性成熟关系不大，但对防止产生啄癖和对密闭鸡舍中饲养员工作有利。产蛋期间有3～5勒的光照度即可(每15平方米的鸡舍用1个15瓦或25瓦的日光灯)。至于光的颜色，认为具有长波的红光对生殖腺的刺激效果最好，其次是白光，具有短波的蓝色光对鸡的刺激起副作用。一般在生产中使用白炽灯或日光灯作光源。从节能的角度出发，英国绝大多数鸡场均用日光灯，而且日光灯直射天花板，再反射到地面，光线十分柔和，鸡很安静。

当光照长度达到14～16小时后，开灯与关灯的时间要固定，不可随意变动，以防鸡产生应激现象。平养的鸡在关灯时，应在15～20分钟内逐渐部分关灯，减弱亮度，给鸡一个信号，以使鸡找到适当的栖息位置。

密闭鸡舍，可以人为控制光照，鸡能充分发挥其产蛋遗传潜力。密闭式鸡舍的鸡产蛋量较高，原因之一就在这里。

开放式鸡舍养的鸡，受自然日照长短变化的影响，性成熟要么提早，要么推迟。在自然光照下春季孵育成的鸡，育成期处于光照渐减的条件下，但正遇夏季高温，也会使母鸡性早熟，19周龄以前，用自然光照，20周龄以后光照增至14小时，然后每周增加半小时，直至16小时为止。我国农村和开放式鸡舍养鸡的鸡场，都喜欢春季孵化育雏。因为育雏季节正好遇上春回大地、生机勃勃的温暖季节,这对育雏保温容易,可以节省供暖的燃料。而且母鸡产蛋正处于凉爽的季节,蛋价也高。

秋孵的雏鸡,育成期正处于日照增长的季节,因此开产早,但蛋重小,秋季甚至有部分鸡换羽。人工光照可消除这种现象。光照安排上,10 周龄起每周减少半小时,到 20 周龄时每周增加 1 小时,到 14 小时以后每周再增加半小时,直至 16 小时为止。不管采用何种光照制度,夜间必须有 8 小时连续黑暗,以保证鸡体得到生理恢复过程,免得过度疲劳。

五、产蛋鸡钙的补充

为使母鸡高产和降低蛋的破损率,在产蛋期应检查钙的供应情况。饲料是决定蛋壳质量和蛋壳强度的主要因素。试验已证明,开产前半个月母鸡骨骼中钙的沉积加强。因此,从 4 月龄起或达 5%产蛋率时,应给母鸡喂含钙量较高的配合饲料。现在普遍认为,产蛋鸡日粮中含钙量为 3.2%～3.5%是最佳水平,饲料中钙不足会促进鸡吃料,结果饲料消耗过多,母鸡体重增加,肝中脂肪沉积多;饲料中钙含量超饱和状态,会使鸡的食欲减退。

母鸡骨骼中有足够形成几个蛋所需的钙贮备。但是,若从饲料中得不到正常供给的钙,时间长了,蛋壳就会变差,产软壳或无壳蛋,甚至母鸡瘫痪。研究发现,骨骼中的钙被动用来形成蛋壳的时间越多,蛋壳强度就越差。

夜间形成蛋壳期间,母鸡感到缺钙。光照期间前半天鸡摄食的钙经消化道,在小肠中被吸收进入血液,沉积在骨骼中,然后在必需时才动用以形成蛋壳。只有后半天摄食的钙,才被用于形成蛋壳。因此,最好在 12～20 时给母鸡补喂钙,让母鸡自由吃钙时,它们能自行调节吃钙量。例如,在蛋壳形成期间,食钙量为正常情况下的192%;而在非蛋壳形成期间,食钙量则只有正常情况下的68%。

普遍采用贝壳和石粉作为钙源。发现日粮中贝壳占2/3、石灰石占1/3的情况下,蛋壳强度最好。鸡对动物性钙源吸收最好,植物性钙源吸取最差。经过高温消毒的蛋壳是最好的钙源。

钙、磷和维生素D_3的含量比例对蛋壳强度有影响。日粮中以含钙3%~3.5%,含磷0.45%为最佳,而维生素D_3的标准相当于维生素A标准的10%~12%为最好。钙决定蛋壳的脆性,磷决定蛋壳的弹性。维生素D_3缺乏会破坏钙的体内平衡,结果形成蛋壳有缺陷的蛋。

六、产蛋鸡的四季管理

温度是鸡饲养管理上重要的环境因素之一,因为温度对鸡的生理有多方面的影响。保持鸡舍最适宜的温度,是保持产蛋率平稳和节省饲料所必需的。鸡对温度有一定的适应能力,在13℃~25℃范围内,不致影响产蛋性能。从节省饲料的角度看,以20℃~25℃为合适。20℃时产蛋率最佳。15℃以下,温度每降低1℃,产蛋率将下降1.5%。25℃以上温度对蛋重有影响。例如,如果把21℃时蛋重作为100%,26.6℃时就降为99.1%,32℃时为96.6%,37.7℃时为86.6%。26℃以上时蛋壳变薄,30℃以上时破蛋率明显增加。

鸡对温度虽有顺应能力,但突然升温和持续上升超过最适温度的上限,会使鸡中暑;相反,寒流突然袭击,也会使产蛋率下降、休产甚至换羽。

为了提高产蛋率,维持产蛋曲线平稳,要根据四季气候的变化,采取相应的管理措施。产蛋期间,特别是产蛋高峰期,环境条件急剧变化或饲养管理上的失误,会导致产蛋率下降。实践证明，产蛋率一旦降低，要使其恢复到原有水平是较难的，至少要经过 2～3 周以上的时间才能接近降低前的水平。

春天，气温回升，万物更新。但早春冷暖天气交替变化，昼夜温差较大，3 月中旬以后气温才较稳定。经过一个漫长的冬天，鸡的体质较弱，要加强饲养，增强体质。随着自然日照时间的延长，由于生物进化上的原因，鸟类多在春季繁衍后代。因此，无论开放式鸡舍还是密闭鸡舍饲养的鸡，在春天一般都会出现产蛋率回升的现象，而且会出现一个产蛋的次高峰。这个次高峰出现的早晚与持续时间的长短，主要取决于饲养管理的好坏。开放式鸡舍养鸡受外界温度影响较大，如能抓好这个环节，对促进全年高产会起良好的作用。

在气温尚未稳定的早春，开放式鸡舍的通风换气，要根据风力的大小、天气的阴晴、气温的高低来决定开窗的次数、大小和方向。一般情况下，早春北面窗户夜间要关闭，白天无大风的天气，可适当打开通风换气。南面窗户白天可以打开，夜间少量窗户可以不关，以利于通风换气。昼夜温差不大时，无大风天气，北窗可以部分或全部打开。这样能保持舍内空气新鲜，创造良好的生活环境。

夏天的特点是高温高湿，常有雨天出现。鸡的生理特点是神经敏感，皮肤没有汗腺，体躯又为羽被所覆盖。因此，鸡不能耐高温。一般认为，母鸡在 10℃～28℃的温度范围内，其产蛋性能不致有明显的改变，但不能忍受 28℃以上的持续高温。观察表明，舍温在 28℃以上时，鸡就显得热不可耐，表现为张嘴呼吸，呼吸次数增加，通过呼吸把肺内的水分排出，以促进散热。这时多见母鸡张开翅膀，借以扩大体表散热的面积，并产生空气对流来应付高温。由于体热增高，鸡本能地减少饲料的摄取量，所以母鸡显得食欲不好，采食量少。高温的热应激作用，使母鸡的产蛋率降低，蛋重变小，蛋壳变薄，破蛋率增加。

试验证明，温度由 22℃升至 30℃时，母鸡的产蛋率、蛋重变化不大,但采食量约减少20%,当继续升至35℃时,采食量下降更为明显,产蛋率和蛋重也极显著地低于22℃条件下饲养的鸡(表9-2)。

表9-2 气温对产蛋鸡采食量、产蛋率和蛋重的影响

对照组				试验组			
环境温度(℃)	日平均耗料量(克)	产蛋率(%)	平均蛋重(克)	环境温度(℃)	日平均耗料量(克)	产蛋率(%)	平均蛋重(克)
22	100±3	79.9±2.0	58.8±0.38	22	105±4	79.7±3.1	58.9±0.45
22	104	85	58.5	30	83	89.6	58.1
22	103	80	57.8	30	73	77.5	59.7
22	106	87.5	58.6	35	48	92.5	58.1
22	100	85	57.7	35	55	69.3	55.6
22	100	87.5	58.6	35	56	61.5	52.1
22	101	80	59.4	35	59	60.5	52.2
22	103	77.5	58.1	35	59	76.5	53.4
22	83	85	57.4	35	63	60.5	51.3

可见,高温对产蛋鸡的影响,首先在采食量上作出迅速反应,然后产蛋率和蛋重逐渐对高温作出反应。蛋重的反应比产蛋率更为敏感。因此,夏天饲养蛋鸡的关键技术措施是解决降温的问题。

高温条件下,鸡的甲状腺素分泌减少。甲状腺素水平的高低直接影响新陈代谢的速率,而代谢速率是影响鸡产蛋性能的重要因素之一。所以,高温引起采食量下降,进而导致体重减轻,最终引起产蛋率和蛋重降低,蛋壳质量恶化。

母鸡排卵是受血浆中促黄体生成激素周期性释放引起的。但高温条件下,血浆中促黄体生成激素的含量低于正常排卵的需要。

因此,就影响卵巢中卵子的适时排放,引起产蛋率降低。母鸡产蛋率的降低与血浆中促黄体生成激素水平的降低是相吻合的。促黄体生成激素降低的主要原因,是高温导致下丘脑中促性腺激素释放的激素,对脑垂体前叶细胞合成和分泌促黄体生成激素的刺激活动减弱的缘故。

高温条件下母鸡的蛋重之所以变小,是因为母鸡的采食量减少,体脂大量消耗,致使蛋黄和蛋白重量成比例地减少,结果使整个蛋重减轻。高温下母鸡对钙的吸收率差,从而出现蛋壳变薄,破蛋率增加。

发现不同基因型的鸡种对高温的反应不同,有些鸡种在高温下能保持较高的产蛋率。同一鸡种中也有耐高温而产蛋的个体。因此,在育种工作中选育抗热应激的鸡是很重要的。饲养者在选择鸡种时,必须考虑地区条件,选择较适于本地饲养的鸡种。

为解决高温条件下鸡因采食量减少、摄取的营养不足而影响产蛋性能的问题,一般把日粮的蛋白质水平和能量含量适当提高,使母鸡在食量减少的情况下仍能满足营养需要。新的观点认为,蛋白质的热增耗高于碳水化合物和脂肪,因此,高温条件下给母鸡喂高蛋白质水平的日粮,是不适宜的。要想保持母鸡夏天有较高的产蛋水平,一方面在高温来临之前,要加强饲养,使鸡体贮备足够的营养,这是防止高温下产蛋率急剧降低的有效手段之一;另一方面利用夏季早、晚天气较凉爽的时间给料,这时鸡的食欲较好,让鸡尽可能多采食,以保证食入所需的营养。同时,可在日粮中加入1%氯化铵和0.5%碳酸氢钠,以缓解热应激对鸡的影响,有利于保持较高的产蛋率。日粮中加入0.3%氯化胆碱有利于提高产蛋率、降低饲料消耗,因为胆碱能促进蛋氨酸的合成和防止脂肪的沉积。

密闭式鸡舍采取纵向通风(由鸡舍中央进风两端排风,或一端进风另一端排风),可以消灭和克服鸡舍内的通风死角和风速小、不均匀的现象，同时也能克服横向对排式或串联式通风所造成的鸡舍间交叉感染的弊端。纵向通风对夏天鸡舍降温有明显的作用。这种通风方式已在北京市的大型鸡场推广，收到了良好的效果。

开放式鸡舍在热天必要时可安装风扇，利用送风方式来降低鸡的体表温度。夏天，虽然开放式鸡舍内的温度与外界几乎一致，但如能安装风扇，给鸡的头部一定风速，就能使鸡有凉爽感，采食就较正常，有利于鸡群度过炎夏。

高温天气，鸡的饮水量明显增加，目的是通过多饮水以求得暂时的凉快。鸡的饮水量主要取决于饲料消耗量和温度。据测试，15.6℃时鸡的饮水量为饲料消耗量的 1.8 倍，21.1℃时为 2 倍，26.7℃时为 2.8 倍，32.2℃时为 4.9 倍，37.8℃时猛增到 8.4 倍。因此，在夏天任何情况下都不能缺水。如果是自动供水，一定要保持水流畅通；如用饮水器或一般的水槽供水，一定不要空槽，并且要多次换水，保证饮水的充足和洁净。但鸡饮水过多，也会使鸡粪变稀，恶化舍内的环境。笼养鸡使用乳头式饮水器是减少耗水量、保证正常供水和消除鸡粪过稀的好措施。采用常流水的普通水槽供水，水的消耗量过大，因鸡吃料涮嘴，既污染饮水，也浪费饲料，更主要的是使地面过湿和粪便过稀，孳生蚊蝇。解决办法是每天定时供水，适当限制饮水，加强通风。定时供水能使水槽较干净，并减少鸡涮嘴带来的饲料浪费。

夏天，常流水的水槽最好上、下午各洗刷一次，普通水槽每次添水时清刷一次。

产蛋率高的鸡群需水量较多，应注意充分供水。褐壳蛋鸡耗水量比白壳蛋鸡多 10%～20%。

夏天出现鸡粪较湿较稀的现象，与温度高鸡的耗水量增加有很大关系。除此之外，一般情况下出现鸡粪过稀时，可能与饲料中蛋白质含量过高、鱼粉中含盐量过高、鸡有肠道寄生虫和其他疾病、鸡舍中空气不流通等原因有关。

夏天也是鼠类和蚊蝇大量繁衍的季节。要做好经常性的灭鼠和灭蚊蝇的工作，以减少疾病的传播、饲料的浪费和对鸡群的干扰。

秋季日照渐短，天气逐渐凉爽，一部分低产鸡开始换羽停产，此时应进行选择，调整鸡群。凡到秋季就开始换羽的鸡，大都是低产鸡或病鸡，应尽早淘汰。

春天孵出的鸡，到秋天进入产蛋高峰期。由于春、秋两季是一年中气候最适宜的时期，要抓好饲养管理，促进高产稳产。但考虑到秋季气温逐渐下降，昼夜温差大，应注意调节，尽量减少外界条件的突然变化对母鸡产生的影响。

冬季是一年中日照最短的季节，气温也最低。无论是密闭式鸡舍，还是开放式鸡舍，都要做好防寒保温工作。要尽可能使鸡舍温度保持在10℃以上，否则，就要影响产蛋率。气温过低，光靠鸡群的体温难于维持所需的舍温时，必须注意供暖。保温性能差的鸡舍，鸡群规模又不大，就更要加温才能保持高产。“三九”天又遇寒流，要防止饮水冻结，水管冻裂。

冬季一定要补充人工光照，达到鸡龄所需的光照时数。冬天农家散养的鸡，因气温低，又没有补充光照，加之因饲料质量差，一般都不产蛋。如能解决这三个问题，农家养的鸡照样产蛋。

天冷时，鸡为了御寒，吃饲料增多。因此，冬天鸡的喂料量要适当增加。光有人工光照而鸡无料可吃，不会有高产的效果。冬天以关灯前让鸡把料吃完为好。

在做好保温工作的前提下，应注意通风换气。有窗鸡舍，白天根据阴、晴情况和风力大小，适时适量开窗通风换气，同时要及时清粪。只重视保温而忽视通风，容易使鸡发生呼吸道疾病。

冬季鸡群易患呼吸道疾病，必须给予足够的重视，否则，会给鸡场带来很大的经济损失。在冬季，冷空气不断侵袭，风雪天多，气温低,鸡体对疾病的抵抗力降低。为了防寒保温,鸡舍的门窗关闭较严,致使空气流通差。氧气不足,二氧化碳、氨气和硫化氢等有害气体大量积留。这些有害气体对鸡就是一种强烈的应激因素,而且长时间作用还会损伤鸡的呼吸道黏膜。冬季气候干燥,舍内尘埃增多,通过鸡的活动使鸡舍内尘土飞扬,鸡吸入这些尘埃对其呼吸道黏膜损伤很大。病原微生物在低温条件下存活时间很长,这是冬季鸡呼吸道疾病流行的重要因素之一。当饲养管理不善,天气突变的时候,鸡群就很容易发生传染性支气管炎、喉气管炎、鼻炎、慢性呼吸道疾病等。所以,一方面要加强饲养管理,增强鸡体的抵抗力,另一方面,要尽量减少外界因素对鸡体的不良影响,特别要处理好保温与通风换气的矛盾。密闭式鸡舍,可根据舍内空气污浊情况,定时定量开启风机。有窗鸡舍,要根据鸡群密度大小、温度高低、鸡的日龄大小、天气阴晴、风力大小和有害气体的刺激程度等因素,来决定开窗时间的长短、开窗的多少和开窗的次数等。这些全凭饲养人员的经验和责任心。

预防鸡传染病的重要措施,是要适时接种鸡新城疫、传染性支气管炎、传染性喉气管炎、传染性鼻炎的疫苗或菌苗。同时,要定期做好鸡的饮水消毒、带鸡喷雾消毒等日常性的卫生保健工作。

七、克服饲养工艺带来的疾病

当代高产蛋用鸡的遗传潜力,平均每只每年产蛋 260～280 个,实际排卵数可达 300 个以上。

在生产中发现,新母鸡在产蛋初期产双黄蛋、无壳蛋、薄壳蛋、畸形蛋较多,特别在产蛋的第一个月最多,第二、第三个月逐渐减少,到第四个月才正常。主要原因是由于新母鸡的卵巢与输卵管功能不同步,体内的激素也尚未适应于代谢的增强。因此,排出的卵不能形成正常的蛋,即无效排卵。有时卵黄落入腹腔,随后被吸收，即所谓的“内产蛋”。到产蛋期末，由于鸡龄增大，也出现类似的不同步现象，双黄蛋、无壳蛋增多。据统计，在产蛋期间，畸形蛋、双黄蛋、无壳蛋、软壳蛋和薄壳蛋等，平均占总产蛋量的4.8%左右。

目前，改善卵巢和输卵管的功能并使之同步化，对性发育进行定向控制，消除无效排卵，减少反常蛋，就可使每只母鸡年产蛋量增加30～40个。

蛋鸡业发展之迅速，除了育成适于笼养的鸡种之外，还与过渡到集约化或工厂化生产有关，而工厂化生产又以笼养起着主导作用。笼养有很多优点，这是人所共知的。笼养也有其不足之处，主要是由于运动不足而降低体质，对疾病的抵抗力减弱。这些病是由于饲养工艺改变而出现的，在平养条件下就很少发生。因此，国外有人把笼养条件下出现的病称之为“工艺病”，例如过肥、脂肪肝综合征、笼养疲劳征、啄癖、神经质等。

美国生理学家研究证实，在散养条件下，鸡每天行走1.5～2千米。而在笼养条件下，鸡养在窄小、面积有限的笼里，活动量已减少到最低限度。因此，运动不足会产生许多与新陈代谢有关的功能障碍性疾病。

(一)普遍过肥和脂肪肝综合征

这是笼养蛋鸡经常性运动不足的后果。为提高产蛋量，不合理地采用高能量日粮，也是造成此病的原因之一。脂肪肝综合征，其特征是肝细胞脂肪浸润，肝中脂肪含量高达40%～50%(正常肝含脂肪15%～20%)。摄入能量过多就会沉积脂肪，这些脂肪不能被利用，时间长了就导致肝脏功能障碍。肝的颜色呈黄色或浅褐色。肝细胞充满脂肪就压迫血管，造成血管破裂。从肝腹侧面上有许多出血点就可做出判断。得脂肪肝综合征的鸡都表现普遍过肥，体重一般超出正常的25%～30%，产蛋率下降，贫血，腹泻，突然死亡，死亡率增加。在美国，脂肪肝综合征造成鸡的死亡率平均为1.7%，气候炎热的地区达4.6%。

预防脂肪肝综合征和普遍过肥的有效办法是，在对每只鸡每天营养物质绝对需要量标准化的前提下实行能量限制，饲料中加胆碱，并利用高剂量B族维生素。国外有人认为，采用间歇性光照比连续性光照能刺激鸡的活动，防止鸡因运动不足造成过肥。

（二）产蛋鸡笼养疲劳征

笼养疲劳征的特点是：肌肉松弛，腿麻痹，骨质疏松脆弱。由于肌肉松弛，鸡翅膀下垂，腿麻痹，不能正常活动，出现脱水，消瘦而死亡。鸡群中有5%～10%的鸡表现出临床症状。产蛋鸡多出现在产蛋高峰期间。产蛋鸡笼养疲劳征与饲料中钙不足有关。产蛋高峰期，每只鸡每天形成蛋壳要从体内带走2～2.2克钙，从饲料中未必能满足这种消耗，因此只好动用鸡骨骼中的钙。如果不注意钙的及时补给，鸡体就受损，高产蛋鸡受害最大，瘫鸡最多。此病往往造成死亡。平养条件下，因有足够的运动量，未见此病。

保证钙的供应水平是预防产蛋鸡笼养疲劳征的有效措施，每天每只鸡应保证钙总供给量为3.3～4.2克。最好在正常含钙日粮外，下午让鸡自由采食贝壳碎粒或石灰石碎粒，同时要保持磷、钙比例平衡。每千克饲料含维生素D_3 2 500单位。

饲料被黄曲霉污染，鸡食后会发生继发性缺钙，并且促使产蛋鸡笼养疲劳征的发生。

（三）互　啄

互啄是密集饲养特别是笼养条件下普遍出现的现象。雏鸡在脱换绒毛时出现啄羽囊、啄趾，青年鸡和成年鸡啄尾羽、背羽，产蛋鸡啄肛、啄蛋等。这些都是行为恶癖。据统计，因互啄造成的死亡和被迫淘汰的鸡，有时可占鸡群的20%。

内分泌学的研究表明,公雏在6～8周龄以前,母雏在11～12周龄以前,血液中促肾上腺皮质素和肾上腺皮质素的含量变化不大。但是,过了上述日龄以后就出现稳定性差异。从这时开始,鸡群中个体之间为确定群中等级地位,发生争斗,以确立个体的地位,即个体之间的从属关系。只有这种关系建立以后,鸡群中才有良好的协调气氛。青年鸡和产蛋鸡也是一样,如果重新调整鸡群,放入新鸡就会破坏原来的安定格局,必然发生争斗,重新确立群序。这就是引起互啄的诱因之一。当群序建立之后,确定了从属关系,互啄就会停止。

现在已经查明,有恐惧感的鸡,是发生互啄的主要原因,恐惧感越重,受啄越厉害。如能适当分群,则鸡的健康状况会有改观,产蛋性能会更好。

外界环境因素也会促进互啄。如果密度过大,鸡群拥挤不堪,空气污浊,最容易引起互啄,主要是啄羽。

肠炎引起鸡营养吸收差,为满足营养需要,鸡就发生啄羽。这时要检查是否有霉菌病。鸡体有羽螨、鸡舍通风不良、光过强、鸡过肥等,也都是诱发鸡群出现啄癖的原因。

啄肛是因母鸡产蛋时受伤,特别是蛋过大难产或母鸡过肥引起的难产,鸡体内有蠕虫或球虫,影响子宫的肌肉收缩力。当母鸡的肛门长时间努责脱出,别的鸡看到红色的肛门就要去啄,一旦啄出血来,群起而啄之,这就是发生啄肛的原因。被啄肛的鸡,多为开产初期产双黄蛋的或蛋过大的鸡,或者产蛋窝过少,找不到窝而在窝外产蛋的鸡,往往都是产蛋好的母鸡。笼养的鸡无处可藏,受啄最厉害,损失也最重。

(四)神经质(惊恐症)

笼养的蛋鸡特别是轻型蛋鸡,有发生神经质的倾向。这种鸡的神经有高度的兴奋性,当遇到某一因素的刺激时,鸡群中突然出现惊恐，整个鸡舍内鸡群骚乱，在笼内拼命挣扎，扑打翅膀，尖叫声此起彼伏。结果，有些翅膀折断，有些内脏出血，有些早产无壳蛋，有些甚至造成死亡。惊群的结果，往往使产蛋率降低。

神经质的现象，多出现在 36～37 周龄，或者在产蛋高峰期。网上平养和地面平养的鸡较少见。

引起神经质的因素有：噪声突发，闪动的光照，断水断料，密度过大，饲养员陌生的衣着，鸟类掠过或飞机飞过等。因此，保持安静的环境，避免出现异常音响、突然的闪光、陌生人或着艳装在鸡群中出现，防止鼠、猫和鸟类进入鸡舍骚扰，对减少惊群带来的损失是值得重视的。

褐壳蛋鸡性情温驯，一般无多大的神经质的现象。对于经常发生惊群的鸡群，在其每吨饲料中加入 200 克烟酸，能缓解惊群的现象发生。

（五）过早换羽

集约化笼养的鸡，在相对稳定的环境中生活，抗应激能力较差。打乱光照制度、气温突变、产蛋期间免疫、断水断料、日粮中含钙量过高、甲状腺功能亢进等，都可能引起鸡群发生过早换羽现象。过早换羽往往使鸡群的产蛋率降低到 30%～40%。在集约化饲养条件下，为防止鸡群出现不应发生的过早换羽现象，必须在开产前完成免疫接种，开产后力求保持稳定的饲养环境，尽量减少对鸡群的应激影响。

由此可见，饲养产蛋鸡时，饲养者如能注意与生物学有关的、在高密度条件下饲养的鸡群可能出现的上述疾病，并想方设法防止出现这些“工艺病”，就能顺利地提高鸡群的生活力，延长产蛋利用期，充分挖掘每只母鸡多产蛋的生产潜力。

第十章 种鸡的饲养管理

种鸡指的是纯系鸡、曾祖代鸡、祖代鸡和父母代鸡，是当代商品鸡生产中的供种来源，是养鸡生产的重要生产资料。种鸡质量的好坏关系到商品蛋鸡生产性能的高低。饲养种鸡的目的，是为了提供优质的种蛋或种雏。因此，在种鸡的饲养管理方面，重点应放在始终保持种鸡具有健康良好的种用体况和旺盛的繁殖能力上，以确保生产尽可能多的合格种蛋，并保证有高的种蛋受精率、孵化率和健雏率。

目前，蛋鸡生产中饲养的高产杂交鸡，都是由专门化品系配套杂交得来的定型产品。因此，必须严格按照良种繁育体系的模式：曾祖代——祖代——父母代——商品代垂直逐级制种供应。严格执行制种程序，对繁殖和推广优良鸡种，发展蛋鸡生产，都具有重要的科学意义和经济意义。这点已被越来越多的人所认识。

种鸡的基本饲养管理技术与商品蛋鸡有许多共同点，这里不再赘述。此外，作为种鸡所担负的任务不同，在某些饲养管理环节上，也与商品鸡有所区别。

一、配套系种鸡分开管理

高产配套系的种鸡，父本与母本各系鸡的生产性能特点不同，它们在配套杂交方案中所处的位置是特定的，不能互相调换，否则将来商品鸡的杂交优势就不一样。因此，在引种饲养时，各亲本鸡出雏时都要佩戴翅号或断趾或剪冠，长大后就容易加以区分。特别是白羽蛋鸡，如果没有标记，就无法区分哪个是父本，哪个是母本。对以快慢羽自别雌雄的亲本，如果混杂了，将来后代就无法自别雌雄。例如，四系配套的祖代鸡，曾祖代场供雏时，给的A公雏B母雏，C公雏D母雏，由于肛门鉴别不可能都是100%的准确率，A，C鸡中可能出现母鸡，B，D鸡中可能出现公鸡。像褐壳蛋鸡，A，B都是红羽鸡，C，D都是白羽鸡。如不做标记加以区分，将来就会混杂。事先做好标记，在配种前把不该用的公鸡或母鸡淘汰掉，就能保证制种的可靠性。白壳蛋鸡配套系因都是白色，最容易发生父母本的混杂问题，务必做标记加以区分。种鸡场防止父母本的混杂，是保证种质的重要问题，必须加以注意。

另外，四系或三系配套的鸡，不经过父母代就用祖代鸡直接生产商品代鸡，是不合理的，不符合制种程序，商品鸡得不到应有的杂交优势。

二、合理的公母比例

种鸡场要想获得良好的种蛋受精率和降低饲养成本，应注意鸡群中合理的公母比例。鸡群中公鸡过多，吃料多，互相斗打和干扰配种，蛋的受精率不一定高；公鸡过少虽能省饲料，但公鸡难以负担起与每只母鸡交配的任务，公鸡少、母鸡多，蛋的受精率也低。所以，在大群自由交配情况下，保持合理的公母比例，是值得重视的问题。现在公认，轻型蛋鸡，公母比例以1∶12～15为宜，即鸡群中每120～150只母鸡放10只公鸡，中型蛋鸡的公母比例为1∶10～12为宜，即每100～120只母鸡中放10只公鸡，可以保证有满意的种蛋受精率。种鸡笼养、人工授精条件下，每只公鸡的配种负担量为35～40只母鸡，保证种蛋受精率在90%以上。上述公母比例是指大群而言，如果公鸡太少，虽然受精率可以保证，但难以保证种质。同样的鸡种，鸡场规模小，鸡群数量不大，饲养种公鸡不多，将来生产的种鸡的质量肯定比不上鸡群数量大的种鸡场。为保证鸡种的应有生产性能水平，建议小规模种鸡群，应多养一些公鸡，按合理的公母比例实行轮流配种或对圈互换公鸡。为防止啄斗，同群公鸡要一起换或一起撤走，不能互掺。

虽然每只公鸡对母鸡的交配次数，据报道每天可达20～30次，有人观察为0～41次。但据我们对青岛来航鸡在家系配种群中的观察，从天亮到天黑全过程中，时间1周，平均每天每只交配5.8～7.7次，幅度为2～12次。其中下午3～7时交配的频率占全天交配次数的73.7%，而又以下午5～7时最为集中，占全天的47.4%。据观察，清早母鸡忙于采食，然后开始陆续进窝产蛋，不爱交配，甚至对公鸡置之不理；下午3时以后，绝大多数母鸡都已产完蛋，开始接受公鸡交配。日落前2小时，母鸡都到运动场上活动，公母鸡的性活动都很强，有些母鸡甚至主动招引公鸡交配。看到1只公鸡在下午5～6时这1小时内共配7次，其中在下午5时50～57分期间共配4只母鸡，最短间隔为1分钟。公鸡自然交配的这种现象，也与人工授精时输精最佳时间在下午3时以后的结论是一致的。在平养条件下，在下午3时以后驱赶公母鸡到运动场上去，对提高鸡群种蛋的受精率是一项有效的措施。

三、配种方式及其优缺点

由于种鸡场采用的饲养工艺和设备不同，种鸡的饲养方式也就各异，种鸡的配种方式也就不一样。总的来说，种鸡的配种方式不外乎两种：自然交配和人工授精。

自然交配的配种方式，主要在平面饲养条件下的种鸡场使用。平面饲养可以是地上饲养、网上或板条网板上饲养。这些都是大群饲养的种鸡采用，少者几十只几百只，多者几千只。一般以1000只左右一群为宜。种鸡按规定的公母配比进行饲养管理，任公母鸡彼此间自由交配，收集种蛋。平养鸡的种鸡都要设置产蛋窝（箱），并且必须及时拾捡鸡蛋，否则容易把蛋弄脏和造成破损。平养的种蛋一般较脏，蛋壳的污染程度较高，特别是地面平养的鸡。因为鸡爪直接接触地面的泥土和粪便。平养的最大好处是收留种蛋方便，只要公母比例恰当，种蛋受精率就有保证。但要格外加强清洁卫生工作，如打扫粪便，勤换产蛋箱的垫料等。自然交配情况下，要注意公母鸡的适当比例备留一些公鸡，当出现公鸡伤亡时作必要的补充，否则会影响受精率。一定要选留腿脚健壮的公鸡。平养的种鸡感染疾病的机会较多，特别是沙门氏杆菌病的净化工作比较困难。平养方式一般都采用网养，这样鸡不与粪便接触，染病的机会就会大大减少。平养的种鸡由于鸡群较大，发生啄肛的现象较多，特别是开产初期。因此，需要责任心很强的人员来管理鸡群。

目前，一般种鸡场都采用笼养方式饲养种鸡。笼养种鸡可以充分利用鸡舍面积，增加饲养容量，卫生条件好，管理方便，种蛋比较清洁，蛋壳受污染的机会少，种蛋破损率也较低。例如，用小群种鸡笼(俗称配种笼)饲养，一般养 24 只母鸡和 2～3 只公鸡，公母混养，自由交配。无需设置产蛋窝，母鸡产蛋直接滚到网底的集蛋槽上，定期收集种蛋。这比平养自由交配的种鸡要优越得多。当然，平养种鸡的一些缺点如蛋的破损率高和鸡的伤亡率较高等仍然存在。

种鸡笼养实行人工授精，是当今最先进的繁殖方法。这种配种方式可以充分利用种用价值高的优秀公鸡，能够更充分地利用鸡舍面积，公母鸡的伤亡率都较低，并且可以按照供种需要随时提供受精高的种蛋。公母比例可从平养时的 1∶10～15 扩大到 1∶35～40，可以大幅度减少种公鸡的饲养量，降低饲养成本。人工授精技术经过 1 周的培训就能基本掌握。与平养种鸡相比，需要组织一个专门的人工授精小组，对每只种鸡要 5～7 天输精 1 次。否则，种蛋的受精率就会受影响。这是一项认真而又细致的工作。鸡的人工授精技术在国内外的普及，已证实其先进性和明显的优越性。

四、种公鸡的选择与合理利用

对种鸡无论是采用自然交配还是人工授精，认真挑选种公鸡，都是一项十分重要的工作。育种鸡群选公鸡，主要根据其系谱来源、旁系亲属和后裔品质的评定结果来确定。因这些都有可靠的统计资料，所以选择是比较可靠的。在祖代、父母代鸡群中，因为没有记录资料可查，只能分阶段对公鸡进行挑选。第一次选择，在孵出后进行雌雄鉴别时，选留生殖突起发达而结构典型的小公雏。国外的研究证实，这种小公雏的母亲的产蛋量比一般的母鸡高4.5%～12.8%；而这种小公鸡将来女儿的产蛋量要高5.2%～18.5%。第二次选公鸡则在35～45日龄，根据体重和冠子发育，选体重较大、冠子发育明显、鲜红的留下。据笔者的试验研究，冠子发育早的小公鸡，到120～150日龄时剖检发现，有80%～83.3%的个体在输精管内有精子存在，而冠子发育不明显的公鸡，此时只有46.7%～63.3%的个体在输精管内有精子。第三次选留公鸡在17～18周龄。这时选体重中等、冠髯鲜红较大的公鸡，结合按摩采精，把性反射相对较难、射精量又相对较少的公鸡留作种用。国外的研究表明，这种公鸡的女儿将来的产蛋量（比射精量相对高的公鸡）要高8%～8.5%。

冠子发育过大、胸骨弯曲、胸部有囊肿、腿部有缺陷的公鸡，都应该淘汰。

除育种场为了充分利用种用价值高的优秀公鸡，延长其使用年限以外，一般种鸡场的种公鸡都与母鸡一样，采用一个生产周期的全进全出制。种鸡群必要时实行人工强制换羽，但种公鸡不能做强制换羽，否则会影响受精率。2岁龄母鸡最好用青年的公鸡与之交配或输精，以保证有较高的受精率。

笼养人工授精的公鸡,最好单笼管理。因为2只以上的公鸡养在一个笼内,多半只有1只能采出精液,另1只采不到精液。

人工授精公鸡的利用强度,取决于公母比例、鸡群大小、精液品质和人力安排等因素。公鸡少,母鸡多,或精液品质差,公鸡采精次数就要多,人力安排不开,也必须增加公鸡的使用次数。采精频率(次数)对公鸡的射精和精子浓度有一定的影响,但不影响受精率。隔天采精1次的公鸡,射精量最高;每周使用1次的公鸡,精液中精子浓度最高。

五、种鸡公母合群与配种的适宜时机

平养条件下,公鸡比较喜欢与其共同长大的母鸡交配。每只公鸡在鸡群中都占有一定的地盘或势力范围,也控制有一定数量的母鸡。占优势的公鸡地盘大些,所交配的母鸡也多些。一般好斗、体型大的公鸡占有优势。但体型大的公鸡配种能力比小型公鸡要差。因此,体重过大的公鸡尽量不用。自然交配时,在开始收集种蛋前1个月把公鸡放入母鸡群,以便使鸡群尽快形成群序。青年公鸡放入2年龄母鸡群中,公鸡最初是处于受欺地位,不能正常配种,要过几周后才能取得统治地位。强制换羽后的母鸡群中放入青年公鸡,受精率较高。

鸡群中公母鸡既有合群性,也有争斗性,从而在鸡群中出现统治者和顺从者,形成群序或鸡群的等级地位。地位强的母鸡欺负地位弱的母鸡,后者往往采取一种下蹲、两翅张开下垂的顺从姿态,很像接受公鸡交配的样子。强公鸡与这种母鸡交配较勤,地位弱的公鸡也能趁机交配。所以,一般地位强的母鸡受精率较低。

考虑到鸡群中的这种争斗性和等级地位关系,放入的公鸡或母鸡,最好是过去同群饲养的。特别是公鸡,开始多放一些,以备因早期斗架所致的淘汰和死亡数量。鸡群中放入新的个体过少时，会受原群鸡的啄打。而且不管放入多少个体，群中都会发生争斗现象，引起鸡群不安。自然交配条件下，不管是平养或小群笼养，都要避免部分地挪动或撤换公、母鸡。

平养条件下，要想得到较为满意的种蛋受精率，至少要提前3～4周放入公鸡。人工授精条件下，只要提前1周训练公鸡适应按摩采精，即可进行采精和输精，收留种蛋。

六、种蛋的收留与管理

按种蛋标准，蛋重必须在50克以上才能用于孵化。一般要到6～7月龄的鸡才能收留种蛋。褐壳蛋鸡比白壳蛋鸡可提早1个月收种蛋。种蛋重量过小，孵出的雏鸡体重也小。根据笔者对褐壳、粉壳和白壳蛋鸡的蛋品质分析结果，从蛋重、蛋壳厚度和强度，以及蛋中血斑、肉斑率的变化资料来看，种蛋留种时间以28～56周龄期间为好，能保证种蛋合格率、孵化率和健雏率高。

平养的种鸡每天应捡蛋4～5次，以减少脏蛋，笼养种鸡至少2小时捡蛋1次。勤捡蛋的目的是减少蛋的破损和防止细菌污染。

捡出的种蛋，经初步挑选后即送入种蛋库进行消毒保存。最好用福尔马林熏蒸消毒，以杀灭附着在蛋壳上的病原体。其方法是每立方米空间用福尔马林14毫升，高锰酸钾7克，熏蒸0.5～1小时。消毒后的种蛋保存在温度10℃～16℃、相对湿度75%的种蛋库中待孵化或外运。种蛋保存期最好不超过1周，以免降低孵化率。如果因故而延长保存期，种蛋的小头应朝上，以防水分蒸发，气室变大。种蛋保存期延长，种蛋的死胚增加，孵化率也降低。

七、种公母鸡的特殊管理

种用季节要注意加强种公鸡的营养。自然交配的公鸡，每天配种频率是很高的，十分辛劳。在人工授精条件下强制利用的种公鸡，营养跟不上，会影响射精量、精子浓度和活力。因此，要增加蛋白质、维生素 A 和维生素 E，以便改善精液浓度。公、母鸡混养时，公鸡总是先让母鸡吃完料以后，才接近食槽吃料，好料总让母鸡先吃。为此，应设公鸡专用食槽，放置在较高的位置上，让母鸡无法吃到，以弥补营养的不足。人工授精的公鸡，最好增喂鸡蛋，每 3 只公鸡每天喂 1 个鸡蛋。

国内外对种公鸡的饲养标准，都使用种母鸡的饲料。因为在平养条件下公、母混群，难于分别实施公鸡和母鸡的单独饲喂。在笼养条件下也是用种母鸡的饲料为基础，在种用期适当提高蛋白质和维生素水平。这样就能取得满意的受精率。

当代的研究和饲养实践表明，用产蛋母鸡的饲料饲喂公鸡是不合理的。一方面是饲料蛋白质水平高，二是钙、磷含量高。为此，科学家们建议后备公鸡日粮中的营养含量为：蛋白质水平为10%～13%，能量 11.3～11.72 兆焦/千克，钙 1%～1.2%，磷0.4%～0.6%，维生素和微量元素可与母鸡相同。种用期的公鸡，日粮的营养含量为：蛋白质水平为 14%，能量 11.3 兆焦/千克，钙1.5%，磷 0.8%，维生素和微量元素与母鸡相同。为防止公鸡体重过大，给料量以每天 110～125 克为限度。喂含亚油酸较多的饲料能促进公鸡精子的产生。

据报道，种公鸡的饲料中采用下列维生素水平能获得良好的繁殖品质：维生素 A 2 000 万单位/吨饲料，维生素 E 30 克/吨饲料，维生素 B_1 4 克/吨饲料，维生素 B_2 8 克/吨饲料，维生素 C 150 克/吨饲料。

在此条件下，公鸡的射精量为0.59毫升，精子浓度50.7亿个/毫升，活力9.4分，总精子数29.9亿个，公鸡睾丸重46.3克，受精率92.6%，入孵蛋孵化率84.6%。

冬季在种鸡的日粮中增加需要量15%～30%的维生素，有利于提高种蛋受精率和孵化率。种公鸡日粮中的能量部分用30%发芽的谷物如大麦等来代替，对满足维生素的需要和提高精液品质有良好效果。

要注意种公鸡的饲养密度。笼养条件下，6周龄前的小公鸡每只应有面积200平方厘米，6周龄后应提高到450～500平方厘米，成年种公鸡每只应有笼位900平方厘米。

公鸡的光照时间，从12周龄起应增加到12小时，种用季节应提高到14小时。光照强度为每平方米20～35勒(如人工光照，每20平方米鸡舍需65～115瓦的灯泡1只)，不应低于10勒。这样对睾丸的发育和精子产生有好处。

公鸡换羽比母鸡早2～3个月。在此期间精液品质差，种蛋受精率降低。如果种母鸡实行人工强制换羽的话，则要将公鸡隔离开，不要实施换羽。否则，对以后的受精能力有影响。

产蛋期间，免疫接种对产蛋有影响，有时会非常强烈，使鸡群产蛋率明显下降，蛋壳质量变差。有些可引起强烈反应的疫苗，最好在产蛋开始之前进行免疫接种。母鸡人工授精因定期抓鸡产生的应激，多多少少会影响产蛋量。

除笼养以外，平养的种鸡应设置产蛋箱(窝)，每4只母鸡应有产蛋箱1个。母鸡喜欢在认定的产蛋箱里产蛋，如果被其他鸡所占，母鸡会排队等候进入产蛋。母鸡因不能及时入窝产蛋，致使产蛋时间拖延。产蛋箱不足，有些母鸡被迫在窝外产蛋，使脏蛋数量增加。在产蛋过程中，由于肛门努责外翻被其他鸡看见，就可能引起围啄，发生啄肛现象。产蛋初期啄肛严重，原因就在这里。产蛋箱应设在背光较暗的部位。这样，母鸡选窝产蛋的现象可减少，窝外蛋也减少。

种用期间，通过统计种蛋受精率和孵化率，检查种鸡的饲料营养是否合理，公母比例是否恰当，种鸡是否有伤病等。一旦出现问题，要及时查明原因，及时采取相应的措施。

八、检疫与疾病净化

种鸡场向外供种，首先要保证鸡群健康、无病。否则，用户引种就等于引进鸡病。因此，种鸡场应做好日常性的卫生防疫工作，谢绝外来人员参观，严防病原的传入。这是同行们的共识。如有特殊需要非参观不可，必须采取严格的消毒措施。场内非饲管人员也尽量不要进入鸡舍，以防万一。

种鸡群对一些可以通过种蛋垂直感染的疾病，要进行检疫和净化工作。如鸡白痢、大肠杆菌病、白血病、霉形体病、脑脊髓炎等病，都有可能通过种蛋把病传递给后代。通过检疫淘汰阳性反应的个体，留阴性反应的鸡做种用，就能大大提高种源的质量。目前，国内一般的大型种鸡场和科研教学单位的种鸡场，都对危害雏鸡较大的白痢杆菌病做净化工作，并已获得成效。许多种鸡场在做鸡白痢净化的同时，还在饲料上下功夫，如采用无鱼粉日粮饲喂种鸡。因为监测发现鱼粉中含有沙门氏杆菌。

检疫工作要年年进行才能见效。不管哪一级的种鸡场都要检疫，才能提高鸡群的健康水平。否则，引种场的卫生条件差，即使是从疾病净化好的种鸡场引进的鸡，也可能再度感染疾病。我国地域辽阔，对种蛋和种雏的需求量大，农村饲养雏鸡的季节性也比较集中。因此，饲养父母代鸡的种鸡场较多，但各场的条件很不相同。在农村，很多父母代种鸡场极少做疾病净化工作，但至少应做鸡白痢的检疫。不做此项工作，雏鸡成活率低是很自然的事。为此，饲养户要从卫生防疫条件好、种鸡经过检疫的种鸡场引种，才比较可靠。

对种鸡一定要按免疫程序做好各种疫苗的接种工作，以保证将来种雏有较高的母源抗体，提高雏鸡的抗病能力。

第十一章　种鸡的人工授精技术

一、人工授精的优越性

种鸡人工授精繁殖方法，在养禽业发达的国家早已有效地采用。我国从 20 世纪 70 年代开始采用，目前已在全国各地被普遍地应用。人工授精技术的优越性是该项技术推广应用的主要原因，具体表现如下。

第一，解决了笼养条件下种鸡的繁殖问题。种鸡实行公母分开笼养，彼此没有接触，失去了传宗接代的可能性。采用人工授精技术，采收公鸡的精液给母鸡输精，就能根据需要按时收集种蛋，而且获得与自然交配条件下同样的受精率。因此，人工授精是解决笼养种鸡繁殖问题的有效途径。

第二，为有计划和高效育种工作开辟了广阔的前景。在公母鸡混合平养条件下，由于公鸡在群中所处的等级地位不同和公鸡对母鸡交配有选择性，不可能每只公鸡与所有母鸡交配，长此下去就会影响鸡群的质量。在人工授精条件下，可以人为地使每只公鸡都有机会与尽可能多的母鸡配种，公鸡所得的后代比自由交配时增加 5～10 倍。1 周内 1 只公鸡的精液可输 40～50 只母鸡，自由交配条件下是不可能做到的。笔者曾与同事们一起强制利用 1 只公鸡轮流给近 200 只母鸡输精，在一个留种季节得到 1 699 只后代。可见，人工授精为有计划地育种，特别是有效地充分利用优秀种公鸡，提供了可靠的方法。

第三，能如期收集种蛋和保证稳定的受精率。人工授精技术就是采取公鸡的精液强制性地给每只母鸡输精。从第一天下午输精算起,第三天就可收集种蛋,受精率约 80%,第四、第五天可达 90%以上,维持到第六、第七天后逐渐下降。达到同样的受精率的时间,人工授精比自然交配早 10 天以上。根据输精后种蛋受精率的变化规律,只要每 5～6 天给母鸡输精 1 次,就能始终保持较高而平稳的受精率。根据供种计划,从输精后第三天可以开始收集种蛋,并保证有满意的受精率。

第四,能减少鸡的伤亡。公鸡有好斗性,自然交配情况下,公鸡为争夺统治地位常常啄斗,结果会出现伤亡现象,也会影响受精率,自然交配时公鸡常啄母鸡的头颈和踩踏母鸡的背部,这些部位的羽毛残缺甚至脱落,造成皮肤裸露,高产母鸡更为明显。皮肤一旦被啄或踩伤出血,就会引起啄癖,结果母鸡的伤亡率较高。在人工授精条件下,鸡群中出现上述情况相对要少得多。

第五,技术简单易学,投资少,见效快。在培训人工授精技术方面,只要花 3～4 天就能初步掌握,最多只需 1 周时间就能独立操作。当然要想比较熟练、快速,还需要在实践中提高。人工授精所需的设备和器具,主要是采精杯、集精杯、输精管、蒸煮消毒和烘干设备等。有了这些器具,就可进行鸡的人工授精。与其他家畜的人工授精相比,家禽人工授精所需的投资是最少的,而且运用起来见效最快。

当然,家禽人工授精也有一些值得考虑的问题:①该项技术只适用于笼养的鸡,平养条件下由于抓鸡困难,费时费力,则得不偿失;②人工授精需要花费劳动力去输精,要组织一个专门的人工授精小组从事此项工作;③要想得到稳定的高受精率,必须严格执行各项技术操作规程,定期(5～6 天)重复输精 1 次。此外,如果人工授精技术操作不熟练时,既对母鸡的产蛋有一定的影响,同时也会影响受精率。

二、公母鸡生殖器官的特点

(一)公鸡的生殖器官

主要由睾丸、附睾、输精管和阴茎突起组成(图 11-1)。

1. 睾丸 位于腹腔的前顶部,左右各 1 个。左边略比右边大,形状如蚕豆,由大量长而弯曲的精细管组成。精子就由精细管内层释放出来。睾丸除产生精子外,还分泌雄性激素睾酮。

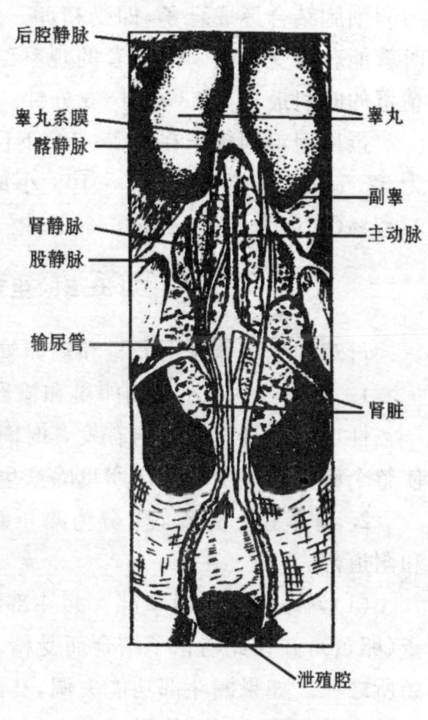

图 11-1 公鸡的生殖泌尿器官

2. 附睾 附睾不发达,位于睾丸的背侧面上。精子进入附睾尚未成熟。精子也可以不经过附睾沿着小管束直接由睾丸进入输精管。

3. 输精管 为细长的曲管,精子在输精管内贮存并成熟。公鸡产生成熟精子的日龄从 9.5 周龄至 24 周龄之间。一般轻型品种比中型、重型品种要早。精子从产生到成熟需 12～27 天。

4. 阴茎突起 公鸡没有交配器官,只有 1 个退化了的阴茎突起,位于泄殖腔的腹侧。公鸡与母鸡交配时,阴茎突起勃起而把精液射入母鸡的阴道内。由于阴茎突起在交配时不能插入母鸡阴道,因此,交配动作极为短暂。

公鸡与母鸡交配后,精子很快能达到母鸡输卵管的漏斗部,如果输卵管特别是子宫中没有蛋,精子一般 30 分钟(最快为 15 分钟)可到达漏斗部。精子与卵子在漏斗部结合即受精。一般有 3～4 个精子进入卵黄表面的胚核区,但最终只能有 1 个精子与卵细胞结合形成合子,即受精卵。据报道,公母鸡交配后 20 小时就能获得受精蛋。但笔者的观察结果是,公母鸡交配后产出受精蛋的时间最早为 38 小时 36 分钟。

蛋用型鸡的精子在 2℃～5℃下保存时,精子的平均存活时间为 87.5 小时(幅度为 12～108 小时)。蛋鸡的平均受精率为 93.7%(幅度为 81%～99.6%)。

(二)母鸡的生殖器官

母鸡的生殖器官由卵巢和输卵管组成(图 11-2)。

1. 卵巢 只有左侧的卵巢和输卵管发达,右侧的已经退化。

性成熟的母鸡卵巢内有发育时间不同、大小不等的卵母细胞,使整个卵巢形似葡萄串。卵巢除产生卵细胞外,还产生雌性激素。

2. 输卵管 从形态上分为漏斗部、蛋白分泌部、峡部、子宫部和阴道部。

(1)漏斗部　也叫伞部。漏斗部的作用是接纳卵巢排出的卵子(卵黄),并在此与精子结合而受精,漏斗部也是贮存精子的主要场所之一。如果漏斗部功能失调,其活动与卵巢排卵不协调时,卵子就会落入腹腔而不能形成正常的鸡蛋。漏斗部及其管状区的长度为 7～9 厘米。

(2)蛋白分泌部　也叫膨大部。蛋白分泌部顾名思义是分泌蛋白的地方,全部卵蛋白在此形成。膨大部的长度为 33～34 厘米。

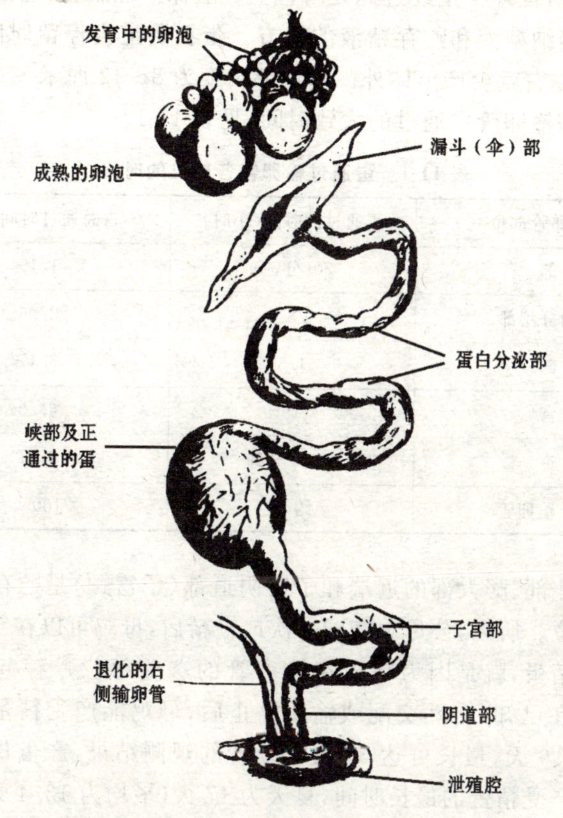

图 11-2　母鸡的生殖器官

(3)峡部　也叫管腰部。此处形成蛋的内壳膜和外壳膜，同时补充蛋白的水分。软壳蛋在此初步形成。峡部长度为 8～10 厘米。

(4)子宫部　蛋白重量在此处进一步增加，蛋壳在此形成。在整个蛋的形成过程中，蛋在子宫部停留时间最长，约需 19 个小时。因此，提高母鸡的产蛋量，关键是要缩短蛋在子宫的停留时间。蛋壳着色也是在子宫内完成的。子宫长度为 10～12 厘米。

(5)阴道部　蛋经过此处时包上一层保护性胶膜，也是公母鸡交配时接纳精液和贮存精液的地方。蛋在阴道内停留时间很短，10分钟左右就会产出体外。阴道部长度为8～12厘米。

蛋在输卵管中通过的大致时间，见表11-1。

表11-1　蛋通过输卵管各部位的时间

输卵管部位	蛋通过的时间(小时)	占总通过时间(%)
漏斗部	20(分钟)	1.15
蛋白分泌部	8	27.6
峡　部	1.5	5.17
子　宫	19	65.5
阴　道	约10分钟	0.57
整个输卵管	约29	100.0

漏斗部、膨大部的近端和子宫阴道部(子宫颈)是贮存精子的主要部位。所以，公母鸡交配一次或输精后，母鸡可以在1周以上产出受精蛋，就是因为精子在输卵管的这些部位贮存起来的缘故。现在已知，自然交配或输精停止后，母鸡能产受精蛋的时间为12～16天，最长可达35天。笔者的观测结果，产蛋母鸡停止输精后产受精蛋的最长时间，夏天为17天(平均为13.4天)，秋天为21天(平均为14.6天)。由此可见，如果轮换公鸡时，必须空出半个月的时间，母鸡产出的受精蛋才属于第二只公鸡的。

三、人工授精技术

(一)采精技术

无论用立式采精法，还是用坐式采精法，从工作效率来看最好

3人1组配合。1人专门抓公鸡,1人按摩采精,1人收集精液。缺少1人,工作效率就大大降低。

坐式采精的操作技术如下。

1. 采精准备　开始之前,用剪刀把公鸡肛门周围的羽毛剪光,以不影响术者的视线和妨碍收集精液为度。

2. 保定　助手从公鸡笼中把公鸡抓出来送给采精者(下称术者)。术者坐在凳子上,接过公鸡,把公鸡两腿夹持在自己交叉的大腿间。根据习惯,一般左腿抬起交叉将鸡腿夹住。这样公鸡的胸部自然就会伏在术者的左腿上。一定不能让公鸡有挣扎的余地,以达到保定鸡的目的。

3. 固定采精杯　公鸡保定以后,术者从另一助手手中接过漏斗状的采精杯(图11-3)。接杯时用右手的食指与中指或者中指与无名指将采精杯夹住,采精杯朝向手背。

4. 按摩　夹持好采精杯后,术者即开始按摩采精操作。左手从背部靠翼基处向背腰部至尾根处,由轻至重来回滑动按摩几次,刺激公鸡将尾羽翘起。在左手按摩背部的同时,持采精杯的右手大拇指与其余四指分开由腹部向肛门方向贴紧鸡体,也同步按摩。当看到公鸡尾部向上翘起,肛门也向外翻出时,左手迅速转向尾下方,用拇指与食指跨捏在耻骨间肛门两侧挤压,此时右手也同步向腹部柔软部位做快捷的按压,使肛门更明显向外翻出。

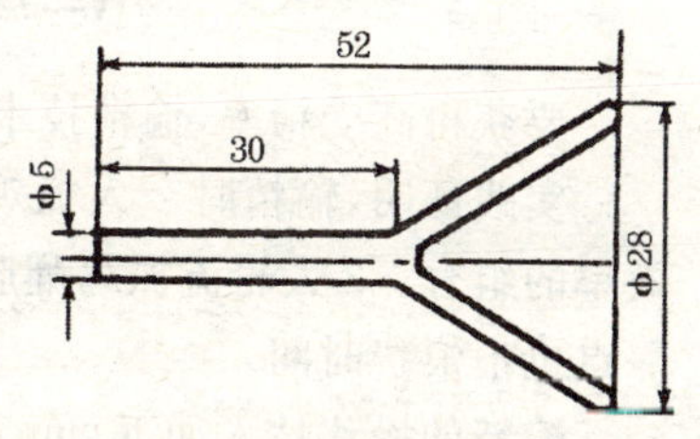

图11-3　采精杯
(单位:毫米)

5. 采精、集精　当看到肛门明显外翻,有射精动作并随着乳白色精液排出时,右手离开鸡体,将夹持的采精杯口朝上贴向外翻的肛门,接收外流的精液。公鸡排精时,左手一定要捏紧肛门两侧,不能放松,否则精液排出不完全,影响采精量。精液排完,即可放开左手，持杯的右手将杯递给收集精液的助手。抓公鸡的助手把公鸡拿走，接着轮换另一只公鸡。接精液的助手将精液倒入集精杯内(图 11-4)。收集到足够半小时内输完的精液时，采精即告停止。

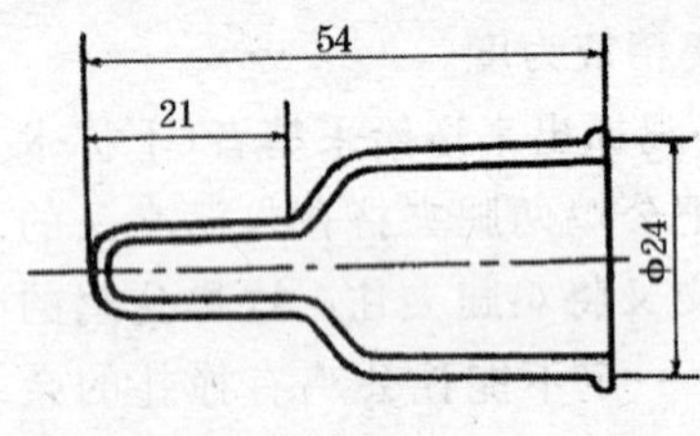

图 11-4　集精杯　(单位:毫米)

一般情况下，如果采精技术熟练，1 个 3 人的输精小组，10 分钟左右可采集 20～30 只中型品种公鸡或 30～40 只轻型品种公鸡的精液，共采得 1 杯精液(8～10 毫升)。

立式采精的操作与坐式采精的区别，只是由抓鸡的人固定鸡。

(二)输精技术

要获得高受精率，输精技术很关键。

实践证明，输精时 2 人抓鸡翻肛，1 人输精，是最省时间而高效率的组合。2 人轮流抓鸡翻肛，输精者可以不停歇地左右输精，一点也不浪费时间。

输精的操作技术如下：负责翻肛的人员用右手握住母鸡双腿，把母鸡双腿置于笼门口。左手的拇指与食指分开呈“八”字紧贴母鸡肛门上下方按压。这时肛门向外翻出，露出粉红色的阴道口。输精人员用输精管(图 11-5)吸取一定量的精液(一般原精液 0.025 毫升)，插入阴道子宫口，插入的深度以看不见所吸精液为度(约 1.5 厘米)，随即把精液轻轻输入。与此同时，翻肛人员松开左手，输精人员把吸管抽出，精液就留在母鸡阴道内，然后放母鸡回笼。

翻肛时，不要用大力挤压腹部，以防粪尿排出，污染肛门或溅射到输精人员身上。如果轻压时发现有排粪迹象，重操几次翻肛

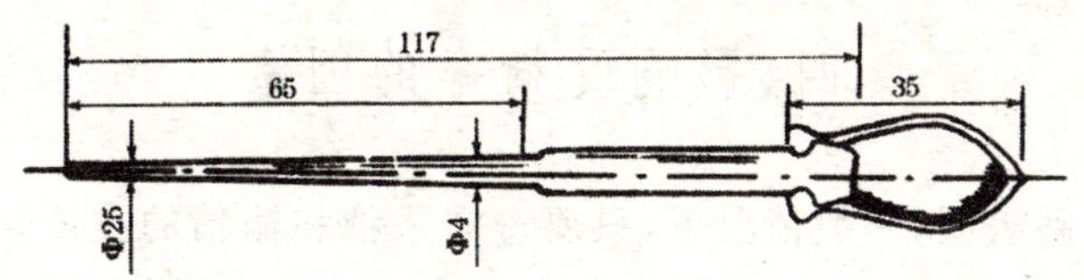

图 11-5　输精管　（单位：毫米）

动作，使粪便排出，然后再输精。实践证明，对产蛋母鸡翻肛是十分容易的。只要操作熟练，掌握要领，手指轻压下腹部，母鸡也会自然翻肛。捉鸡时，凡乱叫乱撞而显得不安的母鸡，十有八九是停产的母鸡，这种母鸡很难翻肛，没有输精的必要。

每输完 1 只母鸡，要用消毒药棉擦拭一下输精吸管管尖，以防污染。

(三)输精时间

一般下午 3 时在大部分母鸡都产完蛋以后进行，以免子宫内的硬壳蛋影响精子运行。

(四)输精量及输精间隔时间

采用原精液输精，一般每次输精量为每只鸡 0.025 毫升。如果用 1∶1 的稀释精液输精，则每次输精量为 0.05 毫升。输精间隔时间为 5～6 天。

轻型品种公鸡射精量较少，但精子浓度大；中型品种的精液量大，但精子浓度较低。因此，在掌握输精量时要考虑品种的特点。同时，随着鸡龄的增加，温度的变化，要适当增加输精量，以获得稳定的高受精率。公鸡年龄增大，精液量减少，精子浓度降低，活力也下降。热天代谢加快，死精多。如不适当增加输精量，就不能保证足够的有授精能力的精子数。

四、影响受精率的因素

实践表明，一般情况下，只要遵守采精和输精的技术要求，种蛋的受精率可以达到 80％以上。有些种鸡场有时候却突然出现受精率下降的现象；有时甚至一直没有达到理想的受精率。要想获得高受精率指标，了解影响受精率的诸多因素是十分必要的。

（一）种公鸡的精液品质不合格

精液中精子浓度低，即使有足够的输精量，也不能保证有足够的精子数量；精子活力不高，死精和畸形精子多，这是影响受精率的主要因素；采精时精液被血、粪、尿等污染，造成精子死亡，也是影响受精率的因素之一。实践证明，有些公鸡射精量虽少，但精子浓度和精子活力很高，输精量略低，仍能取得很高的受精率。因此，挑选精液品质好的公鸡和在采精时保证采到洁净的精液，对提高蛋的受精率十分重要。

（二）母鸡不孕和生殖道有疾病

在进行家系选育时发现，鸡群中有些母鸡产蛋很好，但由于生理原因或疾病，输精后蛋都不受精。鸡群中这种母鸡增多，蛋的受精率必然降低。

（三）输精技术不过硬

在人工授精条件下，受精率不高，问题往往出现在输精技术上。包括保证有足够精子的适宜输精量、输精的最佳时间、适当的输精间隔时间、输精的深度、精液存放时间的长短（要在半小时以内输完）、翻肛与输精技术的熟练程度和准确性等。只有综合解决好上述问题，才有可能获得理想的输精效果。蛋的受精率是检验公鸡精液品质好坏和输精技术高低的客观标准。

(四)种鸡的年龄大

一般来讲,无论是公鸡还是母鸡,29～58 周龄之间受精率较高。60 周龄以后,随年龄增加,公鸡精液品质变差,母鸡产蛋率降低,蛋的受精率也逐渐下降。母鸡产蛋率越高,往往受精率也越高。因此,随鸡龄增长,输精量要适量增加,输精间隔要适当缩短,这样才能保持理想的受精率。

(五)鸡的生理状况不佳

一般来讲,天气炎热,公鸡精子产生不良,母鸡产蛋率下降,蛋受精率低是普遍的现象。天气炎热,鸡食欲不好,营养不足,是公鸡精液品质下降的因素之一。公鸡换羽,精液品质明显恶化,这是影响受精率的突出原因。

(六)其　他

除了上述因素之外,长途运输颠簸,卵黄膜破裂,卵黄上的系带断裂,都会人为地降低蛋的受精率,这种损失可达 5%～10%,甚至更高。种蛋保存时间越长,蛋的受精率越低。在夏季,种蛋保存时间以 5～7 天为宜,其他季节以 7～10 天为宜。经长途运输和保存期过长的种蛋,不仅受精率降低,而且孵化率也受影响。输入混合精液与输入单一公鸡精液比较,受精率要高 5%左右。

五、精液的稀释保存

精液的稀释,是为了延长精液保存时间,保证精子活力,有利于掌握输精量和增加输精母鸡数。通常的稀释液有生理盐水和 0.5%糖盐水。生理盐水稀释,只能作短暂保存;要长时间保存,就必须用加营养物质的稀释液。中国农业科学院畜牧研究所研制成适合我国国情的BJJX液(北京家禽精液稀释液),其配方如下:葡萄糖1.4克,柠檬酸钠1.4克,磷酸二氢钾0.36克,磷酸氢二钠2.4克,蒸馏水100毫升。经对比试验表明,BJJX液配方简单,价格低廉,易于推广应用。鸡精液用BJJX液稀释保存,使公鸡的精液利用率提高50%,精子保持正常授精的能力延长7~24小时,为精液的长途运输创造了条件。在正常的生产条件下,种蛋受精率一般在90%~95%之间,已算满意。

精液稀释保存的操作技术如下:①将稀释液的温度升到20℃~25℃;②将采得的鲜精液用带刻度的玻璃吸管吸入试管中,注意不能吸入污染物;③另用吸管吸入与精液等量或加倍的稀释液(视所需的稀释倍数而定),徐徐地加入,充分混匀;④如现稀释现用,即可进行输精;如需保存一段时间,则将混匀的精液倒入称量瓶中;⑤将称量瓶放入小铁筒中,再转入0℃~5℃的冰箱中,或放入盛有1/3冰块的保温瓶中,盖上清洁的纱布,静止保存备用。

使用保存过的稀释精液时,只需轻微摇晃几下混匀即可输精。

第十二章　蛋鸡的人工强制换羽

一、人工强制换羽的原理

换羽是鸡脱落旧羽毛、长出新羽毛的自然生理现象。在自然状态下，不论是母鸡还是公鸡，每年都要更换一次羽毛，一般在秋季进行。换羽早的在夏末秋初，换羽迟的临近初冬。鸡的自然换羽时间较长，一般需要 3～4 个月，但高产鸡和低产鸡参差不齐。高产鸡换羽时间迟，一般在 10 月份和 11 月份，旧羽脱落和新羽生长的速度快，呈比较短促的换羽过程；低产鸡换羽时间早，在夏末就开始了，旧羽脱落和新羽生长的速度缓慢，呈较长的换羽过程。因此，可根据换羽时间和速度来鉴别高产鸡和低产鸡。

所谓人工强制换羽，就是人为地给鸡施加一些应激因素，造成强刺激，引起鸡体器官和系统发生特有形态和功能的变化，表现为停止产蛋、体重下降、羽毛脱落和更换新羽，从而达到在短期内使鸡群停产、换羽、休息，然后恢复产蛋，并提高蛋的品质，延长蛋鸡利用期的目的。目前，人工强制换羽技术已广泛应用于种鸡和商品蛋鸡。

二、人工强制换羽的方法

强制换羽的方法主要有 3 种，即化学法、饥饿法和饥饿—化学合并法。虽然具体做法不一，但原理大同小异，都是采用人工应激手段，促进换羽停产。

(一)化学方法

化学方法使用最多的是喂高锌饲粮。高锌饲粮可在较短时间内诱发较多的主翼羽脱落,从而达到强制换羽的目的。据研究发现,锌是通过抑制类固醇生成酶或有限底物的可利用率,来实现其抑制末梢促黄体素(LH)受体上环磷酸苷的形成和阻碍孕酮的产生。因此,阻碍了更多的卵细胞发育到成熟期。

方案一。在配合饲料中加入2.5%氧化锌,让母鸡自由采食,自由饮水。开放式鸡舍可以停止人工补充光照,密闭式鸡舍由原来的光照时间减至8小时/天。鸡的采食量逐渐减少,第一天减少一半,7天后减至1/5;体重迅速减轻。8天后喂给正常的配合饲料(把含锌粉的配合饲料弃掉),逐步恢复光照。在应用含氧化锌饲料时,锌粉称量要准确,搅拌饲料要均匀,切勿过量,以免中毒。

方案二。在配合饲料中加入2%硫酸锌,让母鸡自由采食,自由饮水。开放式鸡舍停止人工补充光照,密闭式鸡舍由原来的光照时间减至8小时/天。4天后鸡的采食量下降75%,8天后全部母鸡停产,14天后主翼羽开始脱换,21天后开始恢复产蛋,33天后产蛋率达50%。

(二)饥饿法

这是传统的强制换羽的方法,也是目前使用最普遍、效果最好的方法。做法大致如下:停水1天,根据鸡的肥度断料9～13天。断料时把光照时间缩短到7～8小时(密闭式鸡舍)或停止补充光照(开放式鸡舍)。断料结束后,第一天每只鸡给料25～30克,而后每天给料增加20克,光照增加1小时。到第五天恢复自由采食,光照恢复到14～16小时。

按照上述办法,断料5～7天,母鸡全部停产,30～35天恢复产蛋,65～70天达到50%以上的产蛋率。

(三)综合法

近年来,有些人采用饥饿法与化学法相结合的方法进行强制换羽,取得良好效果。具体做法是:断水、断料 2.5 天,停止补充光照,然后供水和适量的蛋鸡料;第三天开始自由采食含 2.5%硫酸锌或氧化锌的蛋鸡料,连续 7 天。一般 10 天后全部停产,此时恢复正常的光照。换羽开始后约 20 天,母鸡就重新产蛋。换羽开始后 50 天,母鸡产蛋率达 50%。

三、人工强制换羽的效果

纵观国内外人工强制换羽的资料,可以肯定,无论采用化学方法,还是传统的饥饿方法,都能使母鸡达到停产休息或换羽的目的。强制换羽期间,母鸡会出现下列变化。

第一,体重的变化。根据处理时间的长短,体重一般都会比处理前减轻 20%～30%。体重减轻主要是体内沉积脂肪的消耗。普遍认为,体重减轻 25%～30%,将来产蛋效果最好。体重减轻过少,达不到换羽的目的;体重减轻过多,又会使鸡的死亡率增加。处理结束,鸡转入自由采食后 2 周,体重基本上恢复到换羽前的水平。

第二,产蛋量的变化。实施换羽后第二至第三天产蛋率逐渐降低,到第五至第七天全部或几乎全部停止产蛋。若同时断水、断料、断光,则产蛋率下降最为明显,蛋壳变薄,破损率高。一般随着母鸡体重的恢复,产蛋率逐步回升,2 个月左右可达到换羽前的产蛋水平或者更高。

第三,死亡率的变化。换羽期间,通常有病的鸡忍受不住断水、断料的影响,往往发生死亡。所以,换羽前要对鸡进行严格选择。鸡的死亡率为 0.5%～15%,一般在 3%～5%,这是强制换羽是否成功的重要指标之一。死亡多出现在恢复自由采食以后，即第十五天以后。

第四，羽毛脱落的变化。多数情况下，强制换羽开始后10天左右体羽脱落，15～20天脱羽最多，主翼羽脱换是逐渐的，一般到35～45天换羽结束。换羽越完全，将来产蛋成绩越好。

第五，生殖器官的变化。强制换羽期间，由于饥饿导致母鸡卵巢和输卵管萎缩，重量减轻。据报道，喂锌的母鸡，换羽第四天卵巢重量减轻75％，输卵管减轻50％。直到停止喂锌后12天，卵巢和输卵管的重量才恢复正常。

四、人工强制换羽应注意的事项

第一，要正确选择换羽的时间。不仅要考虑经济因素，而且要考虑鸡群的状况和季节。在秋冬之交的季节进行强制换羽的效果最好。这与自然换羽的季节相一致。如果在冬天换羽，鸡受冻挨饿，羽毛又脱落，体质大大下降，对健康不利。夏天气候炎热，断水使鸡更难以忍耐干渴。

第二，严格挑选健康的鸡。强制换羽对鸡体来说，是十分苛刻的残酷手段，必须把病弱的个体挑出，只选留健康的鸡只。只有健康的鸡才能耐受断水、断料的强烈应激影响，也只有健康的鸡才能在第二年获得高产。病鸡换羽，可能成为换羽期间暴发疫病的病源。

第三，注意换羽期间体重的变化。根据季节和鸡的体重大小，一般断料时间以9～13天为宜，断水时间不应超过3天。换羽期间减少的体重，以比换羽前减轻20％～30％为度。

第四，换羽期间应注意死亡率的变化。第一周鸡群死亡率不应超过1％，10天内不应高于1.5％，35天内不应超过2.5％，56天内不应超过3％。

第五，切忌连续强制母鸡换羽。已结束换羽的鸡不应再行强制换羽。强制换羽的制度不适用于公鸡。

第六，及时淘汰强制换羽的母鸡。强制换羽的鸡，从达 50% 产蛋率起，经 6 个月就应淘汰。因为母鸡产 6 个月的蛋后，产蛋率下降，蛋品质明显恶化。

第七，平养的鸡强制换羽时应注意的事项。要把全部垫料清除干净，防止因饥饿而啄食垫料，发生消化道疾病。无论平养或笼养，断料结束后，应逐渐过渡到自由采食，防止因饥饿过度而引起暴食死亡。

第八，提前进行免疫。强制换羽前对鸡群先进行免疫，接种新城疫Ⅰ系苗，待 1 周后抗体效价升到理想水平时才实施换羽措施。

第九，注意控制光照。在鸡换羽期间，有窗鸡舍应尽可能遮光，打乱光照制度，使其产生应激，以利于换羽。遮光也有利于防止鸡群饥饿期间发生啄癖。

第十，掌握好开食时间。当鸡的体重降低 20%～30%后，发现有小部分鸡因体力消耗过大，精神委靡，站立困难时，就要开始给料。否则，会因饥饿过度而引起死亡。给料后可以挽救这部分鸡，或者把这部分鸡隔离开单独给料。

第十三章　提高孵化率的途径

关于孵化方法与技术、孵化设备等问题,金盾出版社出版的《家禽孵化与雏禽雌雄鉴别》一书中已作了详细的介绍,本书就不再赘述。这里仅就提高孵化率的有关问题作如下介绍。

一、提高孵化率的重要性及其潜力

大家知道,每只种母鸡生产雏鸡的多少及雏鸡的质量如何,大体上由母鸡的种蛋量、种蛋的受精率和孵化率所决定。母鸡生产的种蛋数量的多少和种蛋受精率的高低,受种鸡的饲养与管理技术影响较大,而孵化率的高低,除了品种的因素之外,还受种蛋的保存期、孵化技术与孵化条件等影响,这是一个相当复杂的问题。目前孵化厂在孵化雏鸡时,主要考虑到受精率、死胚率和孵化率这些因素,大概 3 个蛋出 2 只雏鸡,公母雏的概率各半,即可得 1 只母雏。如果孵化首次验蛋时,活胚数占入孵蛋的 85%以上,孵化率 90%以上,在这种情况下,一般平均 2.6 个蛋就可得到 1 只母雏。因此,提高孵化率是种鸡场或孵化厂降低雏鸡成本和提高经济效益的条件之一。

当代高产配套系种鸡的年产蛋量都在 260～280 个之间,如果饲养管理条件好,种蛋利用率平均能达 85%以上,种蛋受精率 90%以上,受精蛋孵化率达 90%,那么,种鸡场的经济效益是相当不错的。

我国各地都有生产孵化器的厂家,但多数都是价格较低的大众化的类型,温、湿度的调控精确度较差。因此,需要具有丰富孵化经验的人员管理,才能获得较满意的孵化成绩。一般情况下很难达到 90%以上的孵化率。国外进口的孵化器，国内南京实验仪器厂、电子工业部蚌埠市第四十一研究所研制的依爱牌孵化器，自动化程度高，温、湿度控制精确度高，只要供电正常，这些孵化器的孵化率都在 90%以上。虽然价格较高，但是孵化成绩好。

二、胚胎早期发育的最佳条件

孵化率由两个因素来决定：种蛋的质量和孵化技术。也就是说，孵化率的高低是由生物学条件和技术条件所决定的。

（一）生物学条件

种蛋的质量对孵化率的影响，是以早期胚胎发生与蛋的形成相一致为条件。鸡的胚胎发生是由母鸡输卵管的伞部开始，即卵子从卵巢排出后 15～20 分钟，在受精和形成合子的条件下开始的。到蛋从母鸡体内产出时，胚胎已由几千个细胞组成，由原肠胚形成过程中出现外胚层、中胚层和内胚层。鸡胚的进一步发育及其生活力，主要取决于原肠胚的形成进程。鸡蛋在母鸡体内停留时间过长或太短都不好。蛋在输卵管中停留时间的长短，取决于许多因素。一般来讲，产蛋周期中第一个蛋产出的时间比以后的蛋要早要短，寡产母鸡蛋的形成时间比高产鸡要长，大型蛋在输卵管中停留的时间比小蛋要长，厚壳蛋比薄壳蛋停留时间要长。

高产母鸡的产蛋周期中两个蛋之间间隔约 24 小时，因此产蛋率高的鸡所产的蛋孵化率也高。而且高产鸡的产蛋周期性很严格，所产的蛋都属正常的蛋形。据报道，蛋形正常的蛋孵化率为 82.6%，蛋形过长的蛋为 73.1%，圆形蛋为 68.6%，不对称形的蛋为 73.1%，圆柱状的蛋为 69.5%，尖端有缺陷的蛋为 73.9%。畸形蛋占总蛋数的 5%～7%。

试验结果表明，蛋重接近平均值的蛋孵化率最高，过小或过大的蛋孵化率都低。蛋重与孵化率的情况见表 13-1。

表 13-1　蛋重与孵化率的关系

蛋重（克）	孵化率（%）	蛋重（克）	孵化率（%）
55	71.5	64～65	79.2
56～57	73.6	66～67	75.0
58～59	80.6	68～69	76.4
60～61	84.7	70	71.5
62～63	84.7		

由表 13-1 看出，55～70 克的蛋虽然都可作为种蛋孵化，但以 58～65 克的蛋孵化率最佳。

孵化过程中，蛋重的减轻程度对孵化率有影响。蛋重的减轻主要是蛋中水分的损失。水分损失较快，就会使气室变大，蛋中发育的胚胎能否适应这一变化，就会反映到孵化率上。这就是孵化率不同的原因。

研究发现，蛋重的减轻程度从属正态曲线分布的规律。蛋重减轻接近平均值的蛋孵化率最高。

蛋重减轻主要是由蛋壳的透气性决定的，两者呈正比例关系，与孵化过程中蛋重的损失高度相关。蛋壳的渗透性是由蛋壳的多孔性决定的，直接影响孵化率的不是蛋壳的硬度，而是蛋壳的多孔性。如果蛋壳上用薄薄一层油漆涂上，由于破坏胚胎与外界的气体交换，就会使孵化率降低。

蛋壳上的气孔是换气的主要通道，蛋中气体交换主要是通过蛋内与外界气压之差来实现的。

整个孵化期间，鸡胚需要氧气 5.5～6 升，排出二氧化碳为 4.2～4.5 升。孵化后期气室中的二氧化碳含量达到 6%～6.3%，这对鸡胚的生命是有危险的。然而二氧化碳是肺呼吸的刺激因子，因此气室中积累一定的二氧化碳有利于加速鸡胚啄壳。有些国家为使雏鸡达到同步孵出，当有20%雏鸡出壳时关闭孵化器的风扇，等到有60%～70%雏鸡出壳后再开风扇。现在认为，孵化器中二氧化碳含量达0.05%～1%为最佳水平。

(二)技术条件

这是影响孵化率的重要因素，也是人们最为关切的问题。孵化的技术条件包括下面几个方面。

1. 种蛋的收集与保存　每天收集种蛋的次数，一般规定每2小时收1次。勤收种蛋的目的是防止细菌的污染。

种蛋入孵前保存时间多长合适？一般认为，以热天不超过5～7天，凉季不超过10天为好。保存种蛋的最佳相对湿度，都认为在75%～80%之间。

关于保存种蛋的温度，大家都认为，保存期短，温度可高些，保存期长，温度就要低些。一般来说，保存3～4天，温度为20℃；保存5～7天，温度为16℃；7天以上，为12℃。遵守这种温度可以获得较好的孵化率。有的学者建议种蛋收集后马上放到10℃～12℃的冷库中冷却，孵化率比不冷却的蛋要高些。原因是冷库中细菌污染少。

种蛋的保存期超过最佳时间，会降低孵化率，首先会降低健雏率。试验证实，种蛋保存期每超过最佳保存期1天，孵化率要降低0.5%。原因是孵化初期的死胚数多。同时，种蛋保存期延长，孵化期也要延长。

保存期较长的种蛋，利用塑料薄膜覆盖、空气中充氮和把蛋的小头朝上放，可以缓解孵化率的下降。

2. 孵化的卫生　种蛋卫生状况的好坏，80%是由种鸡的管理条件来决定的。据监测，鸡舍中每立方米空气中含有细菌150万～560万个。蛋壳上的细菌数量，视其脏度从35万～300

万个。即使从鸡窝里刚捡出来的蛋，也有1万个以上的细菌。无鸡时产蛋窝内约有195万个/米^{3}细菌，当母鸡进入窝产蛋后，细菌数量就提高到460万个/米^3。因此，及时收集种蛋是很重要的，并且必须及时消毒。

通常建议种蛋应不迟于产出后1～2小时进行首次消毒，熏蒸是最普遍采用的消毒方法。第二次消毒是在入孵时进行。熏蒸后约96%的细菌都被杀死。

据报道，用水银石英灯照射蛋5～10分钟，可代替福尔马林熏蒸。用波长200～320纳米的紫外线灯照射种蛋，可杀死90%的细菌，而且能提高孵化率。近年来，国外也有用臭氧发生器给种蛋消毒的，认为用臭氧浓度为300～500毫克/米^3，在温度为8℃～30℃，相对湿度为50%～70%条件下处理1小时，对种蛋消毒有良好的效果。发现用85℃的热空气处理种蛋10分钟，或用100℃热空气处理种蛋5分钟，灭菌效果可达90%。

不管使用哪种消毒方法，其消毒效果主要取决于种蛋的清洁程度。脏蛋最好不要做种蛋用。做好种蛋的消毒工作，有利于提高孵化率。

三、孵化的技术参数与孵化率

(一)温　度

据测定，刚产出的鸡蛋温度为40.3℃，在23℃～25℃鸡舍中，2小时后就下降到26℃，并在4小时内一直维持此温度，即与环境温度基本一致。鸡胚是一个变温的生物体，自己不能独立维持体温。因此，入孵种蛋的初期，过高或过低的温度对孵化率都有影响。例如，初期用36.5℃孵化，结果孵化率会降低33%；用40.5℃高温孵化，随加温时间长短，孵化率降低10%～17%；在

46℃下处理3小时的蛋，死胚达100%。公认的最佳孵化温度为37.5℃～37.7℃。

长期低温下孵化出来的雏鸡体重略低，要生长3周才能达到37.8℃孵出来的雏鸡的相同体重。这种雏鸡的消化道相对重量为17.2%，正常孵化的雏鸡为14.4%，因此前一种鸡吃料较多。

在孵化后期由于鸡胚产热增加而使孵化器的温度升高。温度提高会促进胚胎发育加快，增加胚胎脱水，死胎数增加。因此，后期过热对孵化很危险。凉蛋是防止孵化过热的有效措施。

普遍认为，从第十四天起至第十九天期间凉蛋，对孵化率和雏鸡的生长最有利。凉蛋可提高孵化率2.3%，雏鸡成活率提高1.5%，平均日增重提高1.4%。建议从孵化第十五天起，每天凉蛋2次，每次以使蛋壳表面温度降至28℃～33℃为度，然后重新开孵化机。

从孵化温度制度来看，初期温度不能过低，后期不允许过高。认为孵化期间用37.5℃～37.7℃，落盘后出雏器温度用36.1℃～37.2℃是最佳的。

(二)相对湿度

自然条件下母鸡抱窝，蛋中水分的损失较恒定，主要由抱窝母鸡的行为来调节。蛋中水分的损失从属于物理规律。孵化器的湿度应符合蛋重失水10.5%～13%的范围，这样对孵化才有利。蛋重减轻过少或过多都会降低孵化率。

用55%的恒定相对湿度，或前期52%、后期67%的相对湿度孵化，发现第一种湿度下蛋重减轻均匀，后一种湿度下，蛋重减轻是前高后低，但蛋重水分总损失和孵化率都无差异。由于胚胎对蛋重减轻有高度的适应能力，所以蛋重减轻范围在7%～10%之间都能有很高的孵化率。要考虑蛋壳的透气性，因为蛋壳薄、透气性强的蛋，在低湿下孵化率就低。如果不考虑蛋壳的透气性，一般用52%～55%的湿度，其孵化率最好。实际孵化时，小型蛋（产蛋初期）用55%的湿度，大型蛋（产蛋后期）用45%的湿度就可以了。

海拔高的地区孵化，因空气中氧气含量减少，蛋壳透气性增强，胚胎发育会受缺氧和脱水造成的不良影响。现在已知，海拔每升高600米，空气含氧量减少5%。海拔305米高的地方，孵化率下降10%，到海拔610米高的地方时，孵化率降低20%。海拔高度对孵化率影响的效应，除缺氧外，主要还跟蛋壳的透气性明显增强（几乎1倍）有关。在高海拔条件下孵化，采取充氧、增加湿度、降低换气的速度有利于提高孵化率。按下列公式可以计算不同的海拔高度地区所用的相对湿度。

$$\text{所需相对湿度}(\%)=100-\frac{\mathrm{Ph}}{\mathrm{Pm}}(100-\mathrm{OBm})$$

式中：Ph 为海拔某高度上的大气压（千帕）；

Pm 为标准大气压（101.3 千帕）；

OBm 为海平面高度上所用的相对湿度。

（三）放蛋的位置

孵化时种蛋放置的位置很重要，它对孵化率有明显的影响。实践表明，啄壳的雏鸡绝大多数都在靠气室的一端破壳，而气室多在蛋的大头。因此，入孵时一定要把蛋的大头朝上摆放。如果把小头向上摆放，由于鸡胚的头部向上，出雏时因缺氧而会闷死在蛋内。

无论正常蛋形或畸形蛋，孵化时摆蛋的位置对孵化率都有明显的影响（表13-2）。

表 13-2 蛋形与摆放位置对孵化率的影响

蛋形与位置	孵化过程中的死胚率(%)		入孵蛋孵化率(%)
	孵化时	出雏时	
正常形蛋,气室向上	24.4	4.5	71.1
正常形蛋,气室向下	33.2	12.5	54.3
圆形蛋,气室向上	29.7	4.9	65.4
圆形蛋,气室向下	28.6	8.6	62.8

剖开气室朝下摆放的蛋发现,胚胎死亡的主要原因是因为鸡胚的头部位于蛋的小端。可见孵化过程中胚胎的方位对胚胎顺利发育是很重要的。普遍认为,孵化后期雏鸡不能出壳,造成死胚,主要与蛋中鸡胚位置不正有关。圆形蛋孵化率不高,在某种程度上也跟孵化码蛋时操作人员不易辨别蛋的大头和小头有关。因此,孵化码蛋时,一定要注意气室朝上,否则会影响孵化率。

(四)翻 蛋

低产的土种鸡产蛋一段时间,就开始抱窝休产,这是繁衍后代的一种本能。发现抱窝鸡在窝中不断调换位置,并弯下头颈用喙轻轻把窝内中心与外周的蛋调换位置。这个过程就起到翻蛋的作用。抱窝鸡翻蛋,可能是母鸡通过胸腹部感觉中心与外周的蛋温不一样,然后通过头部接触,把蛋温较低的蛋与蛋温高的蛋调换位置。在调换位置过程中,卵圆形的蛋就自然而然地发生方向性的改变。在母鸡站立翻蛋期间,窝内也出现散热和换气的机会。翻动蛋时,胚胎在蛋中的位置也随着改变,飘浮在蛋内的上部,从而防止胚胎与蛋壳粘连。此外,翻蛋能使蛋的各部分特别是胚胎的各部位受热均匀,从而促进胚胎的发育。

通过人工选择,现代的高产鸡就巢性已经减弱甚至消失。只有人工孵化才能帮助母鸡繁衍后代。人工孵化,就根据抱窝鸡翻蛋的原理，实行定时翻蛋的制度。一般每 2 小时要翻蛋 1 次。有些先进的孵化器设有自动翻蛋的装置，到时就自动翻蛋。土法孵化，只能通过人工定时拨动种蛋，使其改变方位。

机械翻蛋以转 90°为宜，保证轻、慢、稳地进行操作。机械翻蛋的作用主要是使蛋中的胚胎定期改变方位，防止胚胎与蛋壳粘连，同时使蛋受热较为均匀。如果机器内部上下左右各点的温差较大，要使蛋受热均匀，必须定期将上下左右的蛋盘互调位置，这样有利于提高孵化率。目前孵化制度规定，第十九天将蛋从孵化器倒入出雏盘中转入出雏器继续孵化。转入出雏器以后就停止翻蛋，以利于鸡胚啄壳而出。

(五)蛋的光照

目前国内孵化，一般都实行无光照的制度。但国外的研究表明，光对鸡胚的发育起刺激作用，使用光照可以加速鸡胚的发育，而且证实 54 纳米的短光波(绿光)比 650 纳米的长光波(红光)更有效。从生理日龄上看，孵化 8 天的鸡胚，加光孵化的鸡胚的发育相当于 9.5 胚龄，比无光孵化的鸡胚可缩短 1.5 天。开罗大学做过光照孵化试验，第一组无光孵化，第二组第一周用 40 瓦荧光灯照明孵化，第三组用 40 瓦荧光灯全期照明孵化，孵化到第十四天检查，有光照的第二、第三组的鸡胚重量比无光孵化的第一组重 16.3%～32.6%，孵化率提高 2%～11%，第二、第三组出雏时间比第一组早 2 天。法国农业研究院的试验也证明，早期光照孵化能明显加速胚胎的发育。发现从第十天开始，鸡胚的血红细胞生成增加。

美国俄亥俄州立大学的试验发现，有光孵化出来的母鸡，开产时间比无光孵化的母鸡要早 3～5 天。例如，开灯孵化出来的白来航母鸡平均开产日龄为 152.4 天，而在黑暗中孵出的母鸡平均开产日龄为 158 天。

但试验也表明，如果孵化前期不开灯孵化，而第十八天以后再开灯光照，就得不到应有的效果，因为后期光照对鸡胚发育没有刺激作用。也有试验说孵化的最后5天用光照射鸡蛋能提高孵化率，是因为在光的作用下，胚胎体内合成维生素B_3（泛酸）和促进胚胎利用蛋壳的钙。

综上所述，虽然对光照孵化的效果问题没有统一的看法，但已肯定孵化早期光照能刺激胚胎的生长发育，加速胚胎的代谢，使胚胎的发育期有所缩短，雏鸡的初生重增加10%～15%。

四、初生雏的管理

出雏时间比较一致、雏鸡健壮和孵化率高，是检验孵化技术高低的客观指标。蛋重不同，胚胎发育时间的长短和孵化率高低也不同。根据母鸡日龄不同其蛋重也不同的实际情况，要想获得好的孵化结果，同一机器孵化时要采取分段入孵的办法。产蛋初期和后期的种蛋，胚胎发育期较长（21天又10小时），要先入孵；产蛋中期的种蛋，胚胎发育期约21天又5小时，可以晚入孵6小时；产蛋中期所产的种蛋，如果鸡群很健康，种蛋可比第一种情况晚入孵12小时，因为这种蛋的胚胎发育期约21天。这样做就能达到同机孵化出雏整齐。大批量孵化、种蛋又来自不同日龄的鸡群时，分段入孵能提高孵化率。没有必要多次捡雏，基本上可以一次清盘，做到及时注射马立克氏疫苗，有利于及时运输和适时开食。

捡雏时间的早晚对雏鸡的生理状况有影响。不管什么日龄的母鸡所产的蛋，也不管孵化条件如何，从出雏器取出雏鸡的时间越迟，雏鸡的体重减轻就越明显，而且相对湿度越低，体重减轻就越多。例如，据测定，孵化33～35周龄母鸡所产的蛋，在20天又12小时捡出雏鸡的重量为45.4克，而到21天又10小时取出的雏鸡重量只有37.7克，即每小时雏鸡的重量减轻0.35克；相对湿度在

45%,20 天又 12 小时捡出的雏鸡重为 46.2 克,到 21 天又 10 小时捡出时重量只有 36.3 克,平均每小时体重减轻 0.45 克。

孵化时相对湿度的高低,对蛋重减轻和孵出雏鸡的重量有明显的影响。例如,蛋重基本相同(60 克和 60.4 克)的蛋,在相对湿度 50% 和相对湿度 20% 条件下孵化,结果蛋重减轻分别为 12.1%和 18.5%,雏鸡的初生重分别为 44.7 克和 41.4 克,两者相差 3.3 克。

雏鸡在出雏器中停留过长时间而不捡出来,由于体内失水而使体重大大减轻,从刚出壳到雏鸡的绒毛变干的过程中,体重大约减轻 8%,如在出雏器内停留时间超过 12 小时以上,体重会继续减轻。因此,应该及时捡雏,以防止雏鸡失水过多和热应激而增加死亡。

刚捡出的雏鸡体温调节系统尚未形成,因此,出雏室的温度对维持雏鸡的最佳体温很重要。据测定,刚孵出的雏鸡放在 10℃环境下 2 小时后,其体温就降到 20℃。认为刚孵出的雏鸡,放在相对湿度为 60%～80%、温度为 31℃～35℃的环境中是最适宜的。这样既不会失水过多,也不会受凉。

一般刚孵出的雏鸡体内都有未吸收完的卵黄,这些剩余卵黄含有大量的细菌特别是大肠杆菌。当雏鸡脱水或受低温影响,雏鸡体质变弱,细菌就会活动,引起拉稀,甚至造成死亡。因此,无论出雏室还是育雏室,保持适宜的温度对雏鸡的成活特别重要。

为提高雏鸡的成活率,在第十八天落盘后进行照蛋,捡出死胚蛋,以防传播疾病。由于孵化期间细菌繁殖与污染程度大大增加,最好进行落盘蛋的熏蒸消毒。出雏器的相对湿度应不低于70%～75%,当有 30%的蛋出现啄壳现象时,把相对湿度提高到 80%～90%,有利于出雏。雏鸡绒毛干后要及时捡出,以防失水过多和热应激。接雏车使用前应冲洗消毒。装雏工具最好选用纸质或塑料专用运雏箱。运输车箱内最好保持 20℃以上的温度,但一定要注意防止过热，为此要定期进行上下层雏鸡倒换位置。雏鸡容量过多时，还应注意通风，但要防止风直接吹鸡体，避免雏鸡受凉。进入育雏舍后，要保持最佳的温度和湿度，及早提供饮水，然后开食。

五、孵化车间的卫生管理

孵化车间是种鸡场与饲养场联系的桥梁，孵化车间的卫生状况直接影响饲养场今后鸡群的安全和鸡群的生产性能的发挥。孵化车间必须做好卫生管理工作。

首先要搞好车间周围的清洁卫生，保持环境的良好状况。工作人员进入孵化车间，要更换工作服和工作鞋，进行手的消毒，以防止带进病菌。

不管种蛋库中保存的种蛋消毒与否，凡进入孵化车间的种蛋必须熏蒸消毒，才能孵化。种蛋消毒时，每立方米空间用福尔马林14毫升，高锰酸钾7克，密闭熏蒸0.5～1小时。先将高锰酸钾放入非金属容器中，然后倒入福尔马林。操作时，要戴上口罩并穿上工作服。虽然还有其他消毒种蛋的方法，各地可从实际出发选用，但公认熏蒸消毒方法是最彻底的，而且操作也十分简便。

孵化器的排气，最好通过管道直接排向室外。最好单设出雏车间，与孵化车间隔开。这样疾病传播与感染的机会就少些，也容易保持车间的清洁卫生。

孵化器和出雏器每完成1次作业，必须进行机内清洗消毒，对蛋盘和出雏盘一定要彻底清洗干净，并经过消毒才能再用。出雏车间一定要严格冲洗消毒。

为防止雏鸡脱水和热应激影响，要及时捡雏。捡出的雏鸡应尽快进行雌雄鉴别，并及时接种马立克氏疫苗。然后按健雏标准挑选雏鸡，点数装进消毒过的雏鸡盒中，转到清洁和温、湿度适宜的待运室中等待发送。

第十四章 鸡群的健康保护

养鸡业中,鸡群一旦发病,轻者会影响鸡群的生长发育和生产性能的正常发挥,重者造成死亡,甚至全群覆灭,给经济带来重大损失。因此,做好鸡群的保健工作十分重要。

一、鸡场消毒工作的一般要求

据统计,鸡群规模每增加 1 倍,发生疾病的可能性就会增加 4 倍。因此,认真细致地做好每一项防病工作,是所有养鸡者责无旁贷的义务。

要严格做到隔离饲养,防止一切病原传到场里来。要建立消毒制度,包括环境消毒、人员消毒、鸡舍消毒、用具消毒等。所用消毒剂要选择对人和鸡安全,对设备没有破坏性,没有残留毒性,消毒剂的任一成分都不会在肉或蛋里产生有害积累。

(一)环境消毒

鸡舍周围环境每 2～3 周,用 2% 火碱液消毒或撒生石灰 1 次,场周围及场内污水池、排粪坑、下水道出口,每 1～2 个月用漂白粉消毒 1 次。大门口设消毒池。

(二)人员消毒

生产区门口设消毒池和消毒室。工作人员进入生产区要经过洗澡、更衣和紫外线消毒。严禁互相串舍。

(三)鸡舍消毒

进鸡或转群前，要将鸡舍彻底清扫干净，然后用高压水枪冲洗，再用0.1％新洁尔灭或4％来苏儿、0.2％过氧乙酸或次氯酸钠、碘伏(敌菌碘)等消毒液全面喷洒，然后关闭门窗，用福尔马林熏蒸消毒。

鸡舍进鸡后也要定期消毒。定期进行带鸡消毒，有利于减少环境中的微生物和空气中的可吸入颗粒物。常用于带鸡消毒的消毒药物有0.3％过氧乙酸、0.1％新洁尔灭、0.1％次氯酸钠等。带鸡消毒要在鸡舍内无鸡蛋的时候进行，以免消毒剂喷洒到鸡蛋表面。

(四)用具消毒

要定期对蛋箱、蛋盘、喂料器等用具进行消毒。可先用0.1％新洁尔灭或0.2％～0.5％过氧乙酸消毒，然后在密闭的室内用福尔马林熏蒸消毒30分钟以上。

二、鸡场实行全进全出的饲养制度

全进全出的饲养制度，是同一鸡舍或同一鸡场，只饲养同一批次的鸡，并使这批鸡同时进场、同时出场的管理制度。严禁把不同日龄的鸡放在1栋鸡舍里饲养。当一批鸡饲养结束淘汰后，对鸡舍要及时彻底认真地进行清粪、冲洗和熏蒸消毒。消毒后应有4周左右的空舍间隔时间，才能进下一批鸡。这项制度也是鸡场全面质量管理水平的重要标志。实践证明，在饲养管理相同的情况下，实行全进全出制比不实行的鸡场，死亡率降低8％，大大降低了生产成本，提高了经济效益。

三、严格执行免疫接种程序

用疫苗或菌苗对鸡群进行定期接种，使鸡群对某种疫病产生特异的抵抗力，称为免疫。免疫是防止传染病发生的重要手段，养鸡场必须根据本场疫病的发生情况，认真做好各项疫病的免疫工作。一定要按照说明书，正确使用每一种疫苗。

(一)鸡免疫接种的常用方法

1. 滴鼻点眼法 此法多用于雏鸡。一般用50毫升或100毫升的生理盐水来稀释1 000头份的疫苗，充分摇匀后，给每只鸡的鼻、眼各滴1滴，相当于0.05毫升。此法能保证鸡不疏漏，剂量准确，效果确切，被认为是免疫接种的最好、最可靠的方法。如鸡新城疫Ⅱ系苗、克隆30苗、鸡传染性喉气管炎弱毒疫苗、鸡传染性支气管炎H_{120}(或H_{52})苗等，均可用滴鼻点眼法免疫。

2. 饮水免疫法 在鸡群数量大、人力短缺的情况下，为了能在短时间内完成免疫又不干扰鸡群，达到省时、省力的目的，多采用饮水免疫法。饮水免疫所用的水和器具，必须不含重金属离子和卤族元素，不残存任何消毒药或清洁剂。免疫前，鸡群必须断水3小时以上，饮水用的容器数量，要足以使鸡群能同时饮用，容器摆放要合理。由于鸡饮用数量一致，才能产生足够的免疫力。如新城疫Ⅱ系苗、克隆30苗、Ⅳ系苗、甘保罗弱毒疫苗、传染性支气管炎H_{120}和H_{52}苗、脑脊髓炎弱毒疫苗等，均可用饮水免疫法。进行饮水免疫时，水中要加0.1%脱脂乳或山梨糖醇，有利于保护疫苗的活性。

3. 气雾免疫法 此法与饮水免疫法相同，都有省时、省力的优点。但气雾免疫时机器的噪声大，给鸡群带来严重的干扰，雾滴过细时容易诱发呼吸道疾病。因此，必须适当控制雾滴的大小，最好在疫苗中加入抗生素，如红霉素或链霉素等，以防止诱发呼吸道疾病。气雾免疫时，要求疫苗必须高效，使用剂量要加倍，必须使用去离子水或蒸馏水稀释，对成年鸡要求雾滴直径为 5～10 微米，对雏鸡为 30～50 微米，喷雾免疫时鸡舍要短期密闭。气雾免疫常用的疫苗有新城疫Ⅱ系弱毒疫苗，传染性支气管炎弱毒疫苗，传染性喉气管炎弱毒疫苗等。菌苗不应采用此法。

4. 注射免疫法 用此法疫苗剂量准确，效果可靠，见效快。注射法包括皮下（颈部）注射和肌内（胸肌）注射两种。马立克氏疫苗用皮下注射法，其他灭活苗均用肌内注射法。注射法比较费时费力，抓鸡时对鸡群干扰较大。

5. 刺种免疫法 此法用于鸡痘疫苗的免疫。一般将1 000头份的疫苗用 25 毫升生理盐水稀释摇匀，然后用钢笔尖或接种针蘸上疫苗，刺在鸡翅膀内侧三角区无血管处的翼膜内。小鸡刺 1 针，成年鸡刺 2 针。

（二）养鸡场主要传染病免疫程序

养鸡场主要传染病免疫程序，参见山东农业大学牛钟相教授提供的种鸡场免疫程序（表 14-1）和商品蛋鸡场主要疫病的免疫程序（表 14-2）。

表 14-1 种鸡免疫程序

周龄	疫苗种类		途径	
1	鸡马立克氏病疫苗		在孵化场进行。按瓶签说明，用专用稀释液，皮下注射	
1～3 天	新城疫＋传染性支气管炎二联活疫苗	Ma5＋clones30	点眼（左）	I/0(L)

续表 14-1

周龄	疫苗种类		途径	
8 天	病毒性关节炎疫苗	REOs1133	颈皮下注射	S/C
	球虫病	COCCIVA (0.5DOSE)	点口	ORAL
14 天	新城疫(活)	ND(L)	点眼(左)	I/0(L)
	新城疫(死)	ND(K)(0.5 DOSE)	颈皮下注射	S/C
16~18 天	法氏囊病(活)	IBD78	点口	ORAL
	禽流感 H_5 双价灭活苗	AIH_5(Re-1、Re-4)	颈皮下注射	S/C
26 天	新城疫+传染性支气管炎二联活疫苗	Ma5+clones30	点眼(左)	I/0(L)
	鸡痘(活)	FP	翅皮下刺种(左)	W/W(L)
28 天	法氏囊病(活)	IBD_{78}	点口(饮水)	ORAL
35 天	新城疫(活)	ND(L)	点眼(左)	I/0(L)
	新城疫(死)	ND(K)	颈皮下注射	S/C
	禽流感 H_9 单价灭活苗	AIH_9	胸肌注射	I/M
42 天	传染性支气管炎弱毒(H_{120})疫苗	IB(H_{120})	点眼(右)	I/0(R)
	病毒性关节炎疫苗	REOs1133	颈皮下注射	S/C
8	传染性喉气管炎活疫苗	ILT	点眼(右)	I/0(R)
	传染性鼻炎疫苗	IC(K)(0.5ml)	胸肌注射	I/M
9	新城疫(活)	ND(L)	点眼(左)	I/0(L)
	新城疫(死)	ND(K)	颈皮下注射	S/C
	脑脊髓炎+鸡痘	AE+FP	翅皮下刺种(右)	W/W(R)
12	禽流感 H_5 双价苗	AIH_5(Re-1、Re-4)	颈皮下注射	S/C
15	新城疫(活)	ND(L)	点眼(左)	I/0(L)
	新城疫+产蛋下降综合征	ND+EDS-76	胸肌或腿肌注射	I/M

续表 14-1

周龄	疫苗种类		途径	
17	传染性喉气管炎活疫苗	ILT	点眼(左)	I/0(L)
	传染性鼻炎疫苗	IC	胸肌或腿肌注射	I/M
19	禽流感 H_9 单价灭活苗	AIH9	胸肌注射	I/M
20	新城疫(活)	AVINEW	点眼(左)	I/0(L)
	新城疫＋传染性支气管炎＋传染性法氏囊病＋病毒性关节炎	ND＋IB＋IBD＋REO	颈皮下注射	S/C
22	禽流感 H_5 双价苗	AIH_5(Re-1、Re-4)	颈皮下注射	S/C
24	新城疫(活)	ND(L)(2 DOSE)	点眼(左)	I/0(L)
	新城疫(死)	ND(K)	颈皮下注射	S/C
27	新城疫(活)	ND(L)(2.5 DOSE)	点眼(左)	I/O(L)
29	新城疫(活)	ND(L)(2 DOSE)	点眼(左)	I/0(L)
	新城疫(死)	ND(K)	颈皮下注射	S/C
34～35	新城疫(活)	ND(L)(2 DOSE)	点眼(左)	I/0(L)
	新城疫(死)	ND(K)	颈皮下注射	S/C
38～39	禽流感 H_5 双价苗	AIH_5(Re-1、Re-4)	颈皮下注射	S/C
	新城疫＋传染性支气管炎二联活疫苗	Ma5＋Clone30	点眼(左)	I/0(L)
42	新城疫(活)	ND(L) (2 DOSE)	点眼(左)	I/0(L)
	新城疫(死)	ND(K)	颈皮下注射	S/C
	传染性法氏囊病(死)	IBD(K)	颈皮下注射	S/C
47	新城疫＋传染性支气管炎二联活疫苗	Ma5＋Clone30	点眼(左)	I/0(L)
50	新城疫(活)	ND(L) (2 DOSE)	点眼(左)	I/0(L)
	新城疫(死)	ND(K)	颈皮下注射	S/C

表 14-2 商品蛋鸡主要疫病的免疫程序

日龄	防制疫病	疫苗	接种方法	备注
7	新城疫、传染性支气管炎	Ma5＋Clone30 或 NDⅣ＋H_{120}	点眼、点鼻	
14	传染性法氏囊病	228E 或 B87	1～2 倍量饮水或点口	
28	新城疫、传染性支气管炎	Ma5＋Clone30	2 倍量点眼、点鼻	
28	禽流感	AIH_5(H5Re-1＋Re-4)	颈部皮下注射	
35	鸡痘	鸡痘苗	2 倍量刺种	
56	新城疫	Ⅰ系苗	2 倍量肌内注射	
56	新城疫、禽流感	ND＋AIH_9 二联油苗	肌内注射	
80	传染性喉气管炎	弱毒进口苗	点眼	疫区
80	新城疫、禽流感	ND＋AIH_9 二联苗	胸部肌内注射	
100	禽流感	AIH_5(H_5Re-1＋Re-4)	颈部皮下注射	
115	新城疫、产蛋下降综合征、传染性支气管炎	新-减-肾三联油苗	胸部肌内注射	
115	新城疫*	Ⅰ系苗	2 倍量一侧胸部肌内注射	

*自高峰之日起，可每 2 个月用 NDⅣ苗或 NDC30 苗 4 倍量饮水免疫 1 次，预防 ND

四、鸡免疫接种失败的原因

实践表明，只要按免疫程序适时对鸡群免疫接种，鸡体就能产生足够的特异性抗体，从而增强鸡群对各种传染病的抵抗力。但是，有时鸡群免疫接种过后，仍然流行特定的疾病，出现免疫失败的情况。这是什么原因呢？分析起来，大致有下列原因造成免疫失败。

第一,疫苗质量差。如使用过期的疫苗,运输和保存疫苗的条件不符合要求,结果造成疫苗失效,降低免疫的效果。

第二,雏鸡在免疫时存在母源抗体的干扰。如母源抗体水平高的雏鸡,本应推迟免疫,却提前进行;母源抗体水平低的鸡群,本应提早免疫,却推迟进行。没有掌握好免疫时机,会造成免疫失败。

第三,免疫接种时鸡群中已有鸡出现早期感染,潜伏有强毒病原体。这些鸡即使接种疫苗也不起作用。

第四,鸡群发生传染性法氏囊病引起的免疫抑制。这样的鸡群,即使免疫也收不到应有的效果。

第五,选择免疫接种的方法有错误。例如,本应用注射法,而使用饮水或气雾法,该用刺种免疫法而使用注射法等,都会导致免疫失败。

第六,免疫时操作粗心大意。如饮水免疫时断水时间过短,使用重金属的饮水器,疫苗稀释不均匀,疫苗剂量不足,漏免等。

第七,接种弱毒灭活苗时鸡群服用抗菌药物。

第八,不考虑不同种类疫苗之间的干扰作用,同时使用了多种疫苗。

第九,免疫期间鸡群饲喂被霉菌毒素污染的饲料。

当鸡场发生疫病或怀疑发生疫病时,应及时采取下列措施:①请兽医及时进行诊断,并尽快向当地畜牧兽医行政管理部门报告疫情;②确诊疫病后,应针对疫病采取相应措施,严格隔离、封锁、扑杀、淘汰,彻底清洗消毒等。

产蛋鸡发生疫病时,从用药开始到用药结束后一段时间内,产的蛋不得作为食品蛋出售,更不能作为种蛋孵化或出售,病鸡也不能出售,以免给养禽业造成灾难。产蛋鸡从停止给药到许可上市的间隔时间,蛋不应少于 7 天。

每群蛋鸡都应有相关的资料记录。其内容包括:鸡只品种来源，饲料消耗情况，生产性能，发病情况，死亡率及死亡原因，无害化处理情况，实验室检查及其结果，用药及疫苗免疫情况。所有记录应在清群后，保存2年以上。

五、鸡病的防治

（一）鸡新城疫

鸡新城疫又叫亚洲鸡瘟。它是由鸡新城疫病毒引起的一种高度接触性、急性败血性传染病。主要特征为呼吸困难，腹泻，神经功能紊乱，黏膜和浆膜出血。不同年龄、品种、性别的鸡都易感染，尤其是幼鸡更易感染；四季均可发生，但春、秋季较多发，发病率和死亡率都高达90%以上，传播快，4～5天能波及全群。

【临床症状】 根据病毒毒力的强弱和病程的长短，可分为最急性、急性和慢性3种类型。

（1）最急性型　常突然发病迅速死亡，无特征性症状。多发生于雏鸡。

（2）急性型　体温升高，缩颈垂翅，眼睛半闭，冠髯暗紫，产蛋减少，呼吸困难，喘鸣或尖叫，口鼻流出黏液，嗉囊充满液体，粪便黄绿色，有时混有血液或蛋白样液体，有的翅、腿麻痹，最后昏迷死亡。病程2～5天。

（3）慢性型　病情较轻，但神经症状突出，如歪头斜颈，卧地旋转或倒退，行动失调。

【剖检变化】 全身黏膜、浆膜出血，淋巴系统肿胀出血坏死，尤其以消化道、呼吸道最为明显，腺胃乳头和黏膜出血或溃疡坏死，腺胃与肌胃、腺胃与食道交界处出血显著，肌胃角质下出血，盲肠肿大出血，坏死显著。喉头气管、心冠脂肪和腹部脂肪都有出血点。

【防治措施】 鸡场一旦发生新城疫，要立即封锁、隔离、消毒、扑杀病鸡和紧急预防接种，迅速扑灭疫情。对可疑鸡和假定健康鸡进行紧急免疫接种，疫苗可用Ⅰ系苗1 000倍稀释液肌内注射1毫升，或用Ⅱ系苗10倍稀释液肌内注射0.2毫升，或用Ⅳ系苗50倍稀释液肌内注射0.2毫升。

该病没有治疗药物，惟一的办法是接种预防疫苗，做好卫生防疫工作。

疫苗免疫工作如下：雏鸡7～10日龄进行第一次免疫，用新城疫Ⅳ系苗滴鼻或点眼；30日龄用新城疫Ⅳ系苗滴鼻或点眼，进行第二次免疫；60日龄和120日龄时用新城疫Ⅰ系苗肌内注射。产蛋后，每隔2个月用新城疫Ⅳ系疫苗饮水，加强免疫1次。

（二）禽流感

禽流感是由A型流感病毒引起的一种急性高度致死性传染病，发病率可高达100%，死亡率高达95%以上。

【临床症状】 病鸡体温升高，精神高度沉郁，减食或绝食，排黄绿色稀粪。多数鸡头部肿大，冠和肉垂肿胀，呈黑紫色，皮肤紫绀。严重病例腹部皮肤显紫色，脚鳞片出血。部分病鸡有呼吸道症状。产蛋鸡群产蛋最大幅度下降。

【剖检变化】 内脏实质器官广泛出血，肝脏肿大，肠道黏膜出血，尤其是十二脂肠黏膜出血更严重，心肌有条状或块状坏死，心肌出血，脑组织出血，胰脏有坏死灶，卵泡胞膜充血，有大出血斑，常见有卵泡破裂于腹腔中。

以上剖检变化常与新城疫、传染性支气管炎、传染性喉气管炎、鸡产蛋下降综合征等相混淆，因此，确诊应进行病毒分离与鉴定。

【病毒学检查】 用棉拭子取气管或泄殖腔病料，处理后接种10～11日龄鸡胚取尿囊液做红细胞凝集试验。A型流感病毒可凝集鸡和羊、马的红细胞,不凝集猪的红细胞。

【防治措施】 目前没有治疗办法,只有做好预防工作。要加强检疫,严防病鸡进入。在养鸡场内绝对不能饲养多个品种的禽类。

在本病流行地区,按禽流感免疫程序接种疫苗。蛋用种鸡于2周龄首次免疫,接种剂量为0.3毫升,5周龄时加强免疫,120日龄左右再次加强免疫,以后间隔5个月加强免疫1次,接种剂量为0.5毫升。

鸡场一旦发生本病,应严格封锁,对周围3千米以内饲养的鸡只全部扑杀,对8千米以内饲养的鸡只进行紧急免疫注射。对鸡场、鸡舍、设备、衣物等严格消毒。消毒药物可选用0.5%过氧乙酸、2%次氯酸钠,以至甲醛及火焰消毒。经彻底消毒2个月后,可引进血清学阴性的鸡饲养,如其血清学反应持续为阴性时,方可解除封锁。

(三)鸡马立克氏病

鸡马立克氏病是由疱疹病毒引起的一种高度传染性肿瘤性疾病。

【临床症状】 根据被侵害病变部位和临床症状,可分为神经型、内脏型、皮肤型和眼型等4种类型。

(1)神经型　又称麻痹型。主要是由于淋巴样细胞增生并侵害和破坏坐骨神经、翼神经、颈部迷走神经和视神经等外周神经,而引起这些神经所支配的部位不全麻痹或完全麻痹。如侵害腰荐神经丛或坐骨神经,造成病鸡两腿呈“劈叉”姿势,病鸡一条腿伸向前方,另一条腿伸向后方,或鸡只站不起来而侧卧等姿势。当侵害臂神经时,病鸡翅膀下垂。迷走神经受损的病鸡,嗉囊膨大,食物不能下行。支配颈部肌肉的神经受损,可见病鸡低头或斜颈。

(2)内脏型　内脏型或称急性型马立克氏病。病鸡颜面苍白,有的极度消瘦，鸡冠呈黑紫色。内脏器官出现肿瘤，肿瘤多呈结节性圆形或近似圆形，数量不一，大小不等，略突出于脏器表面，常见受侵害的脏器有肝、脾、肾、肺、腺胃、卵巢、心脏等。

(3)皮肤型　皮肤型马立克氏病比较少见，病变主要表现为毛囊肿大，皮肤出现结节。

(4)眼型　病鸡视力减退，或失明。

【防治措施】　在雏鸡出壳的24小时内，立即接种马立克氏病火鸡疱疹疫苗(这种疫苗有专用的稀释液，要按规定要求稀释使用)，每只雏鸡颈部皮下注射0.2毫升。疫苗稀释后要避免阳光照射，并在1小时内用完。此疫苗有良好的免疫力。

连年使用本苗免疫的鸡场，必须加大免疫剂量。

(四)鸡传染性法氏囊病

是由法氏囊病毒引起的一种急性高度接触性传染病。雏鸡阶段(20～40日龄)发病率最高。随着日龄增长，易感性降低。本病的危害，主要是侵害鸡的体液免疫中枢器官——法氏囊，使鸡不能产生免疫球蛋白，导致免疫功能障碍。病毒可在发过病的鸡舍环境中存活很长时间，甚至可达数十天之久，造成对下批雏鸡的威胁。鸡群感染率可达100%。此病发生无明显的季节性，一年四季均可发生。

【临床症状】　病鸡精神不振，食欲下降或不食，羽毛蓬松，卧地不起，病鸡震颤。明显的症状是腹泻，粪便呈白色水样。

【剖检变化】　剖检最主要的变化是法氏囊肿大，浆膜下水肿明显，呈胶冻样。外观呈黄色，剪开囊腔可见雏褶黏膜水肿增厚出血，囊腔内有紫红色分泌物，有的形如果酱样。

【防治措施】

(1)预防　本病目前尚无特效治疗药物，主要靠做好预防工作。法氏囊炎弱毒苗对本病虽有一定的预防作用，但由于母源抗体的影响及亚型的出现，其效果不理想。最好是在种鸡产蛋前注射一次油佐剂苗，使其雏鸡在 20 日龄内能抵抗病毒的感染。雏鸡分别于 14 日龄和 32 日龄用弱毒苗饮水免疫。

(2)治疗方法　①全群注射康复血清或高免卵黄抗体 0.5～1 毫升，效果显著。②用禽菌灵粉拌料，食用量为每千克体重 0.6 克/天，连用 3～5 天。

(五)鸡产蛋下降综合征

鸡产蛋下降综合征是由病毒引起的一种以群体性产蛋下降为特征的传染性疾病。鸡产蛋率可下降 20%～30%，有时可达 40%～50%，蛋的破损率达 38%～40%，给养鸡业造成严重的经济损失。

【临床症状】　发病鸡群的临床症状并不明显，发病前期可发现少数鸡腹泻，个别的排绿便，部分鸡精神不佳，闭目似睡，受惊后变得精神。有的鸡冠表现苍白，有的轻度发紫，采食、饮水略有减少，体温正常。发病后鸡群产蛋率突然下降，每天可下降 2%～4%，连续 2～3 周，下降幅度最高可达 30%～50%，以后逐渐恢复，但很难恢复到正常水平或达到产蛋高峰。在开产前感染时，产蛋率达不到高峰。蛋壳褪色(褐色变为白色)，产异状蛋、软壳蛋、无壳蛋的数量明显增加。

【防治措施】　本病主要靠疫苗的预防接种。产蛋下降综合征油佐剂苗在国内已广泛使用，效果满意。对开产前的鸡群，每只鸡注射该疫苗 0.5 毫升，在整个产蛋周期内可得到较好的保护。鸡场一旦发生本病，应立即用该疫苗进行紧急预防接种，可起到缩短病程、促进鸡群早日康复的作用。此外，应避免在鸡场内同时饲养鸭和野鸭。因为鸭和野鸭是该病毒的自然宿主。

(六)鸡　痘

本病是由鸡痘病毒引起的一种高度接触性传染病。

【临床症状】 病鸡精神不振,羽毛脏乱,常闭眼缩颈,呆立一旁。少食,有明显的眼结膜炎,眼肿胀,无法睁眼视物,个别病鸡眼暗红色甚至失明。鸡冠、肉垂和眼皮上有数量不等、大小如米粒状的丘疹。在口腔咽喉和气管黏膜上发生痘疹,初期为黄白色突起的圆斑点,后逐渐扩散成白喉样假膜。可引起呼吸困难,咽部发炎,黏液增多,吞咽受阻,病鸡逐渐消瘦,多数呈慢性经过而死亡。

【防治措施】

(1)预防　本病可用鸡痘疫苗接种预防。10 日龄以上的雏鸡都可以刺种,免疫期幼雏 2 个月,较大的鸡 5 个月,刺种后 3～4 天,刺种部位应微现红肿,结痂,经 2～3 周脱落。

(2)治疗　对病鸡可采取对症疗法。皮肤型的,可用消毒好的镊子把患部痂膜剥离,在伤口上涂一些碘酒或龙胆紫;黏膜型的,可将口腔和咽部的假膜斑块,用小刀小心剥离下来,涂抹碘甘油(碘化钾 10 克,碘片 5 克,甘油 20 毫升,混合搅拌,再加蒸馏水至 100 毫升)。剥下来的痂膜烂斑,要收集起来烧掉。眼部内的肿块,用小刀将表皮切开,挤出脓液或豆渣样物质,使用 2%硼酸或 5%蛋白银溶液消毒。

除局部治疗外,每千克饲料加土霉素 2 克,连用 5～7 天,防止继发感染。

(七)禽脑脊髓炎

禽脑脊髓炎是由禽脑脊髓炎病毒主要侵害雏鸡的一种病毒性传染病。

【临床症状】 雏鸡运动失调和震颤,特别是头和颈部最为明显,病鸡不能采食和饮水,最后体重减轻,衰竭而死。雏鸡发病率一般为 10%～20%，最高可达 60%；死亡率为 10%左右，有时可超过 50%。

本病主要是以蛋传播为主，带病毒的种蛋除在孵化过程中出现死胚外，孵出的雏鸡在 1～20 日龄内发病死亡。受感染的鸡，可自粪便向外排毒。病毒对外界理化因素有较强的抵抗力，可长期保持感染性。被污染的饲料、饮水、用具，以及人员的来往，均是传播因素。本病一年四季均可发生。

【防治措施】 本病目前尚无有效的治疗方法，应加强预防。

第一，在本病疫区，种鸡应于 100～120 日龄接种鸡传染性禽脑脊髓炎疫苗，最好用油佐剂灭活苗，也可用弱毒苗，以免病毒在鸡体内增强毒力后再排出，反而散布病毒。

第二，种鸡如果在饲养管理正常而且无任何症状的情况下产蛋突然减少，应请兽医部门做实验室诊断。若诊断为本病，在产蛋量恢复正常之前，或自产蛋量下降之日算起至少半个月以内，种蛋不要用于孵化，可作商品蛋处理。

第三，雏鸡已确认发生本病后，凡出现症状的雏鸡都应立即挑出淘汰，到远处深埋，以减轻同居感染，保护其他雏鸡。如果发病率较高，可考虑全群淘汰，消毒鸡舍，重新进雏。重新进雏时可购买原来那个种鸡场晚几批孵出的雏鸡，这些雏鸡已有母源抗体，对本病有抵抗力。

（八）鸡传染性喉气管炎

鸡传染性喉气管炎是由鸡传染性喉气管炎病毒引起的一种急性高度接触性呼吸道疾病。鸡群突然发病，迅速传播，是该病发生的特点。病鸡和康复后的带毒鸡，是本病主要传染源。主要通过呼吸道传播。

【临床症状】 病鸡呼吸困难，伸颈张口吸气，低头缩颈呼气。闭眼，食欲下降或不食，不断发出咳嗽声，有时剧烈咳嗽，咯出带血的黏液或血凝块。检查口腔可见喉部有灰黄色或带血的黏液或有干酪样渗出物。这些渗出物形成栓塞,使鸡窒息而死。

【防治措施】 主要依靠执行兽医卫生综合防疫措施进行防治。如加强饲养管理,提高鸡群健康水平,改善鸡舍通风条件,降低鸡舍内有毒有害气体的含量。执行全进全出的饲养制度,严防病鸡的引入等。本病无特异的治疗方法。为防止继发感染和并发症,应立即进行鸡舍带鸡消毒,在饮水中添加泰乐加等药物,饲料中拌入氟哌酸(0.04%拌料),连喂4~5天。

可用鸡传染性喉气管炎弱毒苗给鸡群免疫。

首免在28日龄左右进行,二免在首免后6周即70日龄左右进行。免疫可用滴鼻、点眼或饮水方法,有较好的防治效果。

(九)鸡传染性支气管炎

鸡传染性支气管炎是由病毒引起的一种急性高度接触性传染病。多见于雏鸡,发病率高,死亡率可达25%以上。成年鸡感染后产蛋量减少,造成较大的经济损失。

【临床症状】 雏鸡患病后呼吸困难,咳嗽,气管有啰音,夜间尤为明显。成年鸡发病主要表现为产蛋下降,见有软壳蛋、畸形蛋,种蛋受精率、孵化率下降。

【防治措施】

(1)预防 接种鸡传染性支气管炎弱毒苗,可参考以下免疫程序:7~10日龄用H_{120}与新城疫Ⅱ系苗混合滴鼻点眼,或用H_{120}与新城疫Ⅳ系苗混合饮水;35日龄用H_{52}饮水,这次免疫也可与新城疫Ⅱ系或Ⅳ系苗混用;135日龄前后用H_{52}饮水。如此时注射新城疫Ⅰ系苗。可在同一天进行。

(2)治疗 本病无特效治疗方法,发病后应用一些广谱抗菌素可防止细菌合并症或继发感染。

①用等量的青霉素、链霉素混合,每只雏鸡每次滴2 000~

5 000 单位于口腔中，连用 3～4 天。

②用氨茶碱片内服，体重 0.25～0.5 千克者每次用 0.05 克，0.75～1 千克者用 0.1 克，1.25～1.5 千克者用 0.15 克。每天 1 次，连用 2～3 天，有较好疗效。

③用病毒灵 1.5 克、板蓝根冲剂 30 克，拌入 1 千克饲料内，任雏鸡自由采食。

（十）鸡白痢

鸡白痢是由沙门氏菌引起的传染性疾病。各种年龄的鸡均可发生，雏鸡白痢是造成雏鸡死亡、存活率低的主要疾病之一。成年鸡白痢是造成产蛋率不高、死亡、淘汰率增高的主要原因之一。

【临床症状】 病鸡精神沉郁，低头缩颈，闭眼嗜睡，怕冷扎堆。突出的表现是腹泻，排出灰白色稀便。泄殖腔周围羽毛被粪便污染。

【防治措施】 ①用强力霉素拌料（100～200 毫克/千克饲料），投喂 4～5 天；②用环丙沙星混料或饮水，每千克饲料或饮水中添加 25～50 毫克，连用 3～5 天；③用氟哌酸（0.01%～0.02% 拌料），连用 4～5 天。

近年来，微生物制剂在防治腹泻方面有较好的效果，这些制剂安全、无毒，不产生副作用，细菌不产生抗药性，价廉。常用的有促菌生、调痢生、乳酸菌等，可尽量采用。

有的种鸡场开展鸡白痢沙门氏菌的净化工作。主要是采用全血平板凝集反应现场检疫，淘汰阳性鸡。3～5 年就可控制和消灭鸡白痢。

（十一）禽霍乱

禽霍乱是由多杀性巴氏杆菌引起的一种接触性传染病。主要侵害鸡、鸭、鹅、火鸡等禽类。本病常呈现败血症过程，发病率和死亡率很高。也可呈慢性经过。病鸡鸡冠、肉髯水肿，关节发炎，死亡率较低。

【临床症状】　最急性的病鸡突然死亡，无任何症状，急性的病症为精神不振，翅膀下垂，不吃不喝，呼吸困难，剧烈腹泻。粪便呈淡绿色，有时带血。鸡冠和肉髯呈青紫色。同时，关节肿胀跛行，并停止产蛋。剖检可见心脏、十二指肠黏膜及肝脏上有出血点。

【防治措施】　①青霉素饮水。按每只鸡 3 000～6 000 单位青霉素投放在鸡的饮水中，最好在 1～2 小时内饮完，连饮 3 天。②鸡群发病后应立即选择有效药物，如青霉素、磺胺类药物、红霉类、庆大霉素、氟哌酸、喹乙醇等，全群给药，均有较好的疗效。在治疗过程中，剂量要足，疗程要合理。鸡群中死亡明显减少后，应再继续投药 2～3 天，以巩固疗效，防止复发。③注射禽霍乱菌苗，可减少发病的可能性，但不能完全预防。注意接种弱毒苗后 1 周内不能使用抗菌药物。④平时严格执行兽医卫生防疫措施。以栋为单位，采取全进全出的饲养制度，预防本病的发生。

（十二）鸡球虫病

鸡球虫病是由艾美耳属的多种鸡球虫寄生于鸡肠道黏膜上皮细胞内引起的一种急性流行性原虫病，对鸡危害十分严重。主要发生于 3 月龄以下的鸡，以 15～50 日龄的雏鸡最易感染。发病率高，死亡率可高达 80%。病愈的雏鸡生长发育受阻，长期不能康复。

【临床症状】　病鸡排血粪，3～5 日内死亡。剖检见盲肠肿胀，比正常的增大 3～5 倍，充满凝固的血液或是充满鲜血。肠道高度肿胀或气胀，肠壁增厚，上有许多白色斑点和出血斑。肠腔内充满橙黄色黏液和纤维素块，粪呈乌黑色，有腥臭味。

【防治措施】

（1）预防　对鸡球虫病要重视卫生预防。雏鸡最好在网上饲养,使其很少与粪便接触。地面平养的要天天打扫鸡粪,使大部分球虫卵囊在成熟之前被扫除,并保持运动场地干燥,以抑制球虫卵的发育。鸡粪堆放要远离鸡舍,采用聚乙烯薄膜覆盖鸡粪,这样可利用堆肥发酵产生的热和氨气,杀死鸡粪中的卵囊。

(2)治疗

①球痢灵(硝苯酰胺) 对多种球虫有效。该药主要优点为不影响对球虫产生免疫力,并能迅速排出体外,无需停药期。预防用量,按0.0125%浓度混料;治疗用量,按0.025%浓度混料,连用3~5天。

②氯苯胍 对多种鸡球虫有效,对已产生抗药性的虫株也有效。该药毒性较小,雏鸡用6倍以上治疗量连续饲喂8周,生长正常。该药对鸡球虫免疫力形成无影响。该药的缺点为连续饲喂可使鸡肉、鸡蛋产生异味,故应在鸡屠宰前5~7天停药。剂量为33毫克/千克混料给药,急性球虫病暴发时可为66毫克/千克饲料,1~2周后改为33毫克/千克饲料。

③盐霉素(优素精,为每千克赋形物质中含100克盐霉素钠的商品名) 对各种球虫均有效,长期连续使用对预防球虫病有良好效果,并可促进鸡的生长发育。但在发病时用于治疗,则效果有限。其用法为:从10日龄之前开始,每吨饲料加进本品60~100克(优素精为600~1000克),连续用至8~10周龄,然后减半用量,再用2周。本品的缺点是不能使鸡产生对球虫的免疫力,因而要逐渐停药,停药后要通过中轻度感染去获得免疫力。

④青霉素 鸡群发生球虫病后,可立即用青霉素按每只鸡1万~2万单位饮水,每天2次,连用3天。每次饮水量不要过多,以1~2小时内饮完为宜。对重症鸡可肌内注射青霉素,效果显著。

(十三)啄　癖

啄癖是鸡群的一种异常行为,常见的有啄肛癖、啄趾癖、啄羽癖、食蛋癖和异食癖等，危害严重的是啄羽癖。

【临床症状】

(1)啄羽癖　多见于盛产期和换羽期。个别鸡由于自食或互相啄食羽毛，背后部羽毛稀疏残缺。

(2)啄肛癖　多发生于产蛋母鸡，尤其是产蛋后期，由于腹部韧带和肛门括约肌松弛，产蛋后泄殖腔不能及时收缩回去而较长时间露在外面，造成互相啄肛。啄出血后更加严重。

(3)啄蛋癖　多见于鸡产蛋旺盛的春季。由于饲料中缺钙、蛋白质不足而引起。

(4)啄趾癖　大多是幼鸡喜欢互相啄食脚趾，引起出血或跛行。

【防治措施】

(1)合理配合饲粮　饲料要多样化，搭配要合理。最好根据鸡的年龄和生理特点，给予全价饲粮，保证蛋白质和必需氨基酸（尤其是蛋氨酸和色氨酸）、矿物质、微量元素及维生素（尤其是维生素A和烟酸）的供给。在母鸡产蛋高峰期，要注意钙、磷饲料的补充，使饲粮中钙的含量达到3.25％～3.75％，钙、磷比例为6.5∶1。

(2)改善饲养管理条件　鸡舍内要保持温度、湿度适宜，通风良好，光线不能太强。做好清洁卫生工作，保持地面干燥。环境要稳定，尽量减少噪声干扰，防止鸡群受惊。饲养密度不能过大，不同品种、不同日龄、不同强弱的鸡要分群饲养。更换饲料要逐步进行，最好有1周的过渡时间。喂食要定时定量，并充分供给饮水，平养鸡舍内要有足够的产蛋箱，放置要合理，并定时捡蛋。

(3)适当运动　在鸡舍或运动场内设置沙浴池，或悬挂青饲料，借以增加鸡群的活动时间，减少相互啄食的机会。

(4)食盐疗法　在饲料中增加1.5％～2％的食盐，连续喂3～5天，啄癖可逐渐减轻乃至消失。但不能长时期饲喂，以防食盐中毒。

(5)生石膏疗法　食羽癖多由于饲粮中硫酸钙不足所致，可在饲粮中加入生石膏粉，每只鸡每天 1～3 克，疗效很好。

(6)遮暗法　患有严重啄癖的鸡群，其鸡舍内光线要遮暗，使鸡能看到食物和饮水即可，必要时可采用红光灯照明。

(7)断喙　对雏鸡或成年鸡进行断喙，可有效地防止啄癖的发生。

(8)病鸡处理　被啄伤的鸡要立即挑出，并对伤处用 2%龙胆紫溶液涂擦后隔离饲养。对患有啄癖的鸡要单独饲养，严重者应予以淘汰，以免扩大危害。由寄生虫、外伤、脱肛引起的相互啄食，应将病鸡隔离治疗。

第十五章　有关提高经济效益问题

一、搞好经营管理

一个规模化的鸡场，不管是种鸡场还是商品代场，经营管理的好坏，直接关系到鸡场的生存与否，必须高度重视。养鸡毕竟是一项有风险的事业，有盈有亏是正常的事。年景不好，受市场影响产品滞销，少收或略有亏损可以理解。而在市场鸡蛋紧俏的情况下，仍然造成亏损，这就是经营管理不善的问题。所以，搞生产必须树立经营管理的思想，制定出切合实际的一系列经营管理制度。没有必要的规章制度，就不能规范全场人员的行动，生产就无法正常进行。

鸡场要办得好，关键是场长要懂技术，有实践经验；有组织能力和开拓进取的精神。他会全面考虑怎样去经营和管理自己的鸡场，开拓自己的事业，以便在市场竞争中立于不败之地。

一个鸡场必须搞好人、物、财、产、供、销各方面的管理，建立和健全各项规章制度，完善各种报表制度，认真搞好成本核算，把经营管理与技术因素结合起来，争取少投入，多产出，获大利。

一个鸡场的核心部分是管好生产车间的生产和组织好销售。这是开源增收的主要来源。要想搞好生产，必须实行目标管理和岗位经济责任制。

对种鸡、商品鸡、育雏育成、孵化各车间班组，实行责任到人，确定完成任务的目标，超产奖励，完不成任务受罚。在确定任务目标时，要从本场的实际情况出发去制定，目标应有一定的先进性，除不可抗拒的意外原因外，经过努力应可以达到。原则上要多奖少罚，提高完成任务的积极性，而且必须兑现。

各车间班组应确定下列承包目标：①种鸡舍生产种蛋数、种蛋合格率、受精率、饲料消耗；②孵化车间入孵蛋孵化率、受精蛋孵化率、健雏率和种蛋破损率；③育雏舍雏鸡成活率、体重标准、合格率和耗料量；④育成舍鸡的育成率、体重标准、合格率和耗料量；⑤产蛋鸡舍入舍鸡总蛋重、饲养日产蛋量和存活率、蛋的破损率、饲料消耗量。

如能确定比较先进的目标，努力达到这些目标，则有利于提高技术水平和增强责任心。目标与经济利益挂钩，能调动职工的积极性。

在确定目标管理和岗位经济责任制时，全场要制定出全年鸡群周转计划表，使全场职工知道什么时间干什么事，从而调动全场人员的生产积极性。鸡群周转计划表，应由场领导、技术人员、供销人员和车间负责人参加，共同讨论制定。然后将计划表发到每个部门、每个班组、每栋鸡舍。根据计划表，由各班组制定全年的工作安排。

为使全场工作忙而不乱，各部门之间密切配合，全场要制订出各班组、各部门的一日工作日程表，严格按照规定的时间定位到岗。否则领料无人发，送蛋无人收，入孵领不到种蛋，领导检查工作找不到人，会出现混乱的局面。

办好鸡场必须制定出严格的规章制度，做到有章可循，便于执行和检查。每人各负其责。经营管理搞不好，生产就上不去，鸡场的经济效益也无法提高。

二、选用良种鸡

规模化的鸡场都实行集约化管理。集约化生产必须选择适于集约化条件下饲养的鸡种，才能获得高产。目前饲料价格较高，各种设备也不断涨价，鸡场的饲养成本相对加大。同样的设备，同样的饲料条件下，选用良种鸡可以提高经济效益10%～15%。

高产良种蛋鸡能提供高产的遗传潜力，把潜在的优势转化为经济优势，从而获得高效益。饲养良种鸡是提高产量和经济效益最有效的途径，也是提高饲料利用率的重要环节。目前国内引进和自己培育的配套杂交鸡，其产蛋遗传潜力一般都在260个以上，甚至可达300个以上。而且褐壳、白壳、粉壳的鸡种都很多，可以任意选购。我国鸡蛋产量连年增长，在饲料价格不断上涨的情况下，蛋价一直很平稳，良种鸡的推广与普及起了重要作用。即使如此，由于我国幅员辽阔，交通运输困难，良种鸡的推广与普及仍然有一定困难。许多鸡场饲养的鸡还不是真正的高产配套杂交鸡。特别是农村，多数饲养的是冒牌鸡和杂牌鸡。这就不能不使鸡的产蛋量打折扣。由此看来，提高我国蛋鸡的生产水平仍有很大的潜力可挖。

我国蛋鸡良种很多，各具特色，但产蛋水平都大体相当。只要做到科学饲养管理，都能获得较好的生产成绩，这是毫无疑问的。但是在引种时，必须考虑如下几个问题。

第一，要考虑当地的习惯。有些地方喜爱褐壳蛋，养白壳蛋鸡就不太受欢迎。有些地方偏爱白壳蛋，养褐壳蛋鸡未必有利可图。有些地方粉壳蛋很抢手，因为这种蛋与本地鸡产的蛋相似，饲养粉壳蛋鸡就很适宜。有些地区对蛋壳颜色没有挑剔，主要是蛋价无差别，所以养哪一种鸡都可以。这种地方性的习俗和偏爱，在选择鸡种时必须考虑。

第二，要考虑鸡种的产蛋性能和适应性。这是具有实质性的问题。虽然同是高产的鸡种，但各地反映不一。这主要与适应能力有关。适应能力除气候条件以外，还有饲料条件、管理条件。鸡种的基因型或遗传素质不同，对某地的气候、饲料、管理条件会有不同的反应，这是必然的。人工创造条件可以改变鸡的适应性。

考虑鸡种的适应性，要有时间的考验，而且要有大范围的对比才能下结论。有些鸡场引进鸡种第一年养得不好，就说某种鸡不好，这是不够客观的。检验鸡的适应性，一是抗病能力，二是产蛋性能。特别是农村，老百姓看你的鸡种好坏，不管是引进的蛋鸡，还是本国培育的良种，第一条就看育雏育成期死亡率的高低，只要死亡率低，他们对这种鸡就有信任感。第二条看产蛋是否满意。专业户养鸡，管理都很精心、细致，只要鸡的死亡率低，一般产蛋都是较好的。农户的条件一般都是比较简陋的，饲料质量也不高，在这种条件下鸡的抗病能力好，产蛋满意，对鸡种就信得过。规模化的鸡场养鸡，同样也是这样考察鸡种的适应性的。

第三，在引种时要注意种鸡的质量。种鸡的质量是靠育种工作来保持和提高的。因此，要从做育种工作的单位引种较为可靠，或者从坚持年年引进良种的鸡场引种为好。地方上有些鸡场引进父母代以后，就自繁自养，不搞任何育种工作，年年照样向外供种，种鸡的质量不好是可想而知的。

当前市场上的种鸡，从国外引进的鸡种质量好，病少，这是可以肯定的。其实，国内选育的鸡种产蛋性能并不低，完全适合当前国内的饲养水平。实际上引进的鸡种，在国内的生产性能表现，远远达不到国外的有用水平。主要是国内的卫生防疫、饲料营养和管理水平达不到鸡种的要求。从这个意义上讲，无论是从国外引进的还是本国选育的鸡种，都同样适于生产中利用。目前的任务是要大力推广良种，提高良种的利用率和覆盖面，这有利于提高产量和经济效益。

三、加强科学管理

养鸡是科学化管理很强的事业，经济效益的高低，就看科学技术的应用程度如何。

良种蛋鸡是科学技术的重要组成部分。良种必须有良法才能充分发挥其生产性能。

鸡场的管理,重点应放在对鸡群的管理上。主要抓住以下三个关键环节。

(一)把好雏鸡关

这是关系到培育健康合格后备鸡群的基础工作。雏鸡必须来自高产、健康的种鸡群。雏鸡要符合健康的条件。一次性进同一鸡种的雏鸡,避免不同品种的雏鸡混养。搞好雏鸡的饲养管理,提高雏鸡成活率和均匀度。选择懂技术、责任心强的饲养人员进行管理,及时完成各种免疫接种,确保鸡群的安全。提高雏鸡成活率,减少死亡,不仅为以后充分利用笼位打下基础,也是节省饲料、防止浪费的重要环节。

(二)抓好防疫关

养鸡风险大,主要在于鸡病多,防疫上稍有疏忽,引起发病,给经济上带来巨大损失。

要实行以环境控制为中心的综合防疫措施。平常严格执行各项卫生防疫制度,定期进行环境消毒和带鸡消毒,切断病原的进入途径。在监测基础上,根据抗体水平,适时进行预防接种。善于观察鸡群,及时剔出病弱的鸡。一旦发现有发病苗头,应实行早治,把损失缩小到最低限度。只有健康的鸡群才能有高产的可能。

(三)把好饲料质量关

高产鸡要求有高质量的饲料,才能满足高产的生理需要。要根据不同生长发育、产蛋的阶段,按饲养标准提供全价的配合饲料。为保证饲料的质量,应实行从原料到产品的全过程质量监测和控制。做好饲料的保存,防止发霉变质,保证每只鸡的日摄食量,以满足鸡的营养需要。

在把好以上三关的基础上,努力改进饲养工艺,严格执行各项饲养管理制度,方能保证鸡的健康成长,为母鸡高产稳产创造条件。

四、节约饲料

养鸡场中,饲料费用的开支一般占饲养成本的65%~75%。特别是目前饲料价格居高不下,质量又不保证,而蛋价因鸡蛋产量多难以提升,形成料蛋比价不合理的现象。因此,养鸡的效益不高。价格、产量和成本是决定经济效益高低的因素。受市场左右,指望提高蛋价来增收的可能性不大,而提高鸡的产蛋量又受许多因素的限制,决非易事。因此,养鸡场必须在降低饲养成本上下功夫,要在内部挖潜上努力。

现在看来,在节省饲料方面,还是很有潜力的。节省饲料就是直接增收节支,提高经济效益。

实践表明,食槽结构不合理会造成饲料的浪费,特别是雏鸡浪费饲料最严重。这种浪费可达6%左右。

食槽添料量过满,由鸡采食时造成的抛撒可达7%。

鼠吃鸟啄造成的浪费至少在2%以上。

因饲养不良和发病造成鸡在中途死亡,饲料浪费更大,经济损失也最重。

不能及时淘汰没有饲养价值的病、弱、残鸡以及寡产鸡,也是饲料的无形损失和浪费。

运输装卸过程中的抛撒、保存不当引起发霉变质,也会造成饲料的浪费。

饲养高产的良种鸡,生产性能高,饲料利用率高,实际上是对饲料的节省。

饲料成分比较单一，与全价配合饲料相比，饲料报酬要低20%以上。因此，根据生长阶段，按照鸡对营养的需要，选择最佳的饲料配方，实行标准化饲养，不仅能使鸡群健康，而且为高产稳产提供物质条件。

因为笼养鸡的活动范围减少到最低的限度，所以与平养的鸡相比较，可以省料10%左右。

鸡断喙，不仅能减少啄癖，而且能减少饲料的抛撒。

全价配合饲料，各项营养成分齐全，能最大限度满足鸡的生理需要，饲料利用率高，这是对饲料的间接节省。

鸡舍维持适宜的温度，特别是在寒冷季节，可以减少鸡的维持体温的能量需要，也是节约饲料的一环。

从当地饲料资源出发，充分利用廉价饲料，用饼粕类代替鱼粉，按饲养标准配合全价的配合料，可以大大降低饲料成本，而且不会影响鸡的生长发育和产蛋性能。

现已证实，按可利用氨基酸含量为基础配制平衡日粮，比按粗蛋白质水平配合饲料更为合理，饲料利用率更高。

从节省饲料开支的角度看，适时淘汰鸡有一定意义。当料蛋比与蛋料比价相等，把鸡再养下去就不合算了，特别是蛋价没有上升的可能时，更应及早淘汰。否则，饲料消耗了，本钱挣不回来，实在得不偿失。因此，根据市场行情，及时淘汰鸡，可以节省饲料，减少无谓的开支。

当市场蛋品紧缺，鸡舍周转得开，可以利用高产的鸡群进行人工强制换羽，再利用半年的生产期，既能较快获得经济收益，也能节省饲养雏鸡和育成鸡的饲料开支。

总之，通过采取有效措施，杜绝和减少饲料的浪费，利用各种营养成分平衡的全价配合料，从而提高鸡对营养物质的利用率，将能节省饲料费用的开支，降低饲养成本，提高经济效益。

五、产品综合利用

饲养蛋鸡的主要目的是生产食品蛋，满足市场的需要。在目前料蛋比价不尽合理的情况下，光靠单一卖蛋来取得效益，最多是薄利多销。要想提高效益，必须开展综合利用。

目前我国农村养鸡一般都属于庭院经济，考虑到资金、饲料、运输、销售等条件，大多数农户饲养量都在500～1 000只。在粮食富余的地区，养鸡转化粮食，比单卖粮食更能增加收入。农户养鸡或是利用现有的富余房屋改成鸡舍，或是建造简易适用的鸡舍，生产鸡蛋自产自销。在能源短缺的地方，可利用鸡粪发酵生产沼气，再用沼肥养殖蚯蚓，解决部分饲料蛋白质的不足。经过发酵后的沼渣和蚯蚓粪可作为优质的农家肥，或者生产花肥，这样既解决环境的污染，又节省了能源，同时也能增加收入。

鸡蛋是大众化的营养品，老幼皆宜。现在有些科研单位或者养鸡场，正在开发鸡蛋的新用途，如生产高碘、高锌蛋等。为解决人们缺碘问题，在鸡的饲料中加4%～6%的海藻，喂一段时间后，鸡蛋中的含碘量提高15～30倍，这种蛋的价格比普通鸡蛋提高1倍左右。如果在饲料中添加1%的锌盐，喂一段时间(3周以上)后，蛋中的含锌量增加15倍以上，儿童每天食用1个这种含锌的鸡蛋，就能防止缺锌。这些高碘、高锌蛋，目前在市场上很受欢迎。生产这种食疗鸡蛋能明显提高经济效益。

随着科学研究的发展，人民生活水平的提高和人们对食疗产品的进一步需要，肯定会生产出更多富含某种特需营养素的鸡蛋，鸡蛋对人类来说会更富营养化。

孵化厂有些副产品和废品可以利用和增值。例如，鉴别后的小公雏，可以加工成饲料，也可以宰杀后作童子鸡出售，是一种美味的食品，现在城市里有些副食品商店有售，供人们烧烤煎炸；更可以供农村饲养，利用各种粮食下脚料饲喂，然后制作成烧鸡、扒鸡。孵化后清出的死胚蛋（俗称“毛蛋”），是有些地区人们喜爱的滋补品，如果瞄准市场，进行适当的加工保鲜，就能变废为宝。羽毛可生产羽毛粉用作饲料。

总之，开展产品的综合利用，是进一步提高养鸡经济效益很有前途的方向，具有很大的潜力。

第二编 蛋 鸭

第一章 主要品种及其生产性能

一、蛋用型鸭种

(一)绍兴鸭

简称绍鸭,又称绍兴麻鸭、山种鸭、浙江麻鸭。因产地为旧绍兴府所属的绍兴、萧山、诸暨等县而得名。具有产蛋多、成熟早、体型小、耗料少等优点,是我国蛋用型麻鸭的高产品种。本品种既适于圈养,又适于在密植的水稻田里放牧,分布遍及浙江全省、上海市郊各县以及江苏省的太湖地区。

体型外貌 属小型麻鸭,体躯狭长,喙长颈细,臀部丰满,腹略下垂,具有理想的蛋用鸭体型。站立或行走时前躯高抬,躯干与地面呈 45°角。全身羽毛以褐色麻雀羽为基调,但有些鸭颈羽、腹羽、翼羽有一定变化,因而可将其分为带圈白翼梢和红毛绿翼梢两种类型。每一类型的公、母鸭羽毛又有所不同。

带圈白翼梢:最明显的特点是颈中部有 2～4 厘米宽的白色羽圈,主翼羽白色,腹部中下部羽毛白色。虹彩灰蓝色,喙橘黄色,喙豆白色,胫、蹼橘红色,爪白色,皮肤淡黄色。公鸭羽毛以深褐色为基色,头和颈上部墨绿色,性成熟后有光泽;母鸭羽毛以浅褐色麻雀羽为基色,布有大小不等的黑色斑点。

红毛绿翼梢:颈部无白色羽圈,虹彩褐色,喙灰黄色,喙豆黑色,胫、蹼黄褐色,爪黑色,皮肤淡黄色。公鸭羽毛以深褐色为基色,头和颈上部墨绿色,性成熟后有光泽;母鸭以深褐色麻雀羽为基色,腹部褐麻色,无白羽,翼羽墨绿色,闪闪发光,称为镜羽。

生产性能　成年体重 1.35～1.5 千克,公母鸭无明显差异。在控制饲养情况下见蛋日龄为 110 天。开产日龄135～145 天。年产蛋量,一般群 260 个左右,选育群可达 300～310 个。平均蛋重 61～63 克,300 日龄时蛋重可达 67～69 克。蛋壳颜色,带圈白翼梢的以白色为主,红毛绿翼梢的以青色为主。500 日龄产蛋总重 18～19 千克。产蛋期,每产 1 千克蛋,耗料 2.8～3 千克。公母配比,早春 1∶20,夏秋 1∶30。种蛋受精率 90%以上。受精蛋孵化率 80%以上。

(二)金定鸭

中心产区在福建省龙海县紫泥乡金定村,故名金定鸭。分布于福建省厦门市郊区及同安、南安、晋江、惠安、漳州等县市。

选育前的金定鸭羽毛颜色有赤麻、赤眉和白眉 3 种类群。1958 年以来,厦门大学生物系对赤麻类群进行多年的选育,使金定鸭成为产蛋量高、体型外貌一致的优良品种。

体型外貌　公鸭的头颈部羽色墨绿,有光泽,背部灰褐色,胸部红褐色,腹部灰白色,主尾羽黑褐色,性羽黑色并略上翘。喙黄绿色,虹彩褐色,胫、蹼橘红色,爪黑色。母鸭的全身披赤褐色麻雀羽,布有大小不等的黑色斑点,背部羽毛从前向后逐渐加深,腹部羽色较淡,颈部羽毛无黑斑,翼羽深褐色,有镜羽。喙青黑色,虹彩褐色,胫、蹼橘黄色,爪黑色。

生产性能　成年体重,公鸭 1.6～1.7 千克,母鸭 1.75 千克左右。开产日龄 100～120 天。年产蛋量 260～300 个。平均蛋重 72 克。蛋壳青色。公母配比 1∶25。种蛋受精率 90%左右。受精蛋孵化率80%以上。利用年限,公鸭1年,母鸭一般3年。

(三)攸县麻鸭

产于湖南省攸县,散布于湖南省的东部、中部和北部。本品种具有体小灵活、成熟早、产蛋较多、适于稻田放牧等优点。

体型外貌 公鸭的头部和颈上部羽色墨绿,有光泽,颈中部有宽1厘米左右的白色羽圈,颈下部和胸部红褐色,腹部灰褐色,尾羽墨绿色。喙青绿色,虹彩黄褐色,胫、蹼橙黄色,爪黑色。母鸭全身羽毛披褐色带黑斑的麻雀羽,深麻羽者占70%,浅麻羽者占30%。喙黄褐色,胫、蹼橘黄色,爪黑色。

生产性能 成年体重1.2～1.3千克,公母相似。开产日龄110～120天。年产蛋量200～250个。平均蛋重62克。蛋壳白色的占90%,青色的占10%。年产蛋总重13千克左右。公母配比1∶25。种蛋受精率90%以上。受精蛋孵化率80%以上。

(四)荆江鸭

因主产区在湖北省的荆江两岸,故称荆江鸭。江陵、监利和仙桃市为中心产区,洪湖、石首、公安、潜江和荆门等县、市也有分布。

体型外貌 属小型麻鸭品种,颈细长,肩较狭,体躯稍长,后躯略宽。喙青色,胫、蹼橘黄色。公鸭头颈部羽色翠绿,有光泽,前胸和背腰部红褐色,尾部淡灰色。母鸭全身羽毛黄褐色,头部的眼上方有一条白色长眉,背部羽毛以褐色为底,上缀黑色条斑。

生产性能 成年体重,公鸭1.4～1.6千克,母鸭1.4～1.5千克。开产日龄100～120天。年产蛋量200～220个。蛋重60～63克。白壳蛋占多数,蛋重也较大。公母配比1∶20～25。种蛋受精率90%以上。受精蛋孵化率90%左右。

(五)三穗鸭

产于贵州省东部的低山丘陵河谷地带,三穗县为中心产区,故称三穗鸭。分布于镇远、岑巩、天柱、台江、剑河等十余县。雏鸭除供应本省外,尚远销湖南和广西等地。

体型外貌　属小型麻鸭,体长颈细,胸部突出,体躯近似船形。公鸭颈部羽色深绿,颈中部有白色颈圈,前胸红褐色,背部灰褐色,腹部浅褐色。虹彩褐色,胫、蹼橘红色,爪黑色。母鸭全身羽毛以深褐色为基色,布有黑色斑点,翅部有绿色镜羽。

生产性能　成年体重 1.5～1.7 千克(公母相似)。开产日龄 110～130 天。年产蛋量 200～240 个。蛋重 63～65 克。蛋壳有青、白两色,白壳蛋占 92%。公、母配比为 1∶20～25。种蛋受精率 80%～85%,受精蛋孵化率 85%～90%。种鸭利用期,公鸭 1 年,母鸭 2～3 年。

(六)莆田黑鸭

产于福建省莆田市。分布于平潭、福清、长乐、连江、福州郊区、惠安、晋江、泉州等县、市。本品种是在海滩放牧条件下发展起来的蛋用型鸭,既适应软质滩涂放牧,又适应硬海滩放牧,且有较强的耐热性和耐盐性,尤其适合于亚热带地区硬质滩涂饲养,是我国蛋用型品种中惟一的黑色羽品种。

体型外貌　体型轻巧紧凑,行动灵活迅速。公母鸭的全身羽毛都是黑色,喙墨绿色,胫、蹼黑色,爪黑色。公鸭头颈部羽毛有光泽。尾部有性羽,雄性特征明显。

生产性能　成年公鸭体重 1.3～1.4 千克,母鸭体重 1.55～1.65 千克。开产日龄 120 天左右。年产蛋量 250～280 个。蛋重 63 克左右。蛋壳有青、白两色,白壳蛋占多数。每产 1 千克蛋耗料 3.6 千克左右。公母配比 1∶25。种蛋受精率 95%左右。

（七）连城白鸭

主要产于福建省西部的连城县，分布于长汀、上杭、永安和清流等县、市。这是中国麻鸭中独具特色的小型白色变种。

体型外貌 体躯狭长，头小，颈细长，前胸浅，腹不下垂，行动灵活，觅食力强，反应敏捷。公母鸭全身羽毛都是白色，喙青黑色，胫、蹼灰黑色或黑红色。

生产性能 成年公鸭体重1.4～1.5千克，母鸭体重1.3～1.4千克。开产日龄120～130天。年产蛋量，第一年220～230个，第二年250～280个，第三年230个。平均蛋重58克(白壳蛋占多数)。公母配比1∶20～25。种蛋受精率90%以上。利用年限，公鸭1年、母鸭3年。

（八）山 麻 鸭

中心产区在福建省龙岩县，分布于龙岩地区各县。体型轻小，属蛋用型麻鸭。

体型外貌 公鸭的头部和颈上部墨绿色，有光泽。颈部有白颈圈，胸部红褐色，背、腰灰褐色，腹部白色，翼羽和尾羽黑色，喙黄绿色，胫、蹼橘黄色，虹彩褐色。母鸭羽毛全身浅褐色麻雀羽，有白眉，喙黄色，胫、蹼橘黄色。

生产性能 成年体重1.4～1.6千克；开产日龄110天左右，年产蛋量240个，平均蛋重55克。公母配比1∶20～25，母鸭利用年限为2～3年。

（九）恩施麻鸭

产于鄂西南山区的小型品种，中心产区在利川县和来凤县，又称利川麻鸭，遍布于湖北省恩施地区的次高山水稻产区和低山平坝。产区的平均海拔高度为800～1200米，是适合山区饲养的小型品种。

体型外貌 公鸭的头、颈、尾部羽毛黑色，颈中部有白色羽圈，背、腹部羽毛青褐色，部分胸、背部红褐色，腹部浅褐色。喙、胫、蹼青色或橘红色。母鸭羽毛以麻雀羽为基调，分为青麻色、赤麻色、浅麻色 3 种。

生产性能 成年体重 1.6～2 千克。母鸭开产日龄 150～180 天，年平均产蛋量 200 个左右，蛋重 65 克，蛋壳颜色有白色和青色两种，以白壳蛋占多数。公母配比 1∶20，种蛋受精率 80%左右，受精蛋孵化率约 85%。

（十）中山麻鸭

产于广东省的中山市，分布于珠江三角洲地区。

体型外貌 公鸭的头和颈上部羽毛翠绿色，中部有白色颈圈，颈下部、胸部和背部的羽毛褐色，尾羽深褐色，翼部有绿色镜羽。母鸭全身羽毛褐色，带有黑色斑点。公母鸭的虹彩褐色，喙黄褐色，胫、蹼橘黄色。

生产性能 成年体重 1.6～1.7 千克（公母相似）。开产日龄 130～140 天。年产蛋量 180～200 个。蛋重 65～68 克（蛋壳白色）。公母配比 1∶20～25，种蛋受精率 90%以上。

（十一）江南Ⅰ号和江南Ⅱ号（高产蛋鸭配套系）

这是农业部“七五”至“八五”期间的一个重点攻关项目，由浙江省农业科学院畜牧兽医研究所承担，陈烈先生主持完成的研究成果。它以绍兴鸭高产品系为基础，引进卡基·康贝尔鸭的血液，采用正反反复选择法，经过 8 年的选育和推广，育成了我国第一个高产蛋鸭配套系——江南Ⅰ号和江南Ⅱ号，其主要生产性能已达到国际领先水平。1992 年，农业部委托浙江省科委，邀请国内著名水禽专家，通过技术鉴定。1993 年，获得部省级科技进步奖二等奖。现已在我国大江南北广泛推广，增产效果明显，获得普遍好评。

体型外貌 江南Ⅰ号母鸭羽色浅褐，斑点不明显。江南Ⅱ号母鸭羽色深褐，黑色斑点大而明显。

生产性能 江南Ⅰ号母鸭成熟时体重平均1.67千克。产蛋率达5%时的日龄平均为118天，达50%时的日龄平均为158天，达90%时的日龄平均为220天。产蛋率90%以上的保持期为4个月。500日龄产蛋量平均306.9个，总蛋重平均为21.08千克。300日龄平均蛋重71.85克。产蛋期蛋料比1∶2.84。产蛋期存活率97.1%。

江南Ⅱ号母鸭成熟时体重平均1.66千克。产蛋率达5%时的日龄平均为117天，达50%时的日龄平均为146天，达90%时的日龄平均为180天。产蛋率90%以上的保持期为9个月。500日龄产蛋量平均327.9个，产蛋总重21.97千克。300日龄平均蛋重70.17克。产蛋期蛋料比1∶2.76。产蛋期存活率99.3%。

这两种蛋鸭都具有产蛋率高、持续期长、饲料利用率高、成熟较早、生活力强的特点。在相似的条件下，比绍兴鸭高产品系每年每只可增产2～3千克蛋，比一般蛋鸭每年每只可增产5千克蛋。非常适合我国农村的圈养条件。

这两种蛋鸭还提高了公鸭的肉用性能，如60日龄和70日龄时的体重，比绍兴鸭提高16%～22%，饲料报酬和肉的品质也有明显的改进。

(十二)卡基·康贝尔鸭

该品种为印度跑鸭与芦安公鸭杂交的后代，再与野公鸭杂交，育成于英国。康贝尔鸭有3个变种：黑色康贝尔鸭、白色康贝尔鸭和卡基·康贝尔鸭(即黄褐色康贝尔鸭)。我国引进的是卡基·康贝尔鸭。1979年由上海市禽蛋公司从荷兰琼生鸭场引进。

体型外貌　卡基·康贝尔鸭比我国的蛋鸭品种体型较大，体躯宽而深，背平直而宽，颈略粗，眼较小，胸腹部饱满，近于兼用种体型。但产蛋性能好，且性情温驯，不易应激，适于圈养，是国际上优秀的蛋鸭品种。其肉质鲜美，有野鸭肉的香味。

雏鸭绒毛深褐色，喙、脚黑色，长大后羽色逐渐变浅。成年公鸭羽毛以深褐色为基色，头部、颈部、翼、肩和尾部均为青铜色（带黑色），喙绿蓝色，胫、蹼橘红色。成年母鸭全身羽毛褐色，没有明显的黑色斑点，头部和颈部羽色较深，主翼羽也是褐色，无镜羽，喙灰黑色或黄褐色，胫、蹼灰黑色或黄褐色。

生产性能　成年公鸭体重2.1～2.3千克，母鸭体重2～2.2千克。开产日龄130～140天。500日龄产蛋量270～300个、18～20千克。300日龄蛋重71～73克（蛋壳白色）。公母配比1∶15～20。种蛋受精率85%左右。利用年限，公鸭1年；母鸭第一年生产性能较好，第二年明显下降。

二、兼用型鸭种

（一）高邮鸭

中国较大型的麻鸭品种，属蛋肉兼用型。产于江苏省高邮、宝应、兴化等县，分布于江苏北部京杭运河沿岸的里下河地区。本品种觅食能力强，善潜水，适于放牧，肉质好，产蛋大，产双黄蛋的频率较高。笔者在高邮县曾见到有三黄、四黄的鸭蛋。

体型外貌　背阔肩宽胸深，体躯长方形。公鸭头和颈上部的羽毛深绿色，有光泽，背、腰、胸部均为褐色芦花羽；腹部白色；臀部黑色。喙青绿色，喙豆黑色；虹彩深褐色；胫、蹼橘红色，爪黑色。母鸭全身羽毛褐色，有黑色细小斑点，如麻雀羽；主翼羽蓝黑色。喙青色，喙豆黑色；虹彩深褐色；胫、蹼灰褐色，爪黑色。

生产性能 成年体重,公鸭 2.3～2.4 千克,母鸭 2.6～2.7 千克。70 日龄体重,放牧条件下 1.5 千克左右,较好的饲养条件下 1.8～2 千克。屠宰率,半净膛 80%以上,全净膛 70%左右。开产日龄 110～140 天。年产蛋量 140～160 个(高产群可达 180 个),平均蛋重 75.9 克(双黄蛋约占 0.3%)。公母配比 1∶25～30。种蛋受精率 90%以上。受精蛋孵化率 85%以上。

(二)建昌鸭

麻鸭类型中肉用性能较好的品种,以生产大肥肝而闻名,故有“大肝鸭”的美称。产于四川省的西昌、德昌、冕宁、米易和会理等县。西昌古称建昌,因而得名建昌鸭。产区位于康藏高原和云贵高原之间的安宁河河谷地带,属亚热带气候。当地素有腌制板鸭、填肥取肝和食用鸭油的习惯,经过长期的选择和培育,才形成以肉为主、肉蛋兼用的品种。

体型外貌 体躯宽深,头大颈粗。公鸭的头和颈上部羽色墨绿色,有光泽;颈下部有一白色羽环,胸背部红褐色,腹部银灰色,尾羽黑色。喙黄绿色,胫、蹼橘红色。母鸭羽毛褐色,有深浅之分,以浅褐色麻雀羽居多,占 65%～70%。喙橘黄色,胫、蹼橘红色。此外,还有一部分白胸黑鸭,在群体中占 15%左右。这种类型的公母鸭羽色相同,全身黑色,颈下部至前胸的羽毛白色。近年来,四川农业大学又从建昌鸭中分离出一个白羽品系。

生产性能 成年体重,公鸭 2.2～2.5 千克,母鸭 2～2.3 千克。肉用仔鸭 8 周龄平均活重 1.3～1.6 千克。全净膛屠宰率,公鸭 72.3%,母鸭 74.1%。平均肥肝重 220～350 克,最大达 545 克。开产日龄 150～180 天。年产蛋量 150 个左右。平均蛋重 72～73 克(蛋壳有青色、白色两种,以青壳占多数)。公母配比 1∶7～9。种蛋受精率 90%左右。受精蛋孵化率 90%左右。

(三)大 余 鸭

产于江西省南部的大余县。分布于赣西南的遂川、崇义、赣县、永新等县和广东省的南雄县。大余古称南安,以大余鸭腌制的南安板鸭,具有皮薄肉嫩、骨脆可嚼、腊味香浓等特点。在我国穗、港、澳,以及东南亚地区,久负盛名。

体型外貌 无白色颈圈,翼部有墨绿色镜羽。喙青色,胫、蹼青黄色。公鸭头、颈、背部羽毛红褐色,这是该品种羽色不同于其他品种的显著特征,只有少数个体头部有墨绿色羽毛。母鸭全身羽毛褐色,有较大的黑色雀斑,群众称为“大粒麻”。

生产性能 成年体重 2～2.2 千克。仔鸭体重,在放牧条件下,90 日龄重 1.4～1.5 千克,再经 1 个月的肥育饲养,体重达 1.9～2 千克,即可屠宰加工板鸭。屠宰率,半净膛公鸭 84.1%、母鸭 84.5%;全净膛公鸭 74.9%,母鸭 75.3%。开产日龄 180～200 天。年产蛋量 180～220 个。平均蛋重 70 克左右(蛋壳白色)。公母配比 1∶10。种蛋受精率 81%～91%。受精蛋孵化率 90%以上。

(四)巢 湖 鸭

主要产于安徽省中部,巢湖周围的庐江、巢县、肥西、肥东、舒城、无为、和县、含山等县。产区位于江淮分水岭以南、大别山以东、长江北岸的低洼湖沼冲积平原地带,放牧条件良好。本品种具有体质健壮,行动敏捷,抗逆性和觅食性能强等特点。是制作无为熏鸭和南京板鸭的良好材料。

体型外貌 体型中等大小,体躯长方形,匀称紧凑。公鸭的头和颈上部羽色墨绿,有光泽,前胸和背腰部羽毛褐色,缀有黑色条斑,腹部白色,尾部黑色。喙黄绿色,虹彩褐色,胫、蹼橘红色,爪黑色。母鸭全身羽毛浅褐色,缀黑色细花纹,称浅麻细花;翼部有蓝绿色镜羽；眼上方有白色或浅黄色的眉纹。

生产性能 成年体重，公鸭 2.1～2.7 千克，母鸭 1.9～2.4 千克。肉用仔鸭，70 日龄重 1.5 千克，90 日龄重 2 千克。屠宰率，全净膛 72.6%～73.4%，半净膛 83%～84.5%。开产日龄 140～160 天。年产蛋量 160～180 个。平均蛋重 70 克（蛋壳白色占 87%，青色占 13%）。公母配比，早春 1∶25，清明后 1∶33。种蛋受精率 90%以上。受精蛋孵化率89%～94%。利用年限，公鸭 1 年，母鸭 3～4 年。

（五）沔阳鸭

湖北省沔阳县（现为仙桃市）畜禽良种场于 1960 年以当地的荆江鸭作母本、高邮鸭作父本进行杂交，杂种鸭自群繁殖 3 年后，再次用高邮鸭级进杂交，经 20 年选育而成的新品种。

体型外貌 体躯长方形，背宽胸深。公鸭的头和颈上部羽毛绿色有光泽，体躯背侧深褐色，臀部黑色，胸、腹和副主翼羽白色。虹彩红褐色。喙黄绿色，胫、蹼橘黄色。母鸭羽毛以褐色为基调，分深麻和浅麻两种，主翼羽都是黑色。喙青灰色，胫、蹼橘黄色。

生产性能 成年体重 2.2～2.3 千克。肉用仔鸭 90 日龄重 1.5 千克左右。开产日龄 140～150 天。年产蛋量 160～180 个。平均蛋重，第一年为 74.5 克，第二年为 79.6 克（蛋壳白色占 93%，青色占 7%）。公母配比 1∶20～25。种蛋受精率 90%以上。受精蛋孵化率 85%以上。利用年限，公鸭 1 年，母鸭 4～5 年。

（六）云南鸭

产于云南省的中型地方品种。历史上在云南省作肉蛋兼用品种使用，除西北部分地区外，全省均有饲养。

体型外貌 公鸭头部和颈上部羽毛绿色，带有光泽，颈下部有白色羽圈，胸、背部羽毛深褐色，腹部灰白色，尾羽黑色，镜羽墨绿色。母鸭羽毛分黄麻色和黑麻色两种（黄麻色占多数），少数个体羽毛白色。喙、胫、蹼橘黄色，虹彩红褐色（少部分灰色）。

生产性能 成年公鸭体重1.8千克左右，母鸭体重1.7千克左右。仔鸭70日龄体重1.5千克。当地用于加工腊鸭的肉鸭，日龄约110天，体重1.7～2千克；全净膛屠宰率77%左右。母鸭开产日龄150天左右，年产蛋量平均150个左右，蛋重约72克。蛋壳分青色和白色两种。公母配比1∶12，种蛋受精率70%～90%。

（七）桂西鸭

产于广西壮族自治区靖西、德保、那坡等县的兼用型麻鸭。

体型外貌 分为深麻、浅麻和黑背白腹3种羽色，当地群众分别称为“马鸭”、“凤鸭”和“乌鸭”。

生产性能 成年体重2.4～2.7千克；在较集约的条件下饲养，仔鸭70日龄体重2～2.7千克。母鸭开产日龄130～140天，150日龄产蛋率可达50%；年产蛋量140～150个，平均蛋重86克左右。蛋壳有白色、青色两种，白壳蛋多于青壳蛋。公母配比1∶10～20。

（八）微山鸭

山东省的小型麻鸭品种。主要产区在南四湖（南阳湖、独山湖、昭阳湖、微山湖）及其以北的大运河沿岸，以微山、济宁两地饲养最多。本品种生产加工的“龙缸松花蛋”远销日本、北美和东南亚各国。

体型外貌 体型轻小紧凑，颈细长，前躯稍窄，后躯宽厚而丰满。公鸭羽毛头颈部绿色，主、副翼羽黑色，尾羽黑色；母鸭羽毛有青麻和红麻两种，青麻的基本羽色为暗褐色带黑斑，红麻的基本羽色为红褐色带黑斑。

生产性能　成年体重1.7～1.75千克，仔鸭70日龄体重1.7千克左右。母鸭年平均产蛋量140～150个，平均蛋重80克左右（春季蛋较大，约82克，秋季蛋约78克）。青麻鸭产青壳蛋，红麻鸭产白壳蛋。开产日龄150～160天。公母配比1∶25～30，种蛋受精率90%～95%。

（九）川麻鸭

产于四川省大部分农业地区的小型麻鸭。以水稻地区饲养最多。该鸭种体型虽小，但当地饲养都以生产肉用仔鸭为主，采用棚鸭放养的形式，结合农业生产季节的变化，大多分春、夏两季集中孵化，然后分群放牧，在水稻田、溪流湖泊边走边放，至秋季青年鸭长大后，除留少数作为后备种鸭外，其余全部屠宰上市。

体型外貌　全身麻雀羽，有深浅之分，以浅麻色为主。

生产性能　成年体重1.7～1.8千克。年产蛋量150～160个，平均蛋重70～72克。

第二章　选种与繁殖

一、选种标准与方法

(一)种鸭的主要性状

选种工作,过去十分重视体型外貌,非常强调羽毛颜色的整齐一致;而现代的选种标准,则侧重于主要经济性状,并且对不同的专门化品系有不同的选种标准。

蛋用型鸭在选种时,首先要考虑以下几个性状:①开产日龄;②开产体重;③产蛋量;④产蛋率;⑤产蛋期蛋料比;⑥产蛋期存活率;⑦产蛋总重和平均蛋重;⑧生活力;⑨蛋的品质。

现将蛋鸭的6个主要经济性状分析如下。

1. 产蛋量　这是一个复杂的性状,带有多基因性质,而且遗传力比较低。通过个体选择成效极差,即选择高产的母鸭不一定能得到高产的后代。要进行家系选择,选出高产的公鸭才有较大的成效。一定时期内产蛋量的高低,受下面3个因素的制约。

(1)开产期的迟早　目前测定蛋鸭的产蛋量都以500日龄为一个周期。在产蛋量较高的育成品种中,早熟有获得高产的重大潜力。但初产日龄与平均蛋重存在着不很理想的正相关,即开产早的个体,一般蛋重较轻,因此选择早熟个体留种时,可能会出现降低蛋重的危险,必须处理好两者的关系。

(2)产蛋强度的高低　产蛋强度通常也叫产蛋率,用百分比表示。产蛋强度与产蛋量的关系很密切,尤其是开产初期和产蛋末期更为重要。开产初期产蛋强度高,表示该品种(品系)的产蛋高峰期来得快；产蛋末期的产蛋强度高，表示该品种(品系)的产蛋持续性好。所以，对产蛋强度还应注意进入最大产蛋强度(通称高峰期)的日龄、高峰的数值、高峰维持的时间。如浙江省农业科学院新选育的高产配套蛋鸭——江南Ⅱ号，170～180日龄时产蛋强度即达90%，而且可保持9个月之久，因而全年的产蛋力高(500日龄平均产蛋320个以上)。产蛋强度是可以遗传的，不同品系之间会有较大的差别，选育时应注意这个性状。

(3)换羽和休产　蛋鸭经过一段时期的产蛋以后，要出现换羽、休产。但笔者发现，高产的品种(品系或配套系)，它们在换羽时不休产，而且仍保持85%以上的产蛋强度。这是非常好的经济性状，选种育种时要抓住这个性状。1990年，笔者在测定江南Ⅱ号的产蛋力时，就有两个组合在换羽时仍有85%的产蛋率。说明这些品系的成员，一边换羽，一边仍坚持产蛋，因而取得了500日龄入舍母鸭平均产蛋341个的高产纪录。

2. 蛋重　包括平均蛋重、日平均产蛋量和产蛋总重。对蛋用鸭来说，这是经济意义最大的第二性状。在一个产蛋周期内，蛋重是有变化的：开产时蛋重较轻，但增长较快；至200日龄时，可以达到标准蛋重；350日龄后，蛋重又开始减轻；经过换羽休产后，蛋重又有明显增加。一般第二产蛋年的蛋重比第一产蛋年大。蛋重与体重呈正相关的趋势，体重大的，蛋重也较大，但采取选择体重大的个体来提高蛋重是不可取的，因为将导致饲料消耗量的增加。蛋重与产蛋强度之间呈负相关，因此，在选择蛋重时，不仅要注意提高平均蛋重，还要注意选择在开产后很快达到最大蛋重，并能保持较高的产蛋强度，而且体重又不增加的优秀家系或个体。只有这样，才能有效地提高产蛋总重，得到最佳的饲料利用率。蛋重受外界因素的影响而有变化，特别是饲料的影响最大，温度、光照也有影响，测定蛋重时要注意环境因素的稳定。蛋重的遗传性较高，通过选种能较顺利地使蛋重得到提高。

3. 体重　是蛋鸭的一个很重要的经济性状。蛋鸭要求产蛋量高、蛋大，而不能增加体重。体重和生长速度的遗传性都比较高，通过个体选择和家系选择均有效。体重与性成熟和饲料消耗量相关，体重大的一般性成熟晚，饲料消耗多；体重轻的开产早、耗料少。

蛋用型鸭选种时，在保持和提高产蛋量的前提下，应尽量降低成年体重，以减少维持饲料的消耗，提高饲料利用率，并增加单位面积鸭舍内的饲养密度。

4. 饲料转化比　是指消耗若干饲料后能取得肉、蛋产品的多少，又称饲料报酬、饲料转换率。由于饲料成本占养鸭总成本的70%左右，所以饲料报酬是一个重要的经济性状。饲料转化比的性状是可以遗传的，品系和个体之间常存在着明显的差别，通过选种可提高饲料报酬。

提高饲料报酬有两条途径，一是提高鸭种的产蛋量或增重速度，二是降低饲料消耗，改善饲料转化为产品的能力。只有从上述两个方面进行选育，才能较快获得理想的效果。

5. 生活力　通常都用存活率或死亡率来表示，这是鸭对不良条件的适应能力，也是与经济效益有直接关系的重要性状。蛋鸭的生活力主要分为3个阶段进行考察：第一阶段是胎胚期，用受精蛋的孵化率衡量；第二阶段是育成期，用0～20周龄的育成率表示；第三阶段为产蛋期，用产蛋期存活率表示。生活力的遗传性很低，所以个体选择是无效的，必须采用家系选择法。

6. 蛋的品质　这个性状包括蛋壳的强度、蛋白的浓度、蛋形、壳色和血斑、肉斑等许多性状的综合。

(1)蛋壳强度　是由蛋壳密度、蛋壳厚度和蛋膜的质量决定的。蛋壳厚度受温度、代谢过程的影响，品系之间也有差异，通过选育可改善蛋壳的厚度，但壳厚与产蛋量呈负相关。密度大、壳厚的蛋，强度高，有利于蛋的包装运输，能降低蛋的破损率。

(2)蛋白的浓度　蛋白的浓度用哈氏单位表示。蛋白越浓,蛋的质量越好,孵化率越高,营养价值也越高。蛋贮藏时间增加,浓蛋白变稀,因此测定某品种的哈氏单位时,应尽量采用当天产下的新鲜蛋。

(3)蛋形　用蛋形指数(纵径/横径)表示。蛋形对包装、运输有直接关系,对孵化也有影响。最佳的蛋形指数为 1.35～1.38。指数大于 1.38 时蛋形长,指数小于 1.35 时蛋形圆,都不易统一包装,破损率高,孵化率也低。

(4)壳色　壳色不影响产蛋力,也与营养无关,只与人的习惯和爱好有关。鸭蛋的壳色基本上分为白色、青色两种。蛋壳颜色受遗传制约,青壳种的公鸭与白壳种的母鸭交配时,青壳为显性,后代都产青壳蛋。我国许多地方,群众喜欢青壳鸭蛋,售价也略高些,这种习惯与爱好,影响到经济效益,选种时不能忽视这个因素。

(5)血斑与肉斑　形成血斑与肉斑的原因,主要与排卵时输卵管黏膜损伤少量出血有关。产蛋后期血斑和肉斑有所增加。这是受遗传制约的性状,通过选育可减少血斑和肉斑率。

(二)主要性状的计算方法

1982 年 11 月,全国家禽育种委员会制定了《家禽生产性能指标名称和计算方法》(试行标准),全国各地都按此标准测算。现将该试行标准与鸭有关的项目摘抄如下,供试用。

1. 孵　化

(1)种蛋合格率　指种母鸭在规定的产蛋期内(蛋用鸭、肉用鸭均指 72 周龄)所产符合本品种、品系要求的种蛋数占产蛋总数的百分比。

(2)受精率　受精蛋占入孵蛋的百分比。血圈、血线蛋按受精蛋计算;散黄蛋按无精蛋计算。

(3)孵化率

①受精蛋孵化率。出雏数占受精蛋的百分比。

②入孵蛋孵化率。出雏数占入孵蛋的百分比。

(4)健雏率 指健康雏鸭占出雏数的百分比。健雏指适时出壳、绒毛正常、脐部愈合良好、精神活泼、无畸形者。

(5)种母鸭提供的健雏数 每只种鸭在规定产蛋期内(72 周)提供的健康雏鸭数。

2. 育雏期和育成期

(1)育雏期 0～4 周龄。

(2)育成期 5～16 周龄。

(3)成活率

①雏鸭成活率。4 周龄末的成活数占入舍雏鸭数的百分比。

②育成鸭成活率。16 周龄末成活的鸭数占育雏期末雏鸭数的百分比。

(4)称 重

①育雏和育成期。需称重 3 次，即初生、育雏期末和育成期末。每次称重数量至少 100 只(公母各半)，鸭称重前需断食 6 小时以上。

②成年体重。分为开产期体重和产蛋期末体重。

3. 产蛋性能

(1)开产日龄 个体记录群，以产第一个蛋的平均日龄计算；群体记录，按日产蛋率达 50%的日龄计算。

(2)产蛋量 母鸭于统计期内的产蛋数。

①按入舍母鸭数统计。为统计期内的产蛋总个数除以入舍母鸭数。

②按母鸭饲养日统计。为统计期内的产蛋总个数除以日平均饲养母鸭只数。

(3)产蛋率 母鸭在统计期内的产蛋百分比。

①饲养日产蛋率。统计期内的产蛋总个数占实际饲养日母鸭只数的累加数的百分比。

②入舍母鸭产蛋率。统计期内的产蛋总个数占入舍鸭数乘以统计日数的百分比。

(4)蛋　重

①平均蛋重。从300日龄开始计算，以克为单位。个体记录者需连续称取3个以上的蛋重求平均值；群体记录时，则连续称取3天的总产蛋量，求平均值。大型鸭场按日产蛋量的5%称测蛋重，求平均值。

②总蛋重(千克)。平均蛋重(克)×平均产蛋数÷1 000

(5)母鸭存活率　入舍母鸭数减去死亡数和淘汰数后的存活数占入舍母鸭数的百分比。

4. 蛋的品质　在称蛋重的同时，进行下列指标测定。测定的蛋数不少于50个，每批种蛋应在产出后24小时内进行测定。

(1)蛋形指数　用游标卡尺测量蛋的纵径与最大横径，求纵径除以横径的商。以毫米为单位，精确度为0.5毫米。

(2)蛋壳强度　用蛋壳强度测定仪测定。单位：千克/厘米^2。

(3)蛋壳厚度　用蛋壳厚度测定仪测定，分别测量蛋壳钝端、中部、锐端3处的厚度，求其平均值。应剔除内壳膜。以毫米为单位，精确到0.01毫米。

(4)蛋的比重　用盐水漂浮法测定。蛋漂浮在某一比重盐水溶液中但又没入水下，该溶液比重即为蛋的比重，并按0级为1.068，1级为1.072，2级为1.076，3级为1.080，4级为1.084，5级为1.088，6级为1.092，7级为1.096，8级为1.100。以此来评定，蛋的密度级别高，则蛋壳较厚，质地较好，为优良比重。

(5)蛋黄色泽　按罗氏(Roche)比色扇的15个蛋黄色泽等级比色，统计每批蛋各级的数量与百分比。

(6)蛋壳色泽　按白色、青色表示。

(7)哈氏单位(Haugh unit) 用蛋白高度测定仪测量蛋黄边缘与浓蛋白边缘的中点,避开系带,测3个等距离中点的平均值为蛋白高度。

$$哈氏单位=100\log(H-1.7W^{0.37}+7.57)$$

H=浓蛋白高度(毫米)

W=蛋重(克)

(8)血斑和肉斑率 在测量蛋白高度的同时,统计含有血斑和肉斑数占测定总蛋数的百分比。

5. 饲料转化比 即产蛋期料蛋比。

产蛋期耗料量(千克)÷总蛋量(千克)

(三)选种方法

由于产蛋率性状的遗传力很低,所以蛋鸭的选择应以公鸭为主。1只公鸭可以配20~30只母鸭,产生的后代数量多、作用大。

优良种鸭的选择,通常采用的有两种方法:一是根据体型外貌和生理特征选择,二是根据记录的资料选择。有条件的地方,可将两种方法结合起来进行。

1. 根据体型外貌进行选择 这种方法适合缺乏记录资料的养鸭场应用。外貌选择必须符合该品种特征的要求。

(1)种鸭的选择

①种公鸭。要选择体型大、身子长、头大、颈粗而长、羽毛紧密、光泽好,喙、胫、蹼颜色鲜艳而柔和,脚粗而略长,蹼大而厚,两脚距离宽,站立稳健有力,性器官发育良好,雄性足,性欲旺盛,行动矫健灵活的种公鸭。

②种母鸭。要根据"一紧、二硬、三长"的特征进行选择。所谓"一紧",即羽毛细密,紧贴身体,行动灵活,觅食能力强;"二硬"即肋骨硬而圆,龙骨硬而突出,表明骨骼发育好,体格健壮,生活力强;"三长"即嘴长、颈长和身长,再加上眼睛突出有神,这种母鸭

较易获取水中的鱼虾和田野的昆虫。颈长而细,这是高产蛋鸭的固有特征,选种时要充分注意。身长,腹部方正,臀部丰满并略下垂的母鸭,说明其卵巢、输卵管等生殖器官发育良好,产蛋多。

选择高产母鸭,还要触摸腹部,测量耻骨间的距离。高产鸭腹部柔软,泄殖腔大而湿润,耻骨薄而柔软,并有弹性。耻骨间距离宽,起码可以并排容纳 4 个手指;耻骨与龙骨间的距离,起码可以并排容纳 5 个手指以上。低产鸭的腹部绷紧,皮肤粗糙有皱褶,触摸时没有弹性和温暖的感觉。

羽毛的光泽与色素消退情况,也可以作为判断鸭子高产或低产的参考。群众中有"春鸭一枝花,秋鸭丑八怪"的经验。就是季节不同,观察的标准也不同。春季鸭群开产不久,产蛋性能好的母鸭,代谢旺盛,性腺功能活跃,羽毛细而有光,像"鲜花"一样。如果这时的鸭子,羽毛零乱,没有光泽,"粗毛大花",大多是健康不佳,产蛋不好的个体。到了秋季,高产的鸭子由于连续产蛋,养分消耗多,色素消退,羽毛零乱没有光泽,腹部也因产蛋下蹲的时间多,羽毛沾污,甚至部分脱落,走起路来摇摇摆摆,像个"丑八怪";而产蛋少的鸭子,由于较早就停产换羽,此时新羽已先后长齐,颈粗体胖腰身好,外观反而好看,实际上这些鸭子大多是产蛋很差的个体,应从种群中淘汰。

(2)种蛋的选择　种鸭选好后,应根据该品种固有的要求选择种蛋。如蛋壳颜色、蛋重、蛋形。此外,还要将"沙壳蛋"(蛋壳上有沙点)、薄壳蛋和"钢皮蛋"(蛋壳特别坚硬,敲击时声音发脆)剔除。

(3)雏鸭的选择　种蛋孵出雏鸭后,对雏鸭进行一次挑选。选择雏鸭,一看绒毛颜色,二看喙的颜色,三看蹠、蹼、趾的颜色,把不符合本品种特征的变种淘汰。此外,还要将硬脐(脐带收缩不好,腹部有硬块)的弱雏淘汰。

(4)青年鸭的选择　分两个阶段进行,第一阶段在育雏结束的 4 周龄时,第二阶段在 10 周龄时。此时骨架已经长成,除主翼羽外，全身羽毛基本长好。这两个阶段的选择标准，第一看生长发育水平，将生长慢、体重轻的不符合本品种要求的次鸭淘汰；第二看体型外貌，将羽毛颜色和喙、蹠、蹼、趾的颜色不符合本品种要求的个体淘汰。

(5)开产前期的选择　此项选择，可在100日龄左右入舍时进行。将已经培育好的青年鸭，除根据本品种对体型外貌和体重的要求选择外，还要观察以下5个方面：一是羽毛着生紧密，毛片细致，有光泽；二是胸骨硬而突出，肋骨硬而圆，肌肉结实；三是嘴长、颈长、体躯长；四是眼睛突出有神，虹彩符合本品种标准；五是腹部发育良好，宽大柔软，耻骨间和耻骨与龙骨之间的距离要大。将符合要求的个体选进种鸭舍饲养。

2. 根据记录成绩进行选择　关于产蛋性能，单凭体型外貌的选择，还不能明确被选择个体的确切成绩，产量相差不大的个体，有时还会发生错误的判断。只有依靠科学测定的记录资料，进行统计分析，才能做出比较正确的选择。

一个正规的育种场，必须对各项生产性能做好记录。通常在鸭的育种工作中，必须记载的项目有：产蛋量、蛋重、蛋形指数、开产日龄、饲料消耗量、种蛋受精率、孵化率、雏鸭成活率、育成鸭成活率、产蛋期成活率、初生体重、育雏结束时体重、育成期末体重、开产期体重、500日龄体重等。

取得上述记录资料后，就可以从4个方面进行选择。

(1)从系谱资料进行选择　就是根据双亲及祖代的成绩进行选择。尤其是公鸭，本身没有产蛋记录，在后代尚未繁殖的情况下，系谱就是主要依据。因为亲代或祖代的表现，在遗传上有一定相似性，可以据此对被选的种鸭作出大致的判断。在运用系谱资料时，血缘关系愈近影响愈大，亲代的影响比祖代大，祖代比曾祖代大。

(2)从本身成绩进行选择　系谱资料反映上代的情况，只说明生产性能可能怎么样，而本身的成绩，则说明其生产性能已经怎样了。这是选种工作的重要依据，每个育种场必须做好个体记录。但是，依据本身成绩进行的选择，只适用于遗传性高的性状，这样选择才能取得明显的效果。

(3)从同胞姐妹的成绩进行选择　同父、母的兄弟姐妹叫全同胞，同父、异母或同母、异父的兄弟姐妹叫半同胞。它们之间有共同的祖先，在遗传上有一定相似性，尤其在选择公鸭的产蛋性能方面，可以作为主要依据之一。

(4)从后裔的成绩进行选择　以上3项选择，可以比较正确地选出优秀的种鸭，但它是否能够真实稳定地将优秀性状遗传给下一代，还必须进行后裔测定，了解下一代子女的成绩，选择才能更准确，更有效。

二、繁殖技术

(一)组群(选配)方法

优秀种鸭选出以后，通过公母的合理组群，使优良的性状遗传给后一代。所以，组群是选择的继续，有人将它合称为选种选配。组群通常有3种方法。

1. 相似交配，或称同质交配　将生产性能相似或特点相同的个体组成一群。这种方法可以使后代同胞之间增加相似性，也使后代更相似于亲代。如，根据系谱资料判断，使具有相同基因型的个体交配，叫基因型同质选配。近亲交配也属于这一类。如果不了解系谱资料，仅根据表现型相似的选配，叫表现型同质选配。

2. 不相似交配，或称异质选配　将生产性能不同或特点各异的个体组成一群。这种方法可增加后代的杂合性，降低亲代和后代的相似性。与亲代相比，后代将出现介于双亲之间的性状，也可能获得具有双亲不同优点的后代。如不同品种或不同品系之间的杂交,就属于这一类。

3. 随机交配 不加人为有意识的控制,随机组群,自由交配。这种方法是为了保持群体遗传结构不变,适于在保存品种资源方面应用。

(二)自然交配

1. 大群配种 这种配种方法使公母自由组合,配种的机会均等,受精率较高。缺点是公鸭血统不清楚,故只适用于繁殖场,不适用于育种场。但须注意,大群配种时,公鸭的年龄和体质要相似,体质较差和年龄较大的公鸭,没有竞配能力,不宜作大群配种用。

2. 小间配种 一个配种小间放入 1 只公鸭。再在室内置放产蛋箱,使所获得的种蛋,双亲系谱清楚,可以建立系谱。此法工作烦琐,要求高,只适于育种场使用。但要注意,选用的公鸭要先进行生殖器官和精液品质检查,或先进行配种预测,检查种蛋的受精率,将生殖器官有器质性缺陷、受精率很低的公鸭淘汰。

3. 同雌异雄轮配 此法的目的是为了多得到几个配种组合,或使被测定的公鸭获得更准确的数据。其方法是:配种开始后,第一个配种期放第一只公鸭,留足种蛋的前 2 天,将第一只公鸭拿出,空出 1 周不放公鸭(此期间内的种蛋孵出的小鸭,仍是第一只公鸭的后代),于下 1 周放入第二只公鸭(最好在放公鸭前,将第二只公鸭的精液给所配母鸭全部输精一遍),前 5 天的种蛋不用(如进行人工授精,前 3 天的种蛋不用),此后所得的种蛋为第二只公鸭的后代。如需测定第三只公鸭,按上述方法轮配下去。

4. 种用年龄和性别配比 蛋用型公鸭性成熟较早,但初配年龄不宜过早,一般在 5 月龄以上开始配种,用至 500 日龄后淘汰。不用第二年的老公鸭配种。

大群自然交配时,各种鸭的公母配比见表 2-1。

表 2-1 各种鸭的公母配比

类 型	早春和深秋	春末至初秋
蛋用型鸭	1∶20～25	1∶25～30
兼用型鸭	1∶15～20	1∶20～25

(三)人工授精技术

参阅第一编第十一章“蛋鸡的人工授精技术”的相关内容。

第三章 种鸭蛋孵化技术

我国的家鸭种蛋很早就使用人工孵化方法，历史悠久，经验非常丰富。近20年来，又普及了大型电机孵化法，使孵化的过程实现了自动化、电气化、标准化，孵化生产率达到了新的高度，成为养鸭生产中较先进的独立产业。

一、种蛋的选择和管理

(一)种蛋必须具备的条件

1. 遗传素质好 这是首要的条件，但又是内在的质量，外观不易判断。因此必须从合格的种鸭场引进种蛋。首先，种鸭必须是健康无病的，生产性能(产蛋或产肉)是优秀的，这就是遗传素质要好。其次，种鸭的饲养管理正常，日粮的营养物质全面，必需的营养素不能缺乏，以保证胚胎发育时期的营养需求。

2. 新鲜 孵化用的种蛋，贮存时间越短越好。新鲜的种蛋，蛋内的营养物质变化损失少，各种病原微生物侵入也少。胚胎生活力强，雏鸭出壳整齐、健壮活泼，孵化率高，成活率也高。种蛋的保存时间与气温、保存环境等有关，春秋季的保存期最好不超过5天，夏季以不超过3天为宜。

3. 大小和形状符合标准 因品种而异。其大小形状为该品种的平均水平或略高一点，都可以作为正常标准。如绍兴鸭高产系，平均蛋重65克左右，选种蛋时，65～71克的蛋都可入选，过大或过小的蛋应剔除。又如蛋形指数(纵径/横径)，鸭蛋一般要求在1.35～1.4的范围内，超过这个范围，过长或过圆的畸形蛋也要剔除。

4. 蛋壳质量好 任何品种的鸭蛋,其蛋壳必须厚薄适当,壳质致密均匀,表面平整,没有一丝裂纹,敲击时响声正常。有的蛋壳特别细密厚实,敲击时发出似金属的响声,俗称“钢皮蛋”,应剔除,因为这种蛋孵化时受热缓慢,气体不易交换,水分蒸发也慢,雏鸭啄壳困难,孵化率极低;沙壳蛋蛋壳表面钙的沉积不均匀,壳薄而粗糙,容易破损,水分极易蒸发,这种蛋绝不可作为种蛋。

5. 壳色符合品种要求 鸭蛋的蛋壳有青色、白色两种。如标准的金定鸭应该是青壳蛋,北京鸭是白壳蛋(乳白色),绍兴鸭WH系也是白壳蛋。有的品种白壳和青壳都有,在引入该品种某一品系时,要先了解该系的标准壳色,以免混杂。

6. 壳面清洁无污染 这一条对鸭蛋尤其重要,因为鸭子夜间产蛋,又无固定的产蛋箱,蛋壳极易受到粪便等污染。受污染的种蛋,妨碍气体交换,微生物极易侵入蛋内,引起种蛋腐败变质,污染孵化器,使死胎增加,降低孵化率。已经污染的种蛋,必须经过清洗和消毒,才能用于孵化。

根据上述6条进行选择。常用的选择方法都是采用看、摸、听、嗅等感觉器官来判断。先是看,看蛋壳的结构、颜色和形状是否正常,大小是否标准,蛋表面是否清洁等。摸,就是用手摸蛋壳的表面是否粗糙,手感蛋的轻重等。听,就是将蛋互相轻轻碰敲,听声音,如有破裂或金属声,应剔除。嗅,用鼻嗅蛋,有臭味者剔除。

如采用上述感官法仍不能准确判断,可借助照蛋灯,或验蛋台,通过光线观察蛋壳、气室、蛋黄等情况,看看有无散黄、血丝、裂纹、霉点等,如有应予剔除。

(二)种蛋的管理

1. 种蛋的消毒 常用的消毒方法有3种。

(1)40%甲醛溶液(福尔马林)熏蒸法 将蛋置于可以密封的容器内,按每立方米体积用40%甲醛30毫升、高锰酸钾15克的药量,消毒时在蛋架的下方置一瓷碗,先放入高锰酸钾,然后再倒入40%甲醛,迅速关好门,密闭熏蒸20~30分钟,然后开门取出种蛋送贮蛋室贮存。熏蒸时,室温最好控制在24℃~27℃(75℉~81℉)、空气相对湿度75%~80%,消毒效果更理想。蛋的表面沾有粪便或泥土时,必须先清洗,否则影响消毒效果。在消毒操作时,要注意人体保护,避免吸入或接触人的皮肤。

(2)新洁尔灭浸泡法 将种蛋放在0.1%新洁尔灭溶液中浸泡5分钟,然后取出晾干,送贮蛋室贮存。浸泡溶液的温度应略高于蛋温,这一点在夏季尤其重要。如果消毒液的温度低于蛋温,当种蛋浸入时由于受冷而使内容物收缩,形成负压,会使沾附于蛋表面的微生物通过气孔进入蛋内,影响孵化效果。

(3)紫外线照射法 将种蛋放置在紫外线灯下40厘米处,开灯照射1~2分钟,然后将蛋翻转,背面亦照射1~2分钟。

2. 种蛋的保存 种蛋保存条件不好,保存方法不当,对孵化效果影响极大,保存种蛋最适宜的温度为10℃~15℃,如保存时间短(5天左右),可用15℃温度;保存时间长(超过5天),温度可略降低些,以10℃~11℃为宜。贮蛋室温度高于23.9℃时,胚胎开始缓慢发育,但由于环境温度不太理想,会导致胚胎衰老和死亡。蛋白的冰点是0.5℃,如贮蛋室温度低于0℃,胚胎会受冻而降低孵化率。

保存种蛋的环境湿度,对孵化率也有一定影响。较理想的相对湿度以70%~75%为好,这种湿度与鸭蛋的含水率比较接近,蛋内水分不会大量蒸发。如湿度过高,会引起蛋面回潮,造成种蛋发霉变质。

此外,在保存期内,还要定期翻蛋,每天起码翻1次,使蛋位转动角度达90°以上,以防蛋黄与蛋壳粘连(俗称"钉壳"),保存时间较长时，这一点更为重要。

不论采用哪种方法，保存期越长，孵化率越低，故最好采用新鲜蛋入孵。如有特殊需要必须较长期保存时，可采用充氮法保存。将种蛋置于塑料袋或其他容器中，填充氮气，然后密封，使种蛋处于隔绝的环境里，减少蛋内水分蒸发，抑制细菌繁殖，保存期可以适当延长。

3. 种蛋的装运 这是良种引进中不可缺少的环节。启运前，必须将种蛋包装妥善，盛器要坚实，能承受较大的压力而不变形，并且还要有通气孔，一般都用纸箱或塑料制的蛋箱盛放。装蛋时，每个蛋之间上下左右都要隔开，不留空隙，以免松动时碰破。通常用纸板或木屑、谷壳填充空隙。装蛋时，蛋要竖放，钝端朝上，每箱(筐)都要装满。然后整齐地排放在车(船)上，盖好防雨设备，冬季还要防风保温。运行时不可剧烈颠簸，以免强烈震动时引起蛋壳或蛋黄膜破裂，损坏种蛋。

经过长途运输的种蛋，到达目的地后，要及时开箱，取出种蛋，剔除破蛋，尽快消毒装盘入孵，千万不可贮放。

二、鸭的胚胎发育和孵化的条件

(一)胚胎的发育过程和特征

鸭的胚胎发育分两个阶段：第一个阶段是在母体内进行的。由于母鸭体内温度非常适合胚胎发育，受精卵在输卵管的峡部开始卵裂，并发育成一个多细胞的胚盘。第二阶段是在鸭蛋离开母体以后进行的。产出来的蛋，在23℃以下的环境，胚胎发育基本处于静止状态。如将受精蛋置于适当的环境里进行孵化，胚胎就继续发育。家鸭的孵化期为28天。鸭胚胎发育过程和特征见表3-1。

表 3-1 鸭胚胎发育的过程与特征

鸭蛋孵化天数（天）	照蛋时的特征	胚蛋解剖时的特征
1～1.5	蛋黄表面有一颗颜色稍深、四周稍亮的圆点，俗称“鱼眼珠”或“白光珠”	胚盘重新开始发育，器官原基出现，但肉眼很难辨清
2.5～3	已经可以看到卵黄囊血管区，其形状很像樱桃，故俗称“樱桃珠”	血液循环开始，卵黄囊血管区出现心脏，开始跳动，卵黄囊、羊膜和浆膜开始生出
4	卵黄囊血管的形状像静止的蚊子，俗称“蚊虫蛛”。卵黄颜色稍深的下部似月牙状，又称“月牙”	胚胎头尾分明，内脏器官开始形成，尿囊开始发育。卵黄由于蛋白水分的继续渗入而明显扩大
5	蛋转动时，卵黄不易跟随着转动，俗称“钉壳”。胚胎和卵黄囊血管形状像一只小的蜘蛛，故又称“小蜘蛛”	胚胎头部明显增大，并与卵黄分离，各器官和组织都已具备，脚、翼、喙的雏形可见。尿囊迅速生长，从脐部向外凸出，形成一个有柄的囊状。卵黄囊血管所包围的卵黄达1/3。羊水增加，胚胎已能自由地在羊膜腔内活动
5.5	能明显看到黑色的眼点，俗称“起珠”“单珠”“起眼”	胚胎头弯向胸部，四肢开始发育，已具有鸟类外形特征，生殖器官形成，公母已定。尿囊与浆膜、壳膜接近，血管网向四周发射，如蜘蛛样
7	胚胎形似“电话筒”，一端是头部，另一端为弯曲增大躯干部，俗称“双珠”。可以看到羊水	胚胎的躯干部增大，口部形成，翅与腿可按构造区别，胚胎开始活动，引起羊膜有规律的收缩。卵黄囊包围的卵黄在一半以上，尿囊增大迅速

续表 3-1

鸭蛋孵化天数（天）	照蛋时的特征	胚蛋解剖时的特征
8	白茫茫的羊水增多，胚胎活动尚不强，似沉在羊水中，俗称“沉”。正面已布满扩大的卵黄和血管	胚胎已现明显的鸟类特征，颈伸长，翼、喙明显，脚上生出趾，呈水禽结构样。卵黄增大到最大，蛋白重量相应下降
9	正面：胚胎较易看到，像在羊水中浮游一样，俗称“浮” 背面：卵黄扩大到背面，蛋转动时两边卵黄不易晃动，俗称“边口发硬”	胚胎的肋骨、肺、肝和胃明显，四肢成形，趾间有蹼。用放大镜可以看到羽毛原基分布于整个体躯部分
10～11	蛋转动时，两边卵黄容易晃动，俗称“晃得动”。接着背面尿囊血管迅速伸展，越出卵黄，俗称“发边”	胚胎眼裂呈椭圆形，脚趾上出现爪，绒毛原基扩展到头、颈部，羽毛突起明显，腹腔愈合，软骨开始骨化。尿囊迅速向小头伸展，几乎包围了整个胚胎。气室下边血管颜色特别鲜明，各处血管增加
12～13	尿囊血管继续伸展，在蛋的小头合拢，整个蛋除气室外都布满了血管，俗称“合拢”“长足”	胚胎的头部偏向气室，眼裂缩小，喙具一定形状，爪角质化，全部躯干覆以绒羽。尿囊在蛋的小头完全合拢
14	血管开始加粗，血管颜色开始加深	胚胎各器官进一步发育，头部和翅上生出绒毛，腺胃可区别出来，下眼睑更为缩小，足部鳞片明显可见
15	血管继续加粗，颜色逐渐加深。左右两边卵黄在大头端连接	胚胎嘴上可分出鼻孔，全身覆有长的绒毛，肾脏开始工作。小头蛋白由一管状道（浆羊膜道）输入羊膜腔中，发育快的胚胎开始吞食蛋白

续表 3-1

鸭蛋孵化天数（天）	照蛋时的特征	胚蛋解剖时的特征
16	小头发亮的部分随着胚胎日龄的增加而逐渐缩小	胚胎头部位于翼下，生长迅速，骨化作用急剧。胚胎大量吞食稀释的蛋白，尿囊中有白絮状排泄物出现。绒毛明显覆盖全身，由于卵内水分蒸发，气室逐渐增大
17～19	小头发亮的部分逐渐缩小，蛋内黑影部分则相应增大，说明胚胎身体在逐日增长	胚胎的头部全在翼下，眼睛已被眼睑覆盖，横着的位置开始改变，逐渐与长轴平行。卵黄与蛋白显著减少，羊膜及尿囊中液体减少
20～21	以小头对准光源，看不到发亮的部分，俗称"关门""封门"	胚胎嘴上的鼻孔已形成，小头蛋白已全部输入到羊膜囊中，蛋壳与尿囊极易剥离，照蛋时看不到小头发亮的部分
22～23	气室朝一方倾斜，这是胚胎转身的缘故，俗称"斜口""转身"	喙开始朝向气室端，眼睛睁开，吞食蛋白结束。煮熟胚蛋观察，胚胎全身已无蛋白粘连，绒毛清爽，卵黄已有小量进入腹中。尿囊液浓缩
24～25	气室内可以看到黑影在闪动，俗称"闪毛"	胚胎两腿弯曲朝向头部，颈部肌肉发达，同时大转身，颈部及翅夹入气室内，准备啄壳。卵黄绝大部分已进入腹中，尿囊血管逐渐萎缩，胎膜完全退化
25～27	起初是胚胎喙部穿破壳膜，伸入气室内，称为"起嘴"，接着开始啄壳，称"见嘌""啄壳"	胚胎的喙进入气室，开始啄壳见嘌，卵黄收净，可听到雏的叫声，肺呼吸开始。尿囊血管枯萎。少量雏鸭出壳
27.5～28	出壳	出壳雏鸭初生重一般为蛋重的65%～70%，腹中尚存约有5克卵黄

(二)孵化条件

1. 温度 温度是孵化的首要条件。温度掌握的好坏,关系孵化的效果。在胚胎发育的整个过程中,各种物质的代谢,都是在一定的温度条件下进行的。温度过低,胚胎发育缓慢,严重时会死亡;温度过高,胚胎发育加快,孵化期缩短,而且雏鸭体弱,容易死亡。温度超过 42℃(107.6℉),经 2～3 小时后造成胚胎死亡;如温度低于 24℃(75.6℉),经 30 小时,孵化中的胚胎就全部死亡。

胚胎发育的不同阶段,对温度的要求也有所不同。发育初期,因胚胎幼小,还没有调节体温的能力,故需较高而稳定的温度;发育后期,由于脂肪代谢加速,产生大量的生理热,只需稍低的温度。因此,孵化期的温度应"前高、中平、后低",再结合孵化季节、外界温度、孵化器具以及胚胎本身的发育情况,做到"看胎施温",灵活掌握。

我国在孵化温度的掌握上,一般有恒温和变温两种方法。恒温孵化适用于在一台大孵化机内分批入孵,变温孵化适用于整批入孵。

我国广大农村,孵鸭蛋时,大多采用孵化机内孵与上摊床相结合的孵化方法。当外界气温在 10℃～15℃时,孵化机内的温度控制在:1～6 天为 38.6℃,7～13 天为 38.3℃。14 天上摊床。

鸭蛋变温孵化的施温标准,根据江苏省苏州市家禽孵化场等地的多年实践经验,提出了不同类型的种蛋在不同环境温度下的施温要求(表 3-2)。

表 3-2　鸭蛋变温孵化的施温标准　（上为℃，下为℉）

品种类型	孵化室内温度	孵化机内温度				
		1～5 天	6～11 天	12～16 天	17～23 天	24～28 天
小型蛋鸭	23.9～29.4	38.3	38	37.8	37.5	37.2
	75～85	101.0	100.5	100.0	99.5	99.0
绍兴鸭	29.4	38.0	37.8	37.5	37.2	36.9
	85 以上	100.5	100.0	99.5	99.0	98.5
中型麻鸭	23.9～29.4	38.6	38.3	38	37.8	37.5
卡基·康贝尔鸭	75～85	101.5	101.0	100.5	100.0	99.5
昆山鸭	29.4	38.3	38	37.8	37.5	37.2
高邮鸭	85 以上	101.0	100.5	100.0	99.5	99.0
大型肉鸭	23.9～29.4	38	37.8	37.5	37.2	36.9
北京鸭	75～85	100.5	100.0	99.5	99.0	98.5
狄高鸭	29.4	37.8	37.5	37.2	36.9	36.7
樱桃谷肉鸭	85 以上	100.0	99.5	99.0	98.5	98.0

2. 湿度　家禽胚胎对湿度的要求不像温度那样严格，适应的范围比较宽。如孵化机的温度稳定，即使机内相对湿度有一些偏差，也不会严重影响孵化率。尽管如此，胚胎发育仍要求有合适的相对湿度。如湿度偏高，蛋内水分不易蒸发，影响胚胎发育；湿度偏低，蛋内水分蒸发加快，容易造成粘连蛋壳的现象。特别是在使用有鼓风装置的大型孵化机时，空气流通快，蛋内水分容易蒸发，如不注意湿度控制，就会影响孵化效果。

孵化期间湿度掌握的原则是“两头高，中间低”。在孵化初期，因为胚胎要形成羊水和尿囊液，机内温度又较高，所以需要相对湿度大一些。一般第一周内的相对湿度应控制在 70％～65％。孵化中期，为了便于排除羊水和尿囊液，应降低相对湿度，控制在 60%～55%。孵化末期，为了防止雏鸭绒毛粘壳，又要提高相对湿度，最好在开始出雏时把相对湿度提高到 70%；当大批出雏时，再提高到 75%，然后逐渐下降，直至结束。

湿度可在机内挂相对湿度计测定，用增减水盘面积，或通过孵化室地面洒水或直接在蛋面喷洒温水来调节。

湿度过大，雏鸭体重大，绒毛长，过于嫩弱；湿度低，雏鸭绒毛干而粘连。掌握适宜的湿度使初生雏的体重正常，一般为蛋重的 65%～70%。

3. 通风 鸭胚胎在发育过程中，不断吸入氧气，排出二氧化碳。为保持胚胎正常的气体代谢，必须供给新鲜空气。孵化机内二氧化碳的最高允许量为 1.5%～2%，超过 2%，胚胎发育迟缓，死亡率增高，出现胚位不正和畸形等现象。一般要求孵化机内的氧气含量不能低于 20%，二氧化碳含量在 0.3%～0.6%。

孵化初期，胚胎的物质代谢能力较低，需要氧气较少。至中后期，随着尿囊的发育，呼吸量逐渐增大，孵至最后两天，胚胎开始用肺呼吸，吸进的氧气和排出的二氧化碳显著增加。通风换气的程度，应随胚胎发育时期而定。

近年制造的孵化器，一般都较注意机内的通风装置，开设了进出气孔，有的增加了风扇数量，有的加快风扇的转速。具体掌握时，只要不影响温度，通气越畅越好。

通风的要领是按胚龄大小，开启通气孔。将孵化全程分成 3 期，前期开 1/4～1/3，中期开 1/3～1/2，后期全开。如分批孵化，孵化机内有两批以上的蛋，而外界气温不是很低，可以全部打开通气孔。

4. 翻蛋 翻蛋的目的是使胚胎各部受热均匀，避免与蛋壳粘连，使不同部位的蛋受热均匀，并促进气体代谢，有利于营养吸收，提高孵化率。

机器孵化有自动或半自动翻蛋系统，可根据需要定时自动翻蛋，一般每昼夜可翻蛋 4～12 次。在整个孵化期中，翻蛋次数前后期可以有变化，开始第一周特别重要，其中以第四至第七天最为重要，可以适当增加翻蛋次数，而在孵化的最后 3 天可以停止翻蛋。翻蛋的角度以 90°～110°效果最好。

5. 凉蛋　孵化至中期后，胚胎的物质代谢产生大量的生理热。凉蛋的目的是短时间内降低蛋温，帮助胚胎散发多余的生理热，促进气体代谢，增强血液循环和胚胎调节体温的能力，从而提高孵化率和雏鸭的品质。

天然孵化时，母鸭出来采食和排粪；人工孵化时，进行照蛋等活动，实际上都是凉蛋。鸭蛋的脂肪含量高，孵至第十六至第十七天后，常常蛋温上升，对氧气的需要量也增加，必须排除大量余热。因此，孵鸭蛋时，凉蛋更重要。

凉蛋的方法很多，机器孵化鸭蛋时，每天打开机门 2 次，对已经孵化 18～24 天的蛋，连同蛋盘从蛋架上抽出 1/3，进行凉蛋。25 天落盘以后直至出雏，每天也凉蛋 2 次，可以间隔地抽出雏盘。凉蛋时如发觉蛋温过高，达到烫眼皮的程度，应立即将蛋盘（雏盘）拿到机外放冷，也可喷上 40.5℃的温水，直到用眼皮感触蛋身温和时，再送入机内。凉蛋的时间，随季节、室温、胚龄而异，通常为 20～30 分钟。大型电孵机，凉蛋时一般关闭电热源，只开动风扇，让机温自然下降。有的采取机孵和上摊床相结合的方法，通过翻蛋来进行凉蛋。

6. 喷雾　这是一项凉蛋和加湿相结合的措施，是鸭蛋孵化中后期经常采用的有效技术。因为鸭蛋脂肪较多，孵化中产热量大，蛋表面温度能达到 39℃以上，靠通风凉蛋不能抑制胎儿活动。尤其是出雏前，鸭胚在壳内转身，呼吸代谢加强，产生的热量更多。此时更需要用 35℃～37℃温水向胚蛋喷雾，以降低蛋温，增加相对湿度。

三、民间传统的孵化方法

主要有缸孵法、炕孵法和炒谷孵化法3种。炕孵法盛行于北方，炒谷孵化法盛行于南方，江浙一带都采用缸孵法。

（一）缸孵法

1. 缸孵法的主要设备 孵化的设备主要是土缸和蛋箩。土缸用稻草编织成筒状，再抹上黏土制成。缸壁高90厘米，厚8厘米，内抹2厘米厚的黏泥。内径为71厘米。中下部放一口径88厘米的铁锅。锅上遍涂泥土和炭渣的混合物，锅中放土坯，作为蛋箩的垫物。其顶端放一块削成凸面的棉籽饼，便于蛋箩转动自如。缸壁下侧设有40厘米×40厘米的灶口，供生火加温用。灶口塞也用稻草编制。蛋箩用竹篾编制而成，箩口直径为67～70厘米，箩高38～40厘米，可盛种蛋700～800个。缸盖用稻草编制，口径为100厘米，高25厘米（图3-1）。

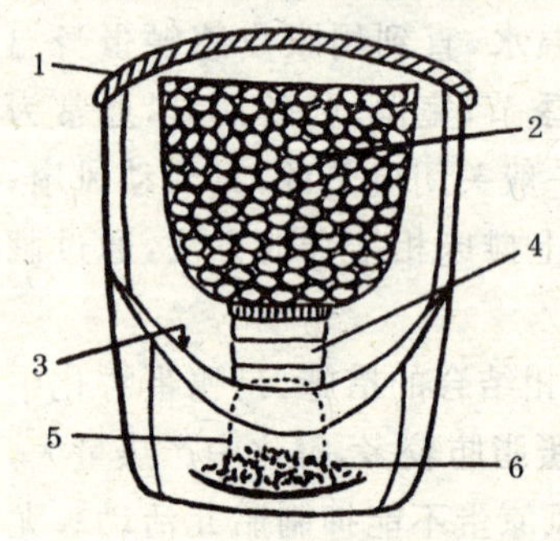

图3-1 土缸孵化法示意图

1. 草盖 2. 蛋箩里种蛋 3. 铁锅上涂泥 4. 土坯 5. 火门 6. 炭火盆

缸孵法第二阶段的设备是摊床。摊床可用木头或水泥做架，配有竹条草席及保温用的棉絮、棉毯、被单。摊床应设在孵缸上面，根据生产规模和孵室大小，可设1层、2层乃至3层（详见摊床孵化法）。

2. 管理方法 缸孵法分新缸期和陈缸期两个阶段。第一至第五天为新缸期，第六至第十二天为陈缸期，随后即可上摊床。种蛋入缸前，先用稻草及炭末为燃料生火烧缸，既可除净缸内湿气，又为孵房加温。一般预烧3天左右，使缸内温度达到39℃。然后将盛有种蛋的竹箩放入缸内，盖上缸盖进行孵化。3小时后可开始翻蛋。翻蛋方法有3种：一种叫"抢心法"：翻蛋时上与下、边缘与中间的蛋互换位置，翻至中心时，应取出180～200个蛋放于一边，待全部翻完后，将取出的蛋放在最上面。一种叫"取面法"：翻蛋时先取出面上种蛋150个放于一边，待翻至中心时，又取出150个种蛋放于另一边，并将先取出的150个面蛋放到中心，再继续翻完为止，最后将取出的中心蛋放在上面。另一种叫"平缸法"（或称"匀缸"）：翻蛋时只将上与下、边缘与中间的种蛋调换位置即可。

新缸期第一天翻蛋5次，第一次"抢心"，另外4次"取面"。其余4天每天翻蛋4次，第一次"抢心"或"取面"，另外3次为"平缸"法。

新缸期结束后，转入陈缸孵化期，每天翻蛋4次，每次间隔6小时。头两天第一次翻蛋采用"抢心"或"取面"，其他3次为"平缸"，后3天均用"平缸法"翻蛋。翻蛋操作时，动作要轻稳敏捷，防止打破。种蛋要排平，内外上下分别堆放，以防混层。

每次翻蛋时，要掌握所需温度。一般翻蛋前温度要升高些，翻后要加温到所需的温度，保持平稳。缸内的温度可通过生火、盖灰、去灰、开合灶门、启放缸盖等方法进行调节。上摊后以盖被、去被来调节。具体视胚胎发育状况和气温高低，灵活掌握。

陈缸期结束后，一般在第十三天将蛋转入摊床，俗称"上摊"，开始摊床孵化（详见摊床孵化法）。

（二）炕 孵 法

采用控制烧火的次数、增减覆盖物、调整种蛋在炕面上的位置、调节室温等多种措施，以达到控制种蛋所需要的合适温度。这种炕用土坯砌成，与北方群众冬季睡觉保暖的土炕相似（图3-2）。

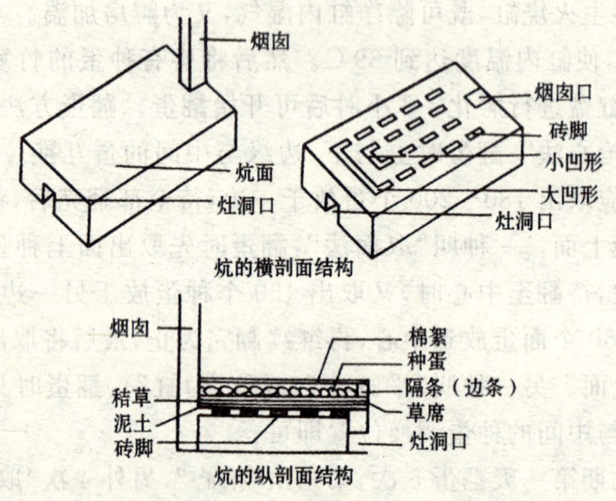

图 3-2　炕孵法示意图

(三)炒谷孵化法

用普通木桶(糊上数层纸)作为盛蛋的孵化箱,热源主要是将稻谷炒热,再用麻布包裹,鸭蛋也用麻布或网袋包裹,然后一层炒谷,一层蛋,相间放入桶内,桶的表面再放一层炒谷(图 3-3)。通过炒谷与蛋的相互叠放,来调节孵化温度。孵化一段日期以后,有的用胚龄长、已经能自身产生温度的后期胚蛋与初入孵的新蛋分层交互叠放,这时不用炒谷作热源,而是用“蛋孵蛋”的方法。

(四)平箱孵化法

平箱孵化法是在总结我国传统的人工孵化法的基础上,特别是在土缸孵化法的基础上改革而成的。既保留了土缸孵化结构简单、采暖容易的优点,又吸取了机孵法的某些方法,减少了蛋的破损和劳动强度,操作简便。热源可以用木炭,也可以用电热板。此法在20世纪70～80年代已广泛应用。

1. 平箱的构造　平箱高157厘米，宽、长均为96厘米，一般两只箱子并在一起，外形像一只长方形的大箱子。可就地取材，木材、土坯、厚纸板、纤维板均可。箱的底座用土坯砌，支架用5厘米见方的木头，再用纤维板做成夹层。中间用松软的废棉絮、玻璃纤维、塑料海绵等填充。箱内装有转动式的蛋架，蛋架底部和上部的中心，有一个轴心柱，既能支撑住蛋架，又能旋转自如(图3-4)。箱内蛋架共有7层，上面6层放蛋筛，蛋筛圆形，直径76厘米，由竹篾编成，边高8厘米。最下层不孵蛋，只放一个空竹匾，起缓冲温度的作用。每只平箱可孵鸭蛋900个。

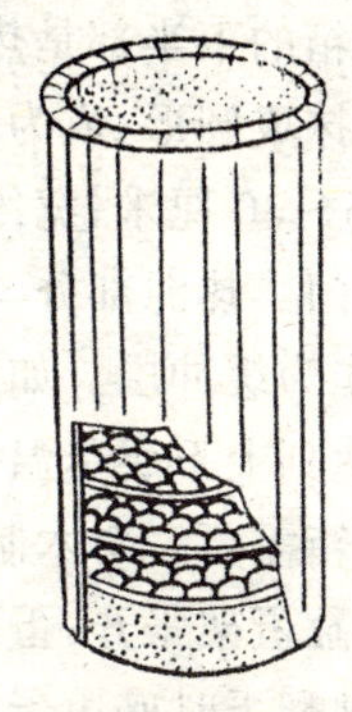

图3-3　炒谷孵化法示意图

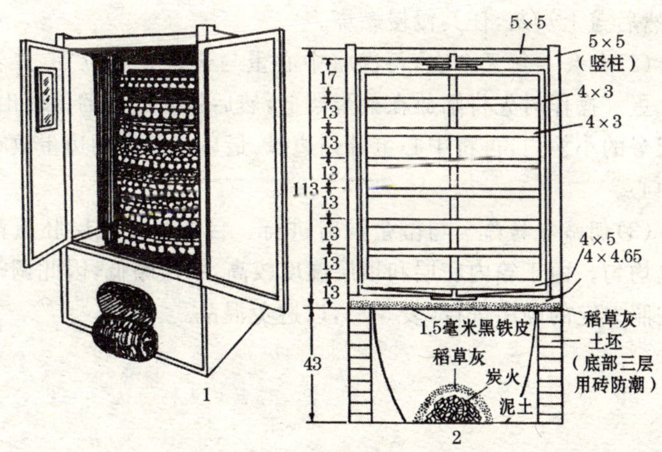

图3-4　平箱孵化法示意图　(单位:厘米)

1. 平箱的正侧面　2. 平箱的剖面

平箱的下半部是热源部分，四周用土坯或砖块砌成，内部四角用泥涂抹成圆形，成为一个圆形炉膛（一般用炭火加温），正面留一个高 25～30 厘米、宽约 35 厘米的炉口，并用稻草编成炉门，或装个活动门。热源部分与箱身的连接处安放一块厚铁板，上面抹一层泥，作为缓冲层。如底筛的蛋温仍高于顶筛时，可再铺 1 层稻草灰，以达到上下层蛋温一致为准。

平箱需要一个木制的翻蛋架，其内径比蛋筛略大，翻蛋时将三角形的翻蛋架张开，蛋筛放在上面进行操作。此外，还要准备一个小箩，供翻蛋时盛边蛋用。

2. 平箱孵化的操作方法

(1)加温　平箱的热源一般都用木炭屑，引燃后上面覆盖稻草灰，以延缓燃烧速度，保持恒温。每天加炭 1 次，一般在下午 2 时左右进行。每次加两三铲，视气温高低而增减。加炭时先用火铲把盖在上面的一层炭灰拨向两边，再将引燃的炭屑刮平，然后用火铲在炭面上铲一条裂沟，将新炭放在其中，再用火铲将炭屑表面整平，然后盖上炭灰，任其慢慢燃烧。

(2)翻蛋　每天 3 次，每次将中心蛋与边蛋互调位置，并转动每个蛋。操作时先将筛放在翻蛋架上，然后将筛周围的蛋取出，放在架旁的小箩内，再将中心蛋翻到边缘，最后将箩内的边蛋放在筛的中心。

(3)调筛与转筛　与翻蛋同时进行。目的是使各层胚蛋都能受热均匀。由于箱内底层和顶层温度较高，中层略低，因此调筛时要按照一定的顺序进行（表 3-3），以避免混乱。

表 3-3　调筛循环顺序表

层　次	循环调筛后的排列	顺序倒筛法后的排列
1	2 3 6 1 4 5	6 5 4 3 2 1
2	3 6 5 2 1 4	1 6 5 4 3 2
3	6 5 4 3 2 1	2 1 6 5 4 3
4	5 4 1 6 3 2	3 2 1 6 5 4
5	4 1 2 5 6 3	4 3 2 1 6 5
6	1 2 3 4 5 6	5 4 3 2 1 6
空匾(底层)		

同时,由于靠箱壁处的温度较高,为使蛋温均匀,应每隔 2 小时将筛转动 1 次,每次转 180°。

测定平箱内的温度有两种方法:有经验者用人身感温判断温度高低;一般都在箱内挂温度计。但判断温度是否恰当,最好的办法是"看胎施温",即根据胚胎在不同孵化时期是否达到标准的发育程度施温。早春孵鸭蛋时,有"新缸不能低,老缸不能高"的说法。新缸期内,胚胎无自温能力,温度宜稍高些。到了陈缸期,特别是孵到第十三至第十六天后,胚胎自温能力增强,箱内温度不能高。

现在,平箱孵化又有发展,有的把热源改为电、炭两用,即在底部装 1 块 300 瓦电热板,用水银导电表和继电器控制。有的把几个平箱连在一起,下面铺设烟道,烧煤或烧柴供热。

(五)摊床孵化法

摊床孵化是炕孵、缸孵或平箱孵化后期普遍采用的一种方法。摊床孵化不用热源,依靠胚蛋后期的自身温度及孵化室的室温,进行自温孵化,因而是一种十分经济实用的方法。

1. 摊床的构造和设备　摊床一般设在孵化器(包括土缸、土炕、电孵机）的上方（图 3-5），以充分利用空间和孵化器的余热。如果孵化室太大，不易保温，或者房舍低矮，可单独设置摊床孵化室。

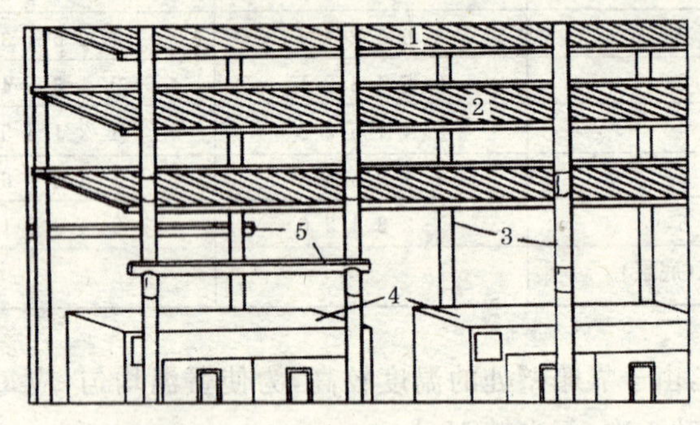

图 3-5　摊床在孵化室内的设置

1. 第三层一般用作堆放杂物　2. 摊床　3. 摊床架
4. 电孵机　5. 踏脚木（可以同时对面操作）

摊床是用木头（或水泥桩或三角铁）做架，钉上竹条，然后铺上棉絮或草席。孵化时根据胚龄的大小及室温的高低，配备棉絮、棉毯或被单等物，以保持胚胎所需温度。摊床的面积根据孵化室的大小及生产规模而定，可设 1～3 层，每层间距约 80 厘米。摊床应底层最阔，越上层越窄，便于操作时站立。一般底层宽 1.8 米时，每上一层收进 10～20 厘米。摊床的长度与房屋的长度相等。

2. 上摊时间　鸭蛋在第十四天，即在第二次照蛋以后上摊。如果外界气温低，可以稍微推迟上摊时间。

3. 温度调节　摊床的温度应掌握“以稳为主、以变补稳、变中求稳”的原则。即要求中心胚蛋的温度保持平稳正常；中心蛋达到适温，边蛋必然偏低，通过翻蛋，调整边蛋和心蛋的位置，以求温度的均衡；需要升温时，不可升得过高过快，变温不能太大，要讲究稳。调节温度有 3 种方法：翻蛋、掀盖覆盖物和以不同方式叠放胚蛋。其中,翻蛋使温度均匀,并增加胚蛋活动。胚蛋在刚上摊时,一般叠放成双层蛋(摊),随着蛋温的增高,上层可放稀些。具体举例如下:如早上上摊,先把胚蛋摆成双层摊,盖被折成 3 层盖上;下午 3 时翻蛋后,上层蛋放稀些,盖被折成两层盖上;第二天清晨把上层蛋再放稀些(俗称“棋摊”,像摆棋子一样疏散开),盖被只盖一层;第二天下午就放平了(即一层蛋)。一般鸭蛋到 16 天下午放平,此时只盖一层被。

4. 摊床的管理 管理摊床,主要应勤看,勤掀,勤盖。根据胚蛋发温的特点,确定每天检查次数。上摊头 3 天,胚蛋自温能力不强,可以每 3 小时检查 1 次温度;以后随着蛋温的升高,可每 2 小时检查 1 次;将要出壳时,要随时检查,更需勤掀勤盖。要准确掌握“掀、盖”的技巧,还须做到四看。

一看胚龄。胚龄越大,自温能力越强,特别是在“封门”以后,胚蛋自发温度大大提高。因此,随胚龄增大,覆盖物由多到少,由厚到薄,覆盖时间由长到短。

二看外界温度。冬季和早春,气温和室温较低,要适当多盖,盖的时间略长些;夏季外界温度高,适当少盖,盖的时间要短些;早晨及下半夜,外界温度低,适当多盖;中午及上半夜,要适当少盖。

三看上一遍的覆盖物和蛋温。应根据蛋温的高低或适中等不同情况,适时增减覆盖物。一般边蛋的蛋温正常,则翻蛋后仍按原物覆盖;边蛋的蛋温略低,翻蛋后就多盖一些,待蛋温升高后,再适时减盖,以免超温;如盖后蛋温不均,要将盖被抖凉后再盖。

四看胚胎发育。摊床温度掌握是否合适,主要观察胚胎发育是否达到标准长相。如果上摊前胚蛋及时“合拢”,则上摊后的温度按正常掌握;如“合拢”推迟,则摊床温度应略高些;如胚蛋“合拢”较标准长相提早,则摊床温度应略低些。鸭蛋孵至 20～21 天时要特别注意,最好照蛋观察。一般是“封门”前温度略高些,“封门”后温度略低些。“封门”后要保持“人身蛋温”(即人用眼皮接触胚蛋测温,感觉与人体温相仿的温度)。

在具体操作时,如果温度适当,可以边翻蛋,边盖被,按正常要求操作;如温度过高,要及时掀被散温;如温度偏低,要减少翻蛋次数,适当多盖,并尽可能提高室温。

四、现代电机孵化方法

随着养禽事业的不断发展和科学技术的进步,传统的孵化方法已不能适应新的要求。因此,电机孵化法得到推广和普及,在经济较发达地区已逐步取代传统孵化方法。现在,电机孵化已壮大成一个产业,逐渐向容量大型化、操作自动化的专业方向发展。

(一)孵化厂的总体布局和孵化设施

1. 孵化厂的总体布局

(1)孵化厂的环境　孵化厂是一个独立的隔离单元,必须与外界保持可靠的隔离,还要远离工厂和住宅区,也要与养禽场或别的孵化厂拉开距离。孵化厂内外要有专用通道。

(2)孵化厂的规模　孵化厂应根据市场需要和种蛋来源确定适当的规模,然后进行配套设计。孵化厂应包括孵化室、出雏室、贮蛋库、操作室、消毒室、淋浴室、卫生间以及附属的停车场、厂内道路、废杂物与污水处理设施等。

(3)孵化厂的设计原则　从种蛋进入孵化厂到雏鸭发送的生产流程,由一室至毗邻的另一室循环运行,不能交叉往返。从种蛋到雏鸭发送的生产流程和孵化厂的总体布局如图 3-6 所示。

孵化厂必须确保用水量和排水顺畅;孵化厂用电必须要有保证,不能停电,即使停电了也要有备用电源,或建立双路电源。

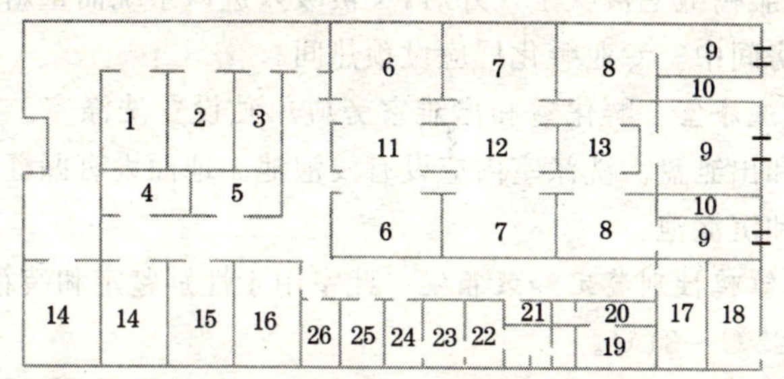

图 3-6 孵化厂总体布局示意图

1. 收蛋间 2. 蛋库 3. 熏蒸间 4. 制冷间 5. 预热间 6. 入孵间 7. 出雏间 8. 雌雄鉴别间 9. 雏鸭存放间 10. 垫料库 11. 蛋盘洗涤间 12. 照检间 13. 出雏盘洗涤间 14. 办公室 15. 试验室 16. 休息室 17. 修理间 18. 变电间 19. 男更衣室 20. 男浴室 21. 男更衣室 22. 女更衣室 23. 女浴室 24. 女更衣室 25. 女厕 26. 男厕

2. 孵化厂各类建筑物的要求

(1)种蛋接收与装盘室 此室的面积宜宽大些,以利于蛋盘的码放和蛋架车的运转。室温以保持在 18℃～20℃为宜。

(2)熏蒸室 用以熏蒸或喷雾消毒入厂待孵的种蛋。此室不宜过大,应按一次熏蒸种蛋总数计算。门、窗、墙、天花板结构要严密,并设置通风装置。

(3)种蛋存放室 此室的墙壁和天花板应隔热性能良好,通风缓慢而充分。要设置空调机,使室温保持在 13℃～15℃。

(4)孵化室、出雏室 此室的大小以选用的孵化机和出雏机的机型来决定。吊顶的高度应高于孵化机或出雏机顶板 1.6 米。无论双列或单列排放均应留足工作通道,孵化机前约 30 厘米处应开设排水沟,上盖铁栅栏,栅孔 1.5 厘米,并与地面保持平齐。孵化室的水磨地面应平整光滑,地面的承载能力应大于 6 865 帕(700 千克/米^2),室温保持 22℃～24℃。孵化室的废气通过水浴槽排出，以免雏鸭绒毛被吹至户外后，又被吸入进风系统而重新带入孵化厂各房间中。专业孵化厂应设预热间。

(5)洗涤室　孵化室和出雏室旁应单独设置洗涤室。分别洗涤蛋盘和出雏盘。洗涤室内应设有浸泡池。地面设有漏缝板的排水阴沟和沉淀池。

(6)雏鸭性别鉴定和装箱室　此室用于性别鉴定和装箱，室温应保持25℃～31℃。

(7)雏鸭存放室　装箱后的暂存房间，室外设雨篷，便于雨天装车。室温要求25℃左右。

(8)照检室　应安装可调光线明暗的百叶塑料窗帘。

3. 孵化厂各类用房的面积　孵化厂各类用房的面积与孵化总量和每周入孵、出雏次数相关。现按每周出雏2次计算，孵化厂各类房间的建筑面积见表3-4，供参考。

表3-4　孵化厂各辅助房间的面积　(每周出雏2次)

室　别	按孵化机容量计算 每1000个种蛋需面积(平方米)	按出雏机容量计算 每1000只混合雏需面积(平方米)
收蛋室	0.19	1.39
贮蛋室	0.03	0.23
雏鸭存放室	0.37	2.79
洗涤室	0.07	0.55
贮藏室	0.07	0.49

4. 孵化设备要求

(1)孵化机的容量　应根据孵化厂的生产规模来选择孵化机的型号和规格。当前国内外孵化机制造厂商均有系列产品，每台孵化机的容蛋量从数千枚至数万枚，巷道式孵化机可达6万枚以上。

(2)孵化机的结构　孵化机的箱体外壳由多层胶合板喷塑、塑料板、彩涂钢板或铝合金板等材料制作,夹层内充填保温材料。

蛋架有八角形蛋架和移动式蛋架车两种。采用蛋架车设计,孵化箱底部有导轨槽和无导轨槽两种。

孵化箱的通风系统采用空气搅拌系统大直径混流式叶片,中间对称布置,机内各处的空气交换迅速,无涡流死区。整箱入孵后箱内各部位的温度保持均匀。

孵化机有冷却降温系统。大、中型孵化机设置有空冷和水冷两套冷却降温系统,可加快冷却降温速度。

加湿系统采用柱形圆盘式回转加湿器。圆型塑料加湿片带水性能强,蒸发面大,加湿效率高。

加热系统以多组金属外壳密封电热器组成,排列位置恰当,可使机内温度的均匀性达到最佳状态。

进气、排气系统能自动和手动控制启闭。保证废气排出和新鲜空气进入。

(3)孵化机自控系统　有模拟分立元件控制系统、集成电路控制系统和电脑控制系统 3 种。集成电路控制系统可预设温度和湿度,并能自动跟踪设定数据。电脑控制系统可单机编制多套孵化程序,也可建立中心控制系统,一个中心控制系统可控制数十台以上的孵化单机。孵化机可以数字显示温度、湿度、翻蛋次数和孵化天数,并设有超高、低温报警系统,还能自动切断电源。

(4)孵化机技术指标　孵化机技术指标的精度不应低于所列下限指标。温度显示精度 0.1℃～0.01℃,控温精度 0.2℃～0.1℃,箱内温度场标准差 0.2℃～0.1℃;湿度显示精度 2%～1% RH,控湿精度 3%～2% RH。

(5)出雏机　与孵化机相同。如采用分批入孵、分批出雏制,一般出雏机的容蛋量按 1/4～1/3 与孵化机配套。

(二)电孵机的操作方法

1. 试表、试温 每次孵化前,先将温度表与标准的温度水银球平列,同时放到盛有38℃温水的玻璃杯中观察是否有温差。如有差异,则要记清差异的数字,如差异太大,这只表便不能使用,必须调换。入孵前,试机运转,温度较稳定,一切正常方可入蛋。

2. 孵化机消毒 一般都用福尔马林加高锰酸钾熏蒸。每立方米用20～30毫升福尔马林,加入高锰酸钾10～15克。方法是,先关闭进出口气孔,停止风扇转动。将计算好的高锰酸钾量,称出放入容器中,置于孵化机的下部,然后加入所需的福尔马林,迅速关闭机门,经20～30分钟,打开机门和进出口气孔,取出容器,开动鼓风机,尽快将甲醛气体吹散。这种熏蒸消毒法,方法简便,效果好,而且种蛋和机器可同时进行消毒。

3. 进蛋 种蛋要在入孵前一天选好,在入孵前12小时运到孵化室预热,以蒸发蛋壳表面的水分。种蛋保存的温度低,预热的时间愈长,预热的必要性越大。选好的种蛋,大头朝上,放在蛋盘上,每行的蛋数要一致,以便清点记数。进蛋可分批进,也可以一批进。分批进蛋,可使孵化各项工作匀开,种蛋也比较新鲜。为便于进行各项操作,蛋盘上要有标号,或者涂以不同颜色,每批进蛋按同一盘色。盘号是蛋盘所在的位置,以便对号抽送。

4. 温度的调节 每隔半小时观察机温1次。观察时要注意眼睛和水银柱的最高点处于同一水平线,以减少误差。在刚入孵时,或停机重新开动时,要特别勤于观察。如调节器性能稳定可靠,调准以后,不要轻易扭动。只有当机温偏离标准温度0.5℃以上时,才调节。但每次调节的幅度要小,使机温逐步稳定在允许的温差范围之内。

5. 湿度的调节 机内要安放孵化湿度计或干湿球湿度表,便于客观地反映出机内的相对湿度。没有自动调湿装置的电孵机,底部水盘要定时加水(天冷时加温水)。如感到湿度不足,可提高水温或采取喷洒温水的办法提高机内湿度。

出雏时需要较高的湿度。此时由于雏鸭的绒毛常浮于水盘的表面,使水分蒸发减少,因此要经常换水,必要时可对胚蛋喷洒温水。

6. 翻蛋 一般每隔3～4小时翻蛋1次,定时进行。翻蛋动作要轻稳,角度要达90°以上。

7. 照蛋 照蛋的目的是了解胚胎的发育情况,及时剔除无精蛋、死胚蛋,提高孵化效果。照蛋的方法很多,一般都用照蛋灯或验蛋台验照。其构造见图3-7,图3-8。

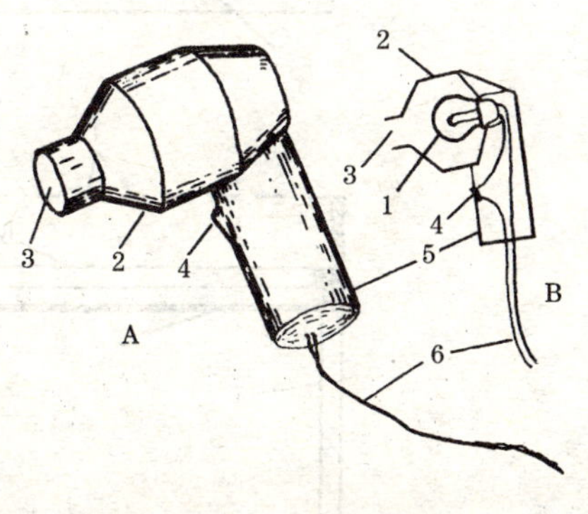

图3-7 验蛋灯

A. 外形 B. 结构模式

1. 灯泡 2. 外壳 3. 照蛋口

4. 开关 5. 把手 6. 电线

照蛋一般进行2次,头照在第六天进行,二照在第十三至第十四天进行。区分受精蛋与无精蛋,死胚蛋与活胚蛋,弱胚蛋与正常发育的胚蛋(图3-9)。并将活胚以外的蛋拣出,分别处理。

活胚:血管明显,气室界线分明,可见胚的黑影活泼移动。

无精蛋:色浅,无血管,蛋黄一般不下沉。

散黄蛋:色浅,无血管,蛋黄形状不整。

死胚:头照时蛋黄下沉,色较浅,有血点、血线、血环。

照蛋时,动作要轻、快、准;抽盘、放盘要稳,防止碰震;观察要认真、详细,拣出的蛋要复照1次,尽力避免漏照与错照。照蛋时应尽量缩短停电的时间。

孵化水平较高的孵化场,头照和二照的死胚蛋,均不超过

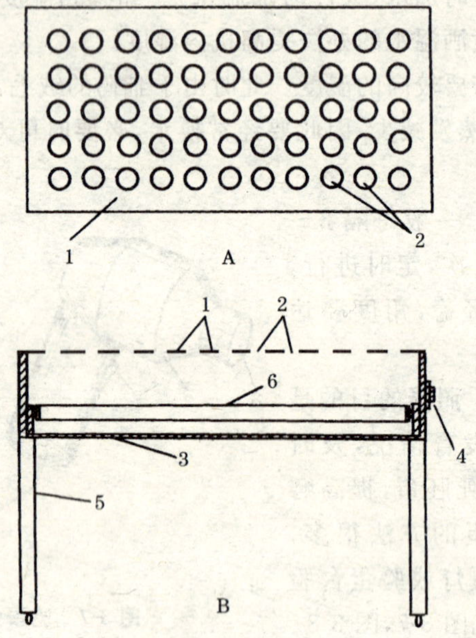

图 3-8　验蛋台

A. 平面图　B. 剖面图

1. 台箱面　2. 照蛋孔　3. 台箱(内置电光源)

4. 开关　5. 台腿(下端装小轮)　6. 灯管

2%～3%。落盘后的死胚不超过5%～7%。头照死胚较多,主要原因是饲养管理不当;落盘后死胚较多,也可能是孵化条件不适当。开始孵化时,如胚胎发育普遍较慢或过快,要检查温度是否正确。在孵化的第六天进行的头照和在第十三至第十四天进行的二照,是检验胚胎发育的关键时期,必须及时进行。头照胚蛋发育的主要特征是眼球有色素沉积。二照胚蛋发育的主要特征是尿囊在蛋的小端合拢。有时在第二十五天进行三照,胚蛋的特征是有黑影在气室内闪动。

8. 落盘 将胚蛋由孵蛋盘移至出雏盘中叫落盘。落盘最好在胚蛋有5%啄壳时进行。一般鸭蛋在第二十五天时进行。落盘时，出雏盘不能直接放在地面上，要垫起一层，以免胚蛋受凉。如出雏盘边框较矮，需在四周上方套一网架，以免雏鸭由盘中窜出。

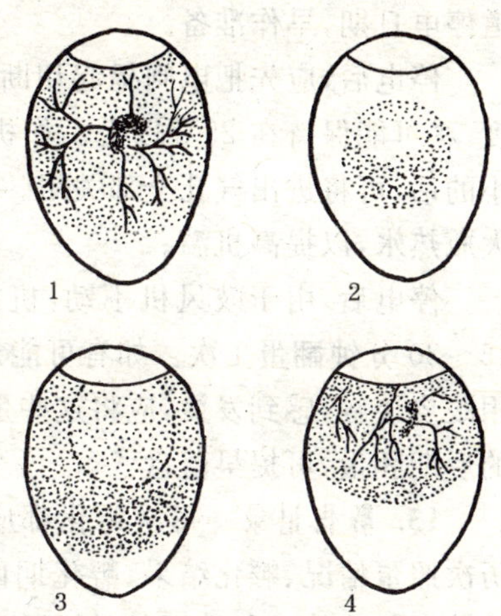

图 3-9 头照时各种蛋的形状

1. 受精蛋(正常) 2. 无精蛋 3. 死胚蛋 4. 弱胚蛋

9. 拣雏 雏鸭出壳后，绒毛基本干燥，即可拣出，不可长期留在出雏盘内，以免影响雏鸭健康。绒毛未干的雏不可拣出，以免受凉。

10. 人工助产 出雏后期，有的蛋虽已啄破一个洞(特别是蛋的小头破壳)，但绒毛干燥，甚至与壳膜粘连。这种壳膜已发黄的蛋，需要人工助产。尤其是北京鸭胚，更需帮助。可小心地避开壳膜剥离蛋壳，将雏鸭头部从翅下拉出，任其自然挣脱。助产时如遇壳膜仍为白色，内壁胎膜上的血管清晰可见，要立即停止，过一段时间后再助产。

11. 清理 雏鸭大批出壳以后，留下的胚蛋可进行一次照蛋，取出死胚，把剩下的活胚蛋合并盘子，使尽可能地保温，并适当提高机内温度和湿度，以利弱胚出雏。如不便照蛋，可用温水检验法。取一盆40℃左右的温水，把没有出壳的蛋浸入水中，稍停片刻，看到在水中跳动的为活胚，浮着不动的为死胚。出雏完毕，将用过的机具进行清洗与消毒，以备下次再用。

12. 停电时的应急措施 规模较大的孵化场，应自备发电机。没有发电机的单位，在孵化前，应先与供电单位联系，以便预先知道停电日期，早作准备。

停电后，应先把电闸提起切断电源，将炉火生旺，提高室内温度，尽可能保持在25℃以上。如机内只有一批蛋，而且胚龄还幼小的话，可将进出气孔全部关闭。如机温下降较快，可在机内放几大瓶热水，以提高机温。

停电后，由于鼓风机不动，机内温度上部高，下部低，应每隔15～30分钟翻蛋1次。如有可能定时转动风扇。要勤于检查，如用眼皮接触，感到发烫，应将这些蛋放到下层。机内如有接近落盘的后期胚蛋，可提早落盘。

13. 孵化记录 每次孵化都应将进蛋日期、蛋数、种蛋来源、历次照蛋情况、孵化结果、孵化期内的温度变化等记录下来，以便统计孵化成绩。各种记载，尽可能用统一的表格，以利工作。

五、嘌蛋和初生雏鸭的管理

(一)嘌 蛋

将快要出壳的胚蛋，运输到另一地方出雏，这个过程称为嘌蛋。嘌蛋是我国人工孵化技术的特色之一。它比运输雏鸭更方便，特别在天气炎热或交通不便的地区，嘌蛋更有实际意义。

嘌蛋的方法是将孵化20天以后的鸭蛋，经照验剔除死胚、弱胚后，装在竹箩筐里(江浙一带多用圆形箩，高18厘米，直径60～64厘米)，四周用报纸糊好，筐底垫一层稻草，每筐放3～4层，上盖棉被保温。在火车或船上，可以几个筐摞在一起，四周再用棉被包住，放在避风处，严防雨淋。路上每3～4小时检查1次蛋温，发现蛋温过低或过高，要及时调整。启运日期应根据路程而定，以出雏前能到达目的地为原则。如途中运行需要4天，则以孵化第二十三天启运为宜。

嘌蛋途中的管理，根据不同季节而有所区别。冬季或早春嘌蛋主要是保温；夏季嘌蛋主要是散热，气温超过30℃时，竹箩筐四周不可糊纸，底下不垫稻草，只垫一层报纸，蛋只放一层或一层半（即上层蛋放得稀些）。途中严防暴晒或雨淋，把蛋放在通风阴凉处。

夏季空运嘌蛋，要先了解飞行时间、飞行高度以及飞行过程中机舱内的温度。一般升空后机舱内的温度低于地面的气温，应先在装蛋的舱底垫好棉毯，蛋箩摆好后，适当加盖被单或棉毯，以免受凉，同时将蛋箩排齐排紧，靠紧一面舱壁，用绳适当固定，以防飞机倾斜时滑动。飞机着陆后，应尽快取出嘌蛋，根据当时的蛋温情况，或翻蛋降温，或堆放升温，要及时进行适当的处理。

(二)强弱分级

每次孵化，总有一些弱雏和畸形雏。出雏后，在发运之前，要进行严格的挑选分级。畸形雏坚决淘汰，弱雏单独饲养，绝不可留作种用。强弱雏的区别，见表3-5。

表3-5　强雏和弱雏的区别

项　目	强　雏	弱　雏
出壳时间	正常时间内	过早或最后出雏
绒　毛	绒毛整洁，长短适合，色素鲜浓	蓬乱污秽，缺乏光泽，有时绒毛短缺
体　重	体态匀称，大小均匀	大小不一，过重或过大
脐　部	愈合良好，干燥，其上覆盖绒毛	愈合不好，脐孔大，触摸有硬块，有黏液，或卵黄囊外露，脐部裸露
腹　部	大小适中，柔软	特别膨大
精　神	活泼、腿干结实，反应快	痴呆、闭目、站立不稳，反应迟钝
感　触	饱满，挣扎有力	瘦弱、松软、无挣扎力

(三)雌雄鉴别

雏鸭的雌雄鉴别,有鸣管鉴别和肛门鉴别两种方法,使用最普遍、准确率最高的是肛门鉴别法。现介绍如下。

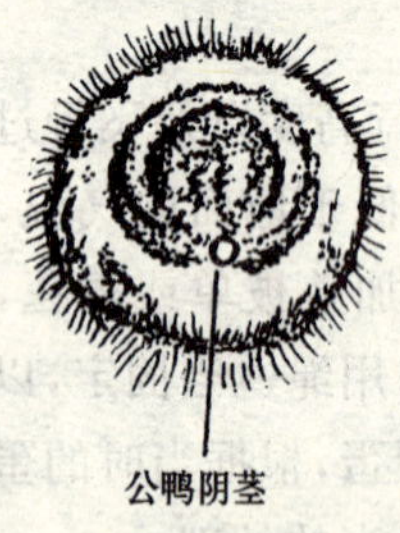

图 3-10　公雏鸭的阴茎

初生的公雏鸭,在肛门口的下方有一长 0.2～0.3 毫米的小阴茎,状似芝麻,翻开肛门时肉眼可以看到(图 3-10,图 3-11,图 3-12)。但有经验的孵坊鉴别师,都不翻肛门,而是采用捏肛法。鉴别时,左手抓鸭,鸭头朝下,腹部朝上,背靠手心,鉴定者右手拇指和食指捏住肛门的两侧,轻轻揉搓,如感觉到肛门内有个像芝麻似的小突起,上端可以滑动,下端相对固定,这便是阴茎,即可判断为公鸭;如无此小突起,即是母鸭(母雏在用手指揉搓时,虽有泄殖腔的肌肉皱壁随着移动,但没有芝麻点的感觉)。

采用捏肛鉴别法时,操作者必须手皮薄、感觉灵敏,方能学会。准确率可以达到 99%以上。

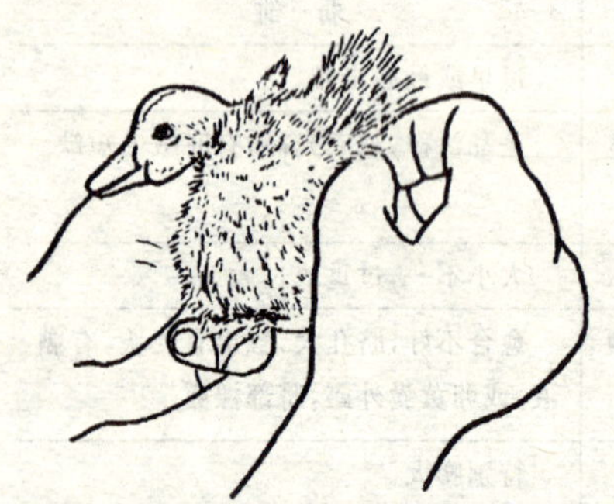

图 3-11　捏肛法手势

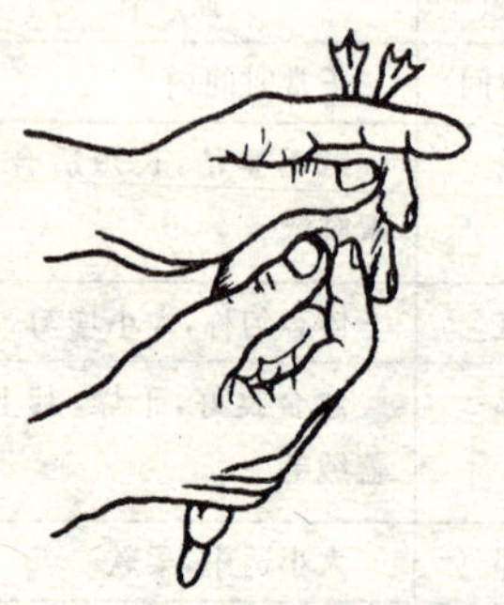

图 3-12　翻肛鉴别手势

第四章　蛋鸭的营养需要、饲养标准与实用饲料配方

一、饲料中的营养物质及其主要功能

参见第一编第五章蛋鸡的营养需要的相关内容。

二、蛋鸭的饲养标准和日粮配合

（一）饲养标准

为了充分发挥鸭的生产性能，获得最大的经济效益，在科学实验和总结经验的基础上，根据鸭的营养需要，制订出比较科学而合理的饲养标准，作为养鸭生产的指南。饲养标准有两大类：一类是由国家主管部门制订并颁发的，称为国家标准（简称国标），如美国国家研究委员会（简称 NRC）和英国国家研究委员会（简称 ARC）所制订的饲养标准等，都属于这一类。还有一类是大型育种公司或科研院校根据自己选育的优良品种（品系）的特点而制订的专用标准，称为企业标准。不管是哪一种标准，它都有一个共同的准则。但在实际生产中，由于受到鸭的品种、年龄、性别、健康状况、生理状态及饲养环境等多种因素的影响，营养需要会有较大的差异，所以应该把蛋鸭的饲养标准作为指南来使用，而不能一成不变地照抄照搬。

现代科学养鸭，我国起步晚，进展也不快，还跟不上科学养鸡的水平。目前，国家还没有制订和颁布各种鸭的饲养标准。下面

介绍的蛋用鸭饲养标准(表 4-1),都是专家们在总结国内养鸭生产经验的基础上,参照国外的饲养标准及鸡的饲养标准后而提出的,仅供各地参考试用。

表 4-1 蛋用鸭的营养需要

营养成分	单 位	0～2 周龄	3～8 周龄	9～18 周龄	产蛋期
代谢能	兆焦/千克	11.506	11.506	11.297	11.088
粗蛋白质	%	20	18	15	18
能量蛋白比	千焦/克	575.3	639.2	753.1	616.0
蛋白能量比	克/兆焦	17.383	15.645	13.279	16.236
精氨酸	%	1.20	1.00	0.70	1.00
蛋氨酸	%	0.40	0.30	0.25	0.33
蛋氨酸＋胱氨酸	%	0.70	0.60	0.50	0.65
赖氨酸	%	1.20	0.90	0.65	0.90
色氨酸	%	0.26	0.26	0.24	0.26
维生素 A	单位/千克	4000	4000	4000	8000
维生素 D_3	微克/千克	15	15	15	25
维生素 E	毫克/千克	20	20	20	20
维生素 K	毫克/千克	2	2	2	2
硫胺素(B_1)	毫克/千克	4	4	4	2
核黄素(B_2)	毫克/千克	5	5	5	8
烟 酸	毫克/千克	60	60	60	60
吡多醇(B_6)	毫克/千克	6.6	6	6	9
泛 酸	毫克/千克	15	15	15	15

续表 4-1

营养成分	单　位	0～2 周龄	3～8 周龄	9～18 周龄	产蛋期
生物素	毫克/千克	0.1	0.1	0.1	0.2
叶　酸	毫克/千克	1.0	1.0	1.0	1.5
氯化胆碱	毫克/千克	1800	1800	1100	1100
维生素 B_{12}	毫克/千克	0.01	0.01	0.01	0.01
钙	%	0.9	0.8	0.8	2.5～3.5
磷	%	0.5	0.45	0.45	0.5
钠	%	0.15	0.15	0.15	0.15
氯	%	0.15	0.15	0.15	0.15
钾	%	0.25	0.25	0.25	0.25
镁	毫克/千克	500	500	500	500
锰	毫克/千克	100	100	100	100
锌	毫克/千克	60	60	60	80
铁	毫克/千克	80	80	80	80
铜	毫克/千克	8	8	8	8
碘	毫克/千克	0.6	0.6	0.6	0.6
硒	毫克/千克	0.12	0.12	0.12	0.12

1 单位维生素 A=0.334 微克醋酸维生素 A

(二)日粮配合

为了满足鸭的生长发育和产蛋的需要，必须按照各类鸭的营养需要，选定饲养标准，将多种饲料进行合理的搭配，配制成全价日粮。

1. 日粮配合要点

(1)选用的饲料品种要尽可能多一些　如玉米,能量比较高,蛋白质不够,豆饼的蛋白质含量高,但必需的氨基酸不平衡,其他饲料也都有类似的问题。配料时,要尽可能多用几种饲料,以便在营养上互相补充,才能充分发挥营养素的作用。

(2)选用的饲料质量必须符合标准　霉变的饲料即使价格低廉也不能使用。存放过久的饲料。营养成分有损失,特别是维生素有效含量降低,应尽量选用新鲜的饲料。

(3)选用价格便宜的饲料　饲料是养鸭的主要成本,占 70%左右。在相似质量的前提下,尽可能用当地来源广、价格便宜的饲料,才能降低饲料成本。

(4)选用的饲料应货源多,能保持相对稳定　鸭对饲料比较敏感,饲料变动大,容易引起应激反应,如有变动,应逐渐过渡,切忌大的调整。

(5)选用的饲料要注意适口性　适口性差,影响采食量。麸皮粗纤维含量高,有轻泻作用,不宜多喂。

(6)配制饲料时要严格掌握饲养标准　配制时应对照饲养标准,严格按计算好的比例称量投料,切忌随意变动。

(7)配制时搅拌应充分均匀　特别是对多种维生素、微量元素等各种添加剂,因为量少,应先与另一种饲料充分预混扩大,然后再拌入全部饲料中,如不先预混扩散,就不易拌匀,致使鸭子采食时某种营养物质过多,而另一种营养物质缺乏,造成浪费。

(8)严格控制配制量　每次配制饲料,数量不宜过多,以 7～10 天能吃完为宜,以保持饲料的新鲜。

2. 日粮配合步骤　首先,根据不同年龄的鸭子,从饲养标准中找出它对各种营养物质的需要量,把标准量在表的第一栏上列出。其次,大体确定各类饲料的比例。鸭的日粮参考比例见表 4-2。其三,计算时,先抓住代谢能、粗蛋白质、赖氨酸、蛋氨酸+胱氨酸4种主要指标。各类饲料的大致比例确定后，先计算4种主要营养素，如差距大，要进行比例调整。其四，经过比例调整，各种主要营养素已很接近时，最后加入矿物质饲料、微量元素和维生素，使之达到全价标准。

表 4-2　鸭日粮中各类饲料的大致比例　（%）

饲　料　种　类	比　例
谷类饲料（玉米的比例可高些，大麦、稻谷的比例可低些）	40～60
植物性蛋白质饲料（豆饼、菜籽饼等，菜籽饼比例应控制在8%以下）	15～25
动物性蛋白质饲料（鱼粉、肉骨粉、蚕蛹干粉等）	3～10
糠麸类饲料	5～15
矿物质饲料（食盐、石粉、骨粉等）	2～6
微量元素、维生素添加剂（按说明书添加）	0.1～0.5
干草粉	2～5

（三）日粮配方实例

为了给养鸭者在生产中提供可操作的实际例了，笔者特从各地常用的饲料配方中筛选出以下几个配方（表4-3，表4-4），供大家制订配方时参考。

表 4-3　蛋用型鸭的日粮配方（参考）　（%）

饲料品种	0～2周龄			3～8周龄			9～18周龄			产蛋期		
	1	2	3	4	5	6	7	8	9	10	11	12
玉　米	36	36.6	—	40	40	—	37	37	—	39	47	—
大　麦	19	—	—	18.3	—	—	11	—	—	10	—	—
小　麦	—	—	14	—	—	13.6	—	—	11.5	—	—	10

续表 4-3

饲料品种	0～2 周龄			3～8 周龄			9～18 周龄			产蛋期		
	1	2	3	4	5	6	7	8	9	10	11	12
稻　谷	—	13.1	12.1	—	11.7	12	—	4.5	4.5	—	7	12
糙　米	7	12	35.4	6	11.3	39	10	12.5	38.5	7	7.5	39
鱼　粉	5	5	5	4	4	4	—	—	—	4	4	4
豆　饼	17.3	7	7.3	10.3	—	—	6.5	—	—	12.9	—	5.4
花生饼	—	11.8	—	—	11.3	—	—	6.5	—	—	13.1	—
芝麻饼	—	—	10	—	—	10	—	—	6.5	—	—	10
棉仁饼	—	—	—	4	4	4.9	3	3.5	4	3.5	4	—
菜籽饼	4.5	4.6	5	4.2	4.5	5	5	4	3	3	5	4.5
米　糠	3.5	3	4.5	4.9	5.4	5	11.7	14.7	14.6	10.3	3	5
麸　皮	6	5	5.6	6.7	6.1	5.5	13.3	14.9	15.2	4.2	3	4.2
骨　粉	0.95	—	—	1.2	—	—	0.9	0.8	—	—	0.7	—
磷酸氢钙	—	0.8	0.6	—	0.8	0.7	—	—	0.6	0.1▲	—	0.8
石　粉	0.35	0.70	0.20	0.10	0.60	—	1.2	1.2	1.2	5.6	5.3	4.7
食　盐	0.20	0.20	0.20	0.20	0.20	0.20	0.20	0.20	0.20	0.20	0.20	0.20
微量元素	0.10	0.10	0.10	0.10	0.10	0.10	0.10	0.10	0.10	0.10	0.10	0.10
蛋氨酸	0.10	0.10	0.02*	—	0.05*	—	0.10	0.10	0.10	0.10	0.10	0.10
多种维生素	7.5	7.5	7.5	7.3	7.5	7.5	7.5	7.5	7.5	7.5	7.5	7.5
合　计	100	100	100	100	100	100	100	100	100	100	100	100

营养成分计算值

代谢能（兆焦/千克）	11.51	11.51	11.51	11.51	11.51	11.51	11.30	11.30	11.30	11.09	11.09	11.09
粗蛋白质(%)	20.0	20.0	20.0	18.0	18.0	18.0	15.0	15.0	15.0	18.0	18.0	18.0
蛋氨酸＋胱氨酸(%)	0.730	0.700	0.700	0.600	0.600	0.640	0.590	0.500	0.500	0.685	0.600	0.624
钙(%)	0.906	0.915	0.914	0.810	0.800	0.850	0.821	0.810	0.878	2.500	2.539	2.585
磷(%)	0.455	0.462	0.464	0.460	0.450	0.452	0.455	0.450	0.459	0.450	0.450	0.458

注:1. 鱼粉含粗蛋白质 60%　2. 微量元素为鸭用　3. * 为另外添加量,单位为克/千克　4. ▲为贝壳粉

表 4-4　中小型麻鸭的饲料配方　（%）

饲料品种	0～2 周龄			3～8 周龄			9～18 周龄			产蛋期		
	1	2	3	4	5	6	7	8	9	10	11	12
玉　米	36.0	36.6	—	40	40	—	37	37	—	39	47	—
大　麦	19	—	—	18.3	—	—	11	—	—	10	—	—
小　麦	—	—	14	—	—	13.6	—	—	11.5	—	—	10
稻　谷	—	13.1	12.1	—	11.7	12	—	4.5	4.5	—	7	12
糙　米	7	12	35.4	6	11.3	39	10	12.5	38.5	7	7.5	39
鱼　粉	5	5	5	4	4	4	—	—	—	4	4	4
豆　饼	17.3	7	7.3	10.3	—	—	6.5	—	—	12.9	—	5.4
花生饼	—	11.8	—	—	11.3	—	—	6.5	—	—	13.1	—
芝麻饼	—	—	10	—	—	10	—	—	6.5	—	—	10
棉仁饼	—	—	—	4	4	4.9	3	3.5	4	3.5	4	—
菜籽饼	4.5	4.6	5	4.2	4.5	5	5	4	3	3	5	4.5
米　糠	3.5	3	4.5	4.9	5.4	5	11.7	14.7	14.6	10.3	3	5
麸　皮	6	5	5.6	6.7	6.1	5.5	13.3	14.9	15.2	4.2	3	4.2
骨　粉	0.95	—	—	1.2	—	—	0.9	0.8	—	—	0.7	—

续表 4-4

饲料品种	0～2 周龄			3～8 周龄			9～18 周龄			产蛋期		
	1	2	3	4	5	6	7	8	9	10	11	12
磷酸氢钙	—	0.8	0.6	—	0.8	0.7	—	—	0.6	0.1*	—	0.8
石　粉	0.35	0.7	0.2	0.1	0.6	—	1.2	1.2	1.2	5.6	5.3	4.7
食　盐	0.2	0.2	0.2	0.2	0.2	0.2	0.2	0.2	0.2	0.2	0.2	0.2
微量元素	0.1	0.1	0.1	0.1	0.1	0.1	0.1	0.1	0.1	0.1	0.1	0.1
蛋氨酸	0.1	0.1	0.02*	—	0.05*	—	0.1	0.1	0.1	0.1	0.1	0.1
合　计	100	100	100	100	100	100	100	100	100	100	100	100
另加多种维生素	0.75	0.75	0.75	0.75	0.75	0.75	0.75	0.75	0.75	0.75	0.75	0.75
营养成分计算值												
代谢能(兆焦/千克)	11.51	11.51	11.51	11.51	11.51	11.51	11.3	11.3	11.3	11.51	11.51	11.51
粗蛋白质(%)	20	20	20	18	18	18	15	15	15	18	18	18
钙(%)	0.91	0.92	0.91	0.81	0.80	0.85	0.82	0.81	0.87	2.50	2.54	2.59
磷(%)	0.46	0.46	0.46	0.46	0.45	0.45	0.46	0.45	0.46	0.45	0.45	0.46

* 为另外添加，单位为克/千克；鱼粉含粗蛋白质 60%

第五章　鸭场、鸭舍和养鸭用具

一、场址的选择

选择好鸭场的场址，不但关系到经济效益的高低，而且是养鸭成败的关键之一。因此在养鸭之前认真做好周密计划，选择最合适的地点建造鸭场。

选择鸭场场址，需注意以下 6 个方面。

（一）濒临水源

鸭是水禽，日常生活不可无水，如洗澡活动需要水，交尾配种更离不开水，所以水上运动场对鸭来说极为重要。鸭舍一般都建在河湖之滨，水面尽量宽阔，水深在 1～2 米，水活浪小，但不是主航道，以免干扰鸭群，引起应激。

（二）地势高燥

建造鸭舍的场地要稍高一点，以免积水，最好略向水面倾斜，有 5°～10°的小坡，利于排水。土质不能黏性太重，最好是雨后容易干燥的沙质壤土。必须特别注意，在排水不良、易遭水淹的低洼地，绝对不能建造鸭场。

（三）水质良好，水源充足

鸭场的附近应没有屠宰场和排放污水的工厂，离居民点也要远一点，尽可能在工厂和城镇的上游建场，以保持水质干净，不受污染。如每 100 毫升水中的大肠杆菌数超过 5 000 个，溶于水中的固体物总量若超过 290 毫克/升时，被认为是污染的水。溶于水中的硝酸盐或亚硝酸盐的含量如超过 50 毫克/升，对鸭子有害，应另找新的水源，因目前还没有有效的消除办法。同时，水源要充足，即使是干旱的季节，也不应断水。

（四）交通方便

鸭场距离主要物资集散地要近一些，还应有公路、水路或铁路相通，便于运送产品和饲料，以降低运输费用。但不能在车站、码头或交通要道（公路或铁路）的旁边建场，否则不利于防疫卫生，而且环境不安静，影响产蛋率。

（五）方向朝南

选择朝向，以坐北朝南最理想。鸭舍要建在水源的北边，把鸭滩和水上运动场放在鸭舍的南面，使鸭舍的大门正对水面，向南开放，这种朝向的鸭舍冬季采光吸热好，夏季通风，但又晒不到太阳，具有冬暖夏凉的特点，有利于提高产蛋率。

如果找不到朝南的地址，朝东南或朝东也可以，但绝对不能在朝西或朝北的地段建鸭舍，因为这种西北朝向的房舍，夏季迎西晒太阳，舍内气温高，像蒸笼一样闷热，不但影响产蛋，而且容易造成鸭子中暑死亡；冬季迎着西北风，气温低，鸭子耗料多，产蛋少。所以朝西北方向的鸭舍，用同样方法养鸭，与朝南的鸭舍相比，产蛋率要下降一成左右，而且死亡率高，饲料消耗多，经济效益差。生产者千万注意！

（六）其他条件

如气候，沿海地区要考虑台风的影响，易遭受台风袭击的地方不宜建造鸭舍；夏季通风不良，气温过高，或冬季风大，易遭受寒流侵袭的地方，也不宜建造鸭舍。又如电源，鸭场不能无电，晚上必须照明，尚未通电地区要增加接电拉线的费用；电源不稳定地区，经常停电易使鸭群产生应激，并影响电机孵化。再如排污，处理废物的方式，污水粪便的去向等问题，也要在建造鸭场前通盘考虑，做好周密计划。

二、鸭场布局

(一)大型鸭场各区间划分

1. 行政区 包括办公室、供电室、锅炉房、水塔、车库等。

2. 生产区 包括洗澡、消毒、更衣室，饲养员休息室，鸭舍(育雏室、育成舍、蛋鸭舍、种鸭舍)，蛋库，兽医室，病鸭隔离舍，厕所等。

3. 生活区 包括职工宿舍、食堂等。

(二)区间布局的原则

一是要便于管理，有利于提高工作效率，照顾各区间的相互联系。二是要便于搞好防疫灭病工作，规划时要充分考虑主导风向和上下游的关系。三是生产区应按作业的流程顺序安排。四是要节约基建投资费用。

根据上述原则，具体规划时，按主导风向考虑，行政区应设在与生产区风向平行的一侧，生活区设在行政区之后；按河道的上下游考虑，育雏舍、育成舍在上游，蛋鸭舍在其后，种鸭舍与上述鸭舍应有300米以上的距离，行政区与生活区应离开放鸭的河道，保证生活污水不排入河道中。从便于作业考虑，饲料仓库应设在行政区和生产区之间，尽可能接近耗料最多的鸭舍；从防疫角度考虑，场内道路应分清洁道和非清洁道，两者互不交叉，清洁道用于运输活鸭、饲料、产品，非清洁道用于运输粪便、死鸭等污物。三大区之间应有围墙隔开，并设有绿化地带；尤其生产区要有围墙，进入生产区内必须换衣、换鞋、消毒；生活区与生产区之间应保持一定的距离(图 5-1)。

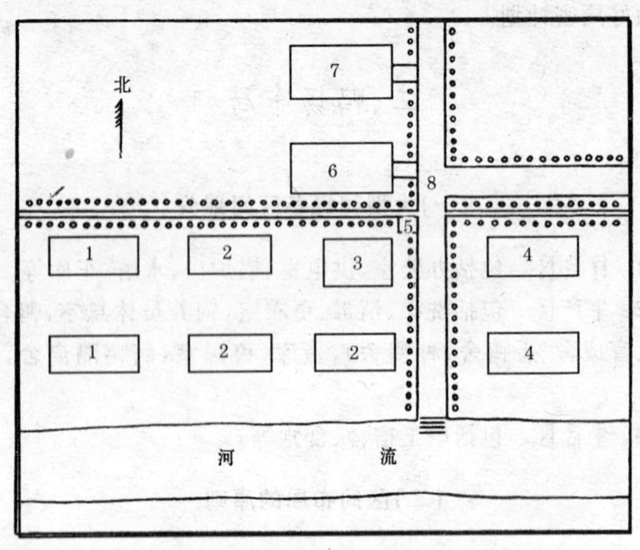

图 5-1 大型鸭场的布局示意图

1. 育雏室 2. 育成鸭舍 3. 饲料库 4. 种鸭舍 5. 消毒室 6. 行政区 7. 生活区 8. 道路

(三)生产区的布局设计

生产区是鸭场总体布局中的主体，设计时应根据鸭场的性质有所侧重，如育种场应以种鸭舍为重点，商品蛋鸭场应以蛋鸭舍为重点。各种鸭舍之间都应设绿化带。

完整的平养鸭舍，通常包括：鸭舍、鸭滩(陆上运动场)、水围(又称水上运动场)3 个部分(图 5-2)。

1. 鸭舍 最基本的要求是可以遮阳防晒、阻挡风雨、防止兽

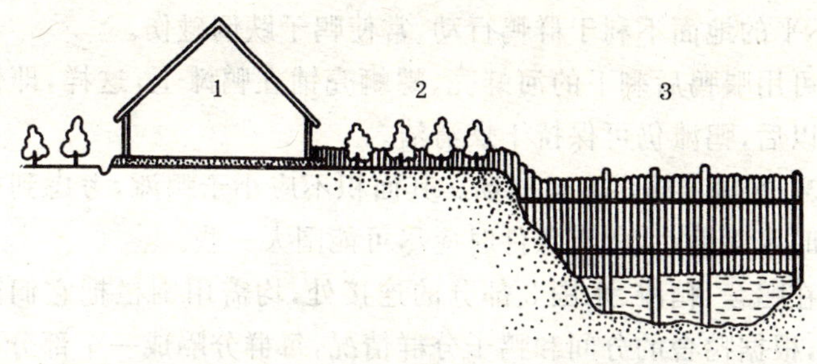

图 5-2 平养鸭舍的布局

1. 鸭舍 2. 鸭滩(陆上运动场) 3. 水围(水上运动场)

害。鸭舍的面积视鸭群大小而定,一般生产鸭舍的宽度为 8～10 米,长度根据需要而定。为操作方便起见,鸭舍的最长长度不宜超过 100 米。不论鸭舍的总长度是多少,分间时以每一小单间形状为正方形或接近正方形为好,便于鸭群在室内转圈运动;绝不能把鸭舍分隔成狭窄的长方形,因为狭长形的鸭舍在蛋鸭进舍做转圈运动时,极易拥挤践踏致伤。

2. 鸭滩 又称陆上运动场。一端紧连鸭舍,一端直通水面,为鸭群吃食、梳理羽毛和白天休息的场所,其面积应大于鸭舍 50%以上。鸭滩的地面必须平整,略向水面倾斜,不允许坑坑洼洼,以免蓄积污水。鸭滩的大部分地方都是泥土地面,只在连接水面的倾斜之处,要用水泥沙石做成斜坡,坡度25°～35°,斜坡要深入水中,比枯水期的最低水位还低。鸭滩斜坡与水面连接处,必须用块石砌好。不能图一时省钱用泥土底脚,否则经水浪多次冲击,泥土陷塌后,上面的水泥面塌下,再经修理,不仅费时费钱,还影响产蛋。由于这个斜坡是鸭子每天上下水必经之地,使用率极高,而且上有雨水淋漓,下有水浪冲击,非常容易损坏,必须在养鸭以前修得很坚固、很平整。

鸭滩如出现凹凸不平时,要及时修复,由于鸭脚短,飞翔能力差，不平的地面不利于群鸭行动，常使鸭子跌倒碰伤。

可用喂鸭后剩下的河蚌壳、螺蛳壳铺在鸭滩上，这样，即使在大雨以后，鸭滩仍可保持干燥清洁。

3. 水围 即水上运动场。其面积不应小于鸭滩，考虑到枯水季节时水面缩小，故有条件时应尽可能围大一些。

在鸭舍、鸭滩、水围3部分的连接处，均需用围栏把它们围成一体，根据鸭舍的分间和鸭子分群情况，每群分隔成一个部分。陆上运动场的围栏高度为50～60厘米，水上运动场的围栏应超过最高水位50厘米，深入水下1米以上。如用于育种或饲养试验的鸭舍，必须进行严格分群时，围栏应深入水底，以免串群。有的地方将围栏做成活动的，围栏高1.5～2米，绑在固定的桩上，视水位高低而灵活升降，经常保持水上50厘米、水下100～150厘米。

4. 环境绿化 养鸭以前先在运动场上种好落叶树，这样夏天可以遮阳防晒，绿化用树种以葡萄较合适，1 000只鸭的鸭滩，种上4～6蔸葡萄，既可解决遮阳问题，又能增加一笔水果的收入。鸭舍四周和道路两旁，也要种上树木，一般选择落叶的用材林较为合适。

鸭场绿化不但能调节鸭舍的小气候，而且给人以现代新农村的文明美好印象，这是每个鸭场经营者必须重视的问题。

三、鸭舍建筑

（一）鸭舍建筑的要求

一是能防寒保暖。特别是屋顶，除瓦片或油毛毡外，还需有一个隔热保温层；北墙要厚实，以防冬季西北风渗透。二是要通风良好。鸭舍与主导风向要有一定的角度，可使舍内气流均匀，无风的滞流区相应缩小，当风向角达到45°时，通风效果最佳。三是要能防鼠、狗、狼、蛇等的侵害。四是要便于清洗消毒，排水良好。五是要能保持安静，减少应激。六是要降低造价，节约投资。

(二)鸭舍的类型

鸭舍分简易鸭舍和固定鸭舍两大类。

简易鸭舍分行棚和草舍两种。

1. 行棚 这是最简陋的一种鸭舍，它没有固定的场址，随放牧的群鸭而移动。一座行棚的主要设备有下列几种。

(1)行棚架 用木条或竹竿制成，中间高 2 米，下方底宽 2 米，弯成弓形，使用时将棚架插入地中，连接起来像一只有篷的小船。

(2)篾帘或塑料布 盖于棚架上，用于遮雨挡风，数量根据行棚面积而定。

(3)小船 2～3 条，用于赶鸭、运输材料和临时住人等用。

(4)生活用具 床、被、帐、锅、炉、灶等生活用具一套。

(5)饲养用具 饲槽、水盆、水桶、竹竿、马灯等养鸭用具若干。

2. 草舍 这是较固定的一种简易鸭舍。首先，按建场的要求选好地址，然后根据饲养量的多少设计鸭舍。一般长 8～10 米，宽 7～8 米(两间并成一个单元)，一个单元可养产蛋鸭 500 只左右(图 5-3，图 5-4)。

建造草舍的主要原料是毛竹和稻草(或茅草)。一般以毛竹做骨架，柱脚、横梁、人字架都用毛竹，用稻草编成草帘，依次盖在竹制的屋顶上。如要经久耐用，可在草帘上面再覆盖 1 层油毛毡。

草舍的优点是：投资省，建造快，而且保温和隔热性能好。夏天可卸下四周的草帘，通风降温，冬天用草帘将四壁围严实，达到冬暖夏凉的要求。所以，我国东南各省的养鸭专业户，大多用草舍养鸭，效果甚佳。

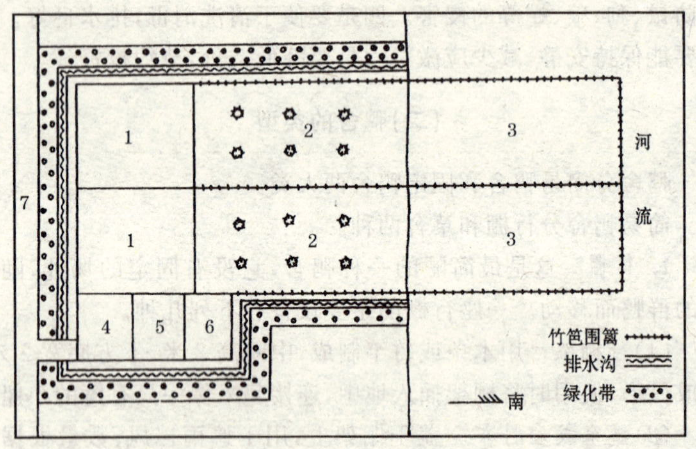

图 5-3 简易蛋鸭舍的布局示意图

1. 鸭舍(9 米×8 米,每间养蛋鸭 500 只) 2. 鸭滩(陆上运动场)
3. 水围(水上运动场) 4. 宿舍 5. 仓库 6. 饲料调制室 7. 道路

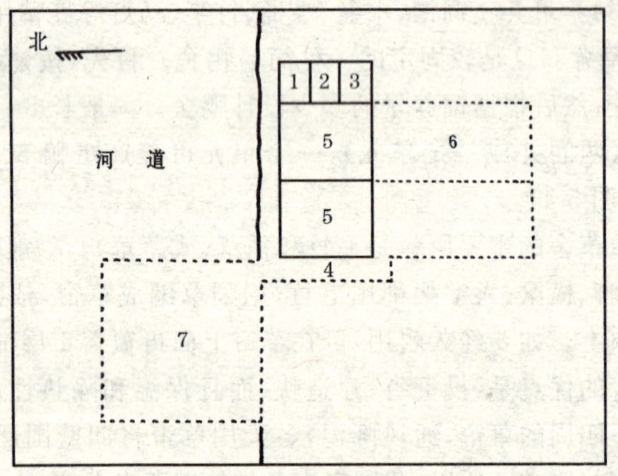

图 5-4 河道在北面时简易鸭舍的布局

1. 宿舍 2. 仓库 3. 饲料调制室 4. 鸭下水通道
5. 鸭舍 6. 鸭滩 7. 水围

(三)固定鸭舍的建筑

固定鸭舍按建筑式样的不同,可分单列式、双列式,密闭式、开放式、半开放式,平养鸭舍、网上饲养鸭舍、半网上饲养鸭舍等;按用途分育雏鸭舍、育成鸭舍、填鸭舍、种鸭舍。

1. 育雏鸭舍　分平养雏鸭舍和网上饲养雏鸭舍。

(1)建筑要求　不论何种方式,对雏鸭舍的建筑必须符合以下3点要求。

①保温性能好。一般屋顶要有隔热层(如天花板),墙壁要厚实,以利保温,寒冷地区北窗要设双层玻璃,室内能够安装加温设备,并有稳定的电源。

②采光充分,通风良好。鸭舍地面面积与南窗面积的比例为8∶1左右,北窗为南窗的1/2;南窗离地面高60～70厘米,并设气窗,便于调节舍内空气,克服通风和保温的矛盾。北窗离地面高1米左右。

③地面坚实,既防鼠害,又利排水。育雏室必须严防鼠害,因此地面要铺水泥或三合土,地面向一边或中间倾斜,以利排水,窗上要装铅丝网,以防兽害。

(2)平养育雏舍　这种育雏鸭舍,雏鸭直接养在地面上,舍内隔成若干小区,一般在南墙设有供温设施,北墙设置宽1米左右的工作道,工作道与雏鸭区用围篱隔开。靠走道一侧有一条排水沟,沟上盖铁丝网,网上放饮水器,使雏鸭饮水时溅出的水,通过铁丝网漏到沟中,再排出舍外,以保持育雏舍的干燥(图5-5)。

(3)网养育雏舍　这种雏鸭舍以平地或凹坑的房舍为基础,舍内建造架空的金属网或漏缝的竹、木条地板作为鸭床,网眼或板条缝隙的宽度为13毫米左右。地面必须是水泥地面,有一定坡度,排水良好,便于清洗。网养育雏舍又分高床和低床两种。高床的网底离地1.8米(图5-6,图5-7),清粪操作较方便,低床网底离地

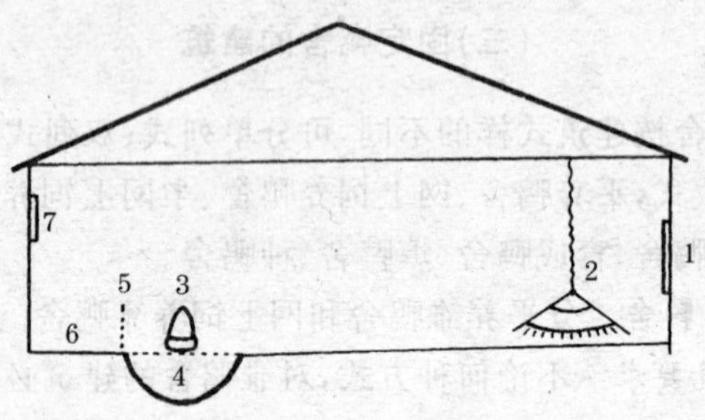

图 5-5 平养育雏鸭舍内部结构示意图(侧面)

1. 南窗 2. 保温伞 3. 饮水器 4. 排水沟
5. 栅栏 6. 走道 7. 北窗

0.7 米左右。网养雏鸭舍比平养雏鸭舍卫生条件好,干燥,节约垫草和能源,雏鸭生长好,但投资费用较大。

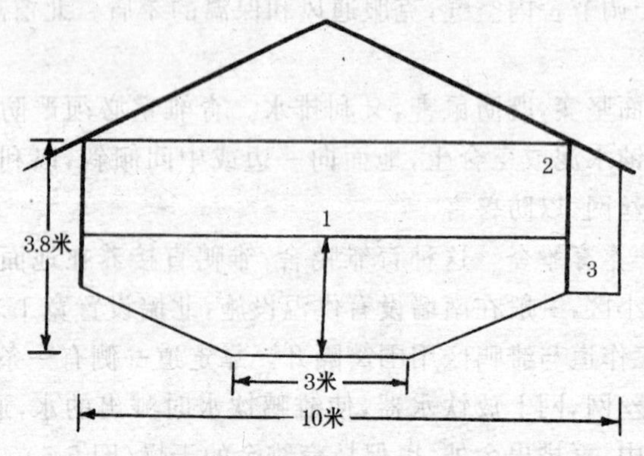

图 5-6 单列式高床网养雏鸭舍示意图

1. 底网 2. 边网 3. 通道

2. 育成鸭舍 育成鸭阶段,生长快,生活力强,对温度的要求不像雏鸭那样严格。所以,育成鸭舍的建筑比较简单,只要能遮挡风雨,室内能保持干燥,冬季可以保温,夏季通风良好的简易建筑,均可用来饲养育成鸭。一般育成鸭舍的地面都是泥地，不浇水泥，但要有一定的倾斜度，在较低的一边做一条排水沟，沟上铺铅丝网或木条，上置饮水器，使饮水时溅出的水和舍内渗出的水，都能流到沟中，排出室外，以保持舍内干燥。如走道在北边的鸭舍，其排水沟设置见图 5-5；如走道在中间的双列式鸭舍，其排水沟设置见图 5-8。

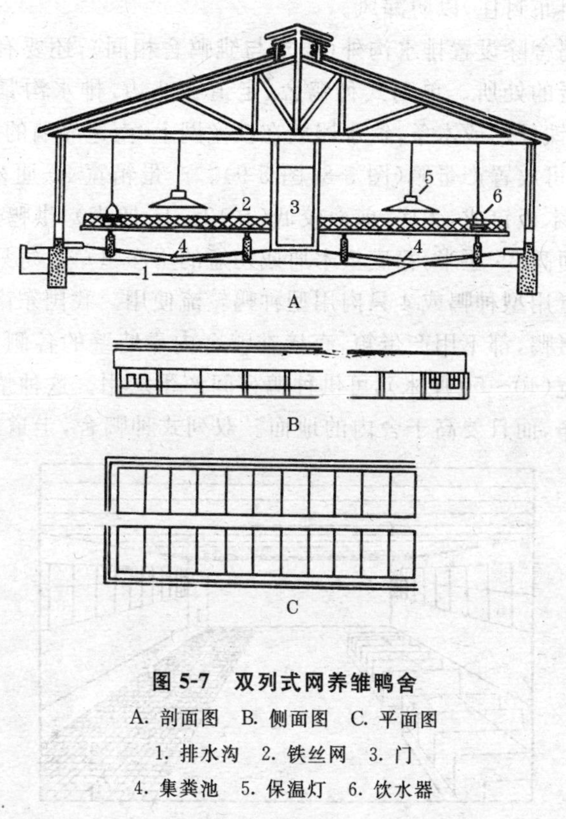

图 5-7　双列式网养雏鸭舍

A. 剖面图　B. 侧面图　C. 平面图

1. 排水沟　2. 铁丝网　3. 门

4. 集粪池　5. 保温灯　6. 饮水器

3. 种鸭舍　目前，我国各地饲养种鸭，尚未实行机械化、自动化作业，一般都是平地饲养，手工操作。鸭舍有单列式和双列式两种，双列式种鸭舍必须具备两边都有水浴的条件。

种鸭舍的防寒隔热性能要优良，房顶要有天花板或加隔热装置，北墙不能漏风，屋檐高 2.6～2.8 米，窗与地面面积的比例为 1∶8，南窗的面积可比北窗大 1 倍，南窗离地高 60～70 厘米，北窗离地高 1～1.2 米，并设气窗。为使夏季通风良好，北边可开设地脚窗，但不用玻璃，只按装铁条或铅丝网，以防兽害，寒冷季节用油布或塑料布封住，以防漏风。

种鸭舍除设置排水沟外(要求与雏鸭舍相同)，还要有供种鸭晚间产蛋的处所。单列式种鸭舍，走道在北边，排水沟紧靠走道旁，上盖铁丝网或木条，饮水器放在铁丝网上，南边靠墙的一侧，地势略高，可放置产蛋箱(图 5-8，图 5-9)。产蛋箱宽 30 厘米，长 40 厘米，用木板钉成，无底，前面较低(高12～15 厘米)，供鸭子进出，其他三面高 35 厘米，箱底垫木屑或切短的干净垫草。每只箱子可供 3 只蛋用型种鸭或 4 只肉用型种鸭轮流使用。我国东南沿海各省饲养蛋鸭，都不用产蛋箱，直接在鸭舍内靠墙壁的各侧，把干草垫高垫宽(40～50 厘米)，可供种鸭夜间产蛋之用。这种垫草必须保持干净，而且要高于舍内的地面。双列式种鸭舍，走道在中间，

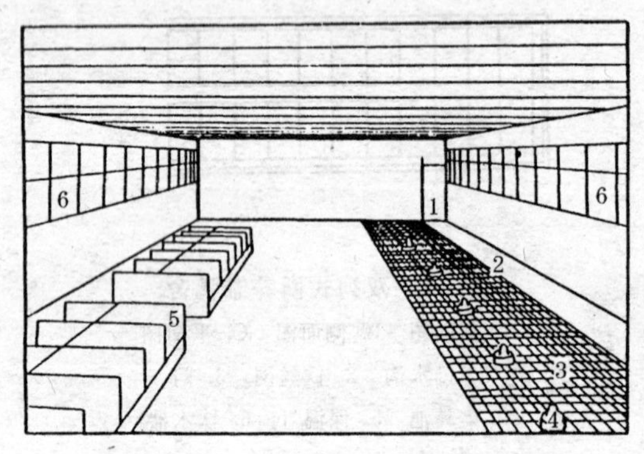

图 5-8　单列式种鸭舍内景示意图

1. 门　2. 走道　3. 排水沟上的铁丝网

4. 饮水器　5. 产蛋箱　6. 窗

排水沟分别紧靠走道的两侧，在排水沟对面靠墙的一侧，地势稍高，放置产蛋箱或厚垫干草，供种鸭夜间产蛋之用。

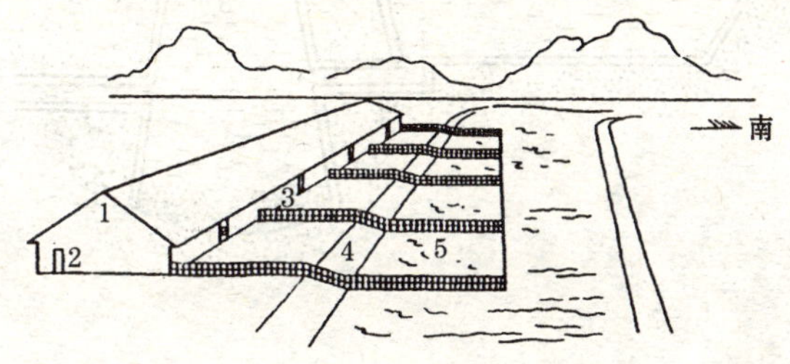

图 5-9 单列种鸭舍外景示意

1. 鸭舍 2. 走道的门

3. 通向运动场的门 4. 鸭滩 5. 水围

种鸭舍必须具有配套的水围供种鸭交配、洗澡之用，如果不具备水面条件，特别是双列式种鸭舍，常常一边有河道（或湖泊），另一边是旱地，在这种条件下，需要挖一条人工的洗浴池，洗浴池的大小和深度根据鸭群数量而定。一般洗浴池宽 2.5～3 米，深 0.5～0.8 米，用水泥抹面，不能漏水。洗浴池挖在运动场的最低处，利于排水，洗浴池和下水道连接处，要修一个沉淀井，在排水时，可将泥沙、粪便等沉淀下来，免得堵塞排水道（图 5-10）。

种鸭的运动场，如尚未种植遮阴的树木，应搭建凉棚，凉棚的面积与鸭舍面积相似，把在舍外饲喂的料槽放在凉棚下，以防饲料雨天被淋。

（四）饲养密度和建筑面积估算

一般的原则是，单位面积内，冬天适当多养些（提高密度），夏天适当少养些；大面积的鸭舍，饲养密度适当大些，小面积的鸭舍，饲养密度适当小些；运动场大的鸭舍，饲养密度可适当大些，运动场小的鸭舍，饲养密度可适当小些。表 5-1 是按春、秋季的条

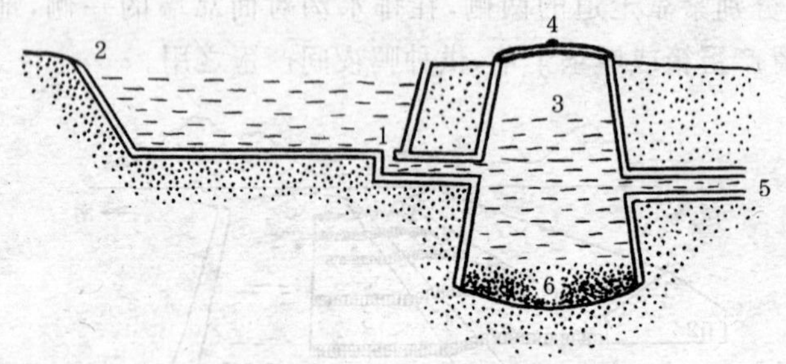

图 5-10 洗浴池排水系统的结构(纵剖面)

1. 洗浴池排水口 2. 池壁 3. 沉淀井

4. 井盖 5. 下水道 6. 沉淀物

件设计的密度,可供参考。

表 5-1 蛋用型鸭不同周龄时的饲养密度

周 龄	鸭 舍		鸭 滩		水 围	
	米²/100 只	只/米²	米²/100 只	只/米²	米²/100 只	只/米²
1	2.9～4.0	35～25	—	—	—	—
2～4	4.0～5.0	25～20	6.6	15	10	10
5～8	5.0～6.7	20～15	10	10	12.5	8
9～16	6.7～10	15～10	12.5～14.3	8～7	16.7～20	6～5
产蛋鸭	11.0～12.5	9～8	14.3～16.7	7～6	20～25	5～4
种 鸭	12.5～14.3	8～7	16.7～20.0	6～5	25～33.3	4～3

四、养鸭用具

养鸭的用具比较简单,尚未形成系列化、规格化的产品。现将较常用的介绍如下。

(一)鸭篮(鸭篓)

用毛竹篾编制而成,圆形,直径 70～80 厘米,边高 25～30 厘米(图 5-11 之 A),可用于装运雏鸭,也可用于饲养小鸭。育雏时供小鸭睡眠休息和点水之用(将小鸭关放在鸭篮内,一起浸入水中,任其活动片刻,这种方法南方的鸭农称为"点水")。1 000 只蛋用型雏鸭需要 35～40 只鸭篮。

(二)栈条(围条)

长 15～20 米、高 60～70 厘米,用毛竹篾编制而成,用作围鸭用(图 5-11 之 B)。鸭子大多群养,抓鸭时群体过大,极易造成应激,一般都用栈条围成若干小群。1 000只雏鸭需要栈条 4～5 张。

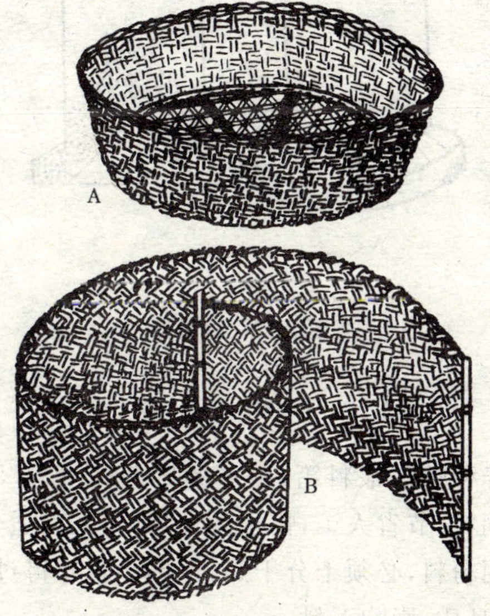

图 5-11　养鸭用具

A. 鸭篮(鸭篓)　B. 栈条(围条)

(三)喂料工具(饲槽、喂料器材)

喂鸭的工具式样很多,最简单的如塑料布,用于饲喂雏鸭,也可以用竹席、草席代替。1 000 只雏鸭需备 6~7 张席子。较大的青年鸭和种鸭,可用无毒的塑料盆作为食盆。这种食盆便于清洗、消毒和搬动。1 000只成年鸭需要 15~20 只食盆。

用于饲养育成鸭的喂料器,用铝皮制作,分料盘和贮料桶两个部分(图 5-12)。一般料桶高 40 厘米,直径 30 厘米;料盘底部直径 40 厘米,边高 3 厘米。这种喂料器能存放较多饲料,并且可以一边采食一边自动下料。每50 只鸭子需 1 个喂料器。

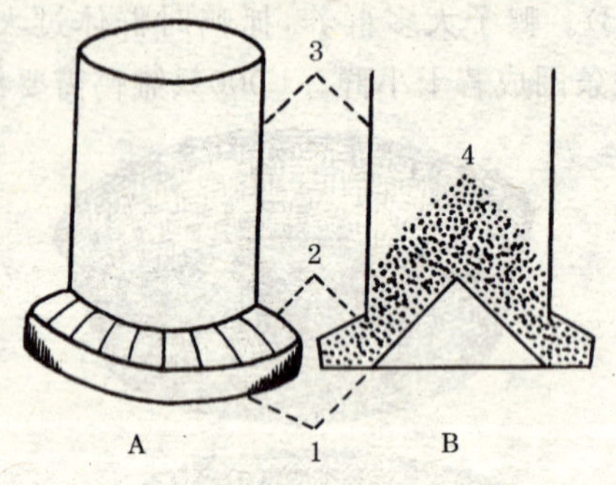

图 5-12 喂料器

A. 立体图　　B. 剖面图

1. 料盘　2. 采食栅　3. 贮料桶　4. 饲料

用于饲养种鸭的喂料箱,用木板制成,长度 1.5~2 米(图 5-13),可常备饲料,节省人工,鸭子采食均匀,尤其适合于喂用颗粒饲料。如喂用粉料,必须十分干燥,也不能粉碎得过细,以免受潮后结块,降低品质,影响下料。

竹匾,圆形,直径 1 米左右,外缘边高 5 厘米,用毛竹篾编制而成。主要用作衬垫,把它垫在食盆下面,承接鸭在采食时甩出来的

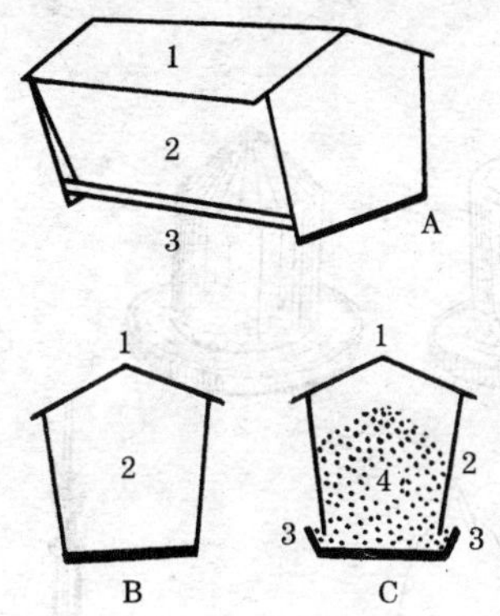

图 5-13 喂料箱

A. 立体图 B. 侧面图 C. 剖面图

1. 箱盖(可以取下,便于加料)

2. 箱体 3. 采食槽 4. 饲料

饲料,尤其是喂粉料时甩出的饲料更多,浪费更大,必须加垫竹匾(或塑料布),这样可节约 5%～10%的饲料。竹匾也可以直接用来喂料。

(四)饮水工具

饮水器的式样很多,最常见的是塔式真空饮水器(图 5-14 之 5),有塑料的(已成为规格化的产品),也有用镀锌铁皮或铝合金制作的,也可用旧的广口瓶改制,将瓶口敲几个小的缺口,装满水后用盆子盖住瓶口,再倒转过来覆于盆子上,水就从小缺口处源源不断地流出来,当水位淹没缺口时,瓶内的水便停止外流。这种饮水器轻便实用,容易清洗,比较干净,适用于平养的雏鸭。

成年鸭的饮水器,可以用无毒的塑料盆或陶钵,也可以用小水缸(斜放)。但必须注意,用口径较大的盆式饮水器时,必须在盆上方加盖罩子(用竹条或粗铁丝制成,图 5-14 之 3),以防鸭子在饮水时窜入盆中洗澡。

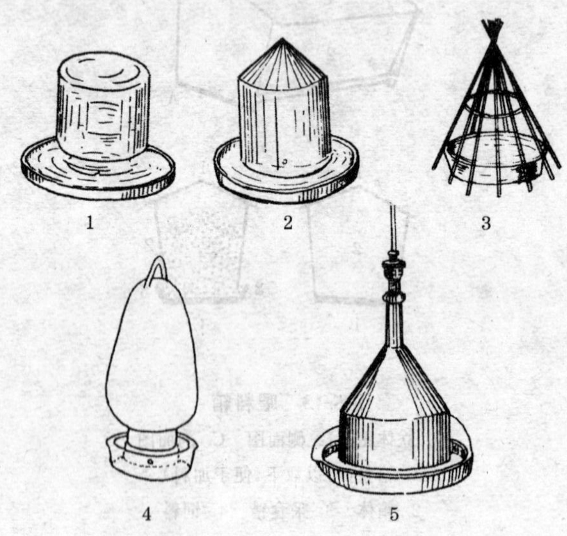

图 5-14 各种不同式样的饮水器

1. 广口瓶和碟子 2. 铁皮饮水器 3. 陶钵加竹圈
4. 塑料饮水器 5. 吊塔式饮水器

第六章　雏鸭的培育

一、雏鸭的特点

蛋用鸭 4 周龄以内称为雏鸭，概括起来有以下 5 个特点。

第一，刚孵出的雏鸭十分娇嫩，对外界环境陌生，需要一个逐步适应的过程。

第二，绒毛短，自身调节体温的能力差，需要人工保温。

第三，消化功能尚未健全，要喂给容易消化的饲料。

第四，生长很快，尤其是骨骼的生长更快，需要丰富而全面的营养物质，才能满足其生长发育的要求。

第五，抗病功能尚未完善，易得病死亡，需要特别注意做好防疫卫生工作。

二、培育雏鸭的适宜环境

（一）温　度

由于雏鸭御寒能力弱，初期需要温度稍高些，随着雏龄增加，室温可逐渐下降，3 周龄以内的雏鸭，可参考表 6-1 规定的标准给温。3 周龄以后，已有一定的抗寒能力，如气温在 15℃左右，就不必考虑人工保温了。

（二）湿　度

鸭虽喜欢游水，但不能整天泡在水里，特别在雏鸭时期，环境的湿度不能过大，圈窝不能潮湿，垫草必须干燥，尤其在吃过饲料或下水游泳回来休息时，一定要睡在干净的垫草上。如久卧阴冷潮湿的地面，不但影响饲料的消化吸收，而且还会烂毛。

表 6-1　蛋鸭育雏期的温度

日　龄	室　温	
	℃	℉
1	28～26	82～79
2～7	26～22	79～72
8～14	22～18	72～64
15～21	18～16	64～61

(三)空　气

雏鸭体温高，呼吸快，如果育雏室关得太严密，室内的二氧化碳会很快增加。如不适当通风，会造成缺氧。尤其在室温较高、湿度较大的情况下，粪便分解快，挥发出大量的氨和硫化氢等有害气体，刺激眼、鼻和呼吸道，严重时会造成中毒。因此，育雏室要定时换气，朝南的窗户，要适当敞开，以保持室内空气新鲜。但任何时候都要防止贼风直吹鸭身。

(四)光　照

雏鸭特别需要日光照射。太阳光能提高鸭的体表温度，增强血液循环，照射皮肤能合成维生素 D_3，促进骨骼生长，并能增进食欲，刺激消化系统，有助于新陈代谢。在不能利用自然光照或自然光照时间不足的条件下，可用人工光照弥补。育雏期内，光照的强度可大些，时间可长些。第一周龄，每昼夜光照可达 20～23 小时。第二周龄开始，逐步降低光照强度，缩短光照时间。第三周龄起，要区别不同情况，如上半年育雏，白天利用自然日照，夜间以较暗的灯光通宵照明，只在喂料时用较亮的灯光照半小时；如下半年育雏，由于日照时间短，可在傍晚适当增加光照1～2小时，其余时间仍用较暗的灯光通宵照明。

除温度、湿度、空气、光照等环境条件外，水源水质、饲养密度及噪声等，均对雏鸭有较大的影响，必须注意。

三、育雏期的选择

我国南方各省饲养蛋用鸭，与北方饲养北京鸭不同，不是采取常年孵化、常年育雏的方法，而是有较强的季节性。根据饲养的目的和自然条件，选择合适的季节，采用相应的技术育雏。

(一)春 鸭

从3月下旬至5月，即农历春分到立夏，甚至到小满之间饲养的雏鸭，都称为春鸭。这一时期，天气逐渐转暖，自然界的饲料资源丰富，如螺蛳、泥鳅、蚯蚓等逐渐多起来。此时也正值农作物春耕播种阶段，放牧场地很多，春鸭生长快、省饲料、产蛋早，开产以后会很快到达产蛋高峰。但春鸭御寒能力差，饲养不当会导致母鸭疲劳，若气候骤变，一遇寒流就容易停产。如作为种鸭，要养到翌年春季才能留种蛋的话，比秋鸭作种需消耗较多的饲料。饲养春鸭不但生长快、省饲料，而且开产早，当年就可产生经济效益，故一般都作为商品蛋鸭，或作为一般的菜鸭上市，很少留作种用。

(二)夏 鸭

6月至8月中旬，即芒种至立秋前之间饲养的鸭，都称为夏鸭。此期内气温高，多雨闷热，气候条件不适合雏鸭的生理需要，管理也较困难。由于农作物生长旺盛，前期稻田放牧场地少，但早稻收割后，有10～15天的时间，放牧条件好，场地宽阔，自然饲料很丰富。饲养夏鸭无须考虑保温问题，可以早下水、早放牧，母鸭开产较早，饲养成本低。

(三)秋　鸭

8月中下旬至9月，从立秋至白露期间饲养的雏鸭，都称为秋鸭。此时期气温由高到低，逐渐下降，雏鸭从小到大，正适合它对外界温度的生理需要。在水稻产区，晚稻的生长期长，收获延续的时间也长，对正在生长的鸭群放牧觅食很有利，饲料也较节约。如将秋鸭留种，产蛋高峰期正遇上春孵期，种蛋价格高；如作为蛋鸭饲养，开产以后产蛋持续期长，只要有一定的饲养经验，产蛋期可以一直保持到翌年底。但这批鸭的育成期正值寒冬，气温低，日照短，后期天然饲料少，故开产较晚。饲养秋鸭，可以将不适合留种的个体淘汰，短期肥育后作菜鸭出售，正逢元旦、春节两个节日，可获得较好的经济效益。

四、雏鸭的培育方式

蛋鸭育雏，分为自温育雏和加温育雏。

自温育雏主要利用雏鸭本身的温度，在无热源的保温器具内，以鸭数多少、保温器皿覆盖与否来调节温度。这种育雏方式，节省能源，设备简单，但受环境条件影响较大，要有丰富的经验才能养得好。气温过低的冬季一般不能育雏。

加温育雏主要利用育雏室和供温育雏器的保温条件，通过人工加温达到所需要的温度。这种育雏方法不分季节，不论外界温度高低，均可以育雏，但要求条件较高，需要消耗一定的能源，育雏费用较高。

(一)加温器具

常用的有以下4种。

1. 火炕(火墙)加温　火炕育雏与火墙育雏差不多。火墙结构见图 6-1。火炕的结构与北方农村中人睡的土炕一样，把炕直接建在育雏室内。烧火口(炉灶的火口)设在育雏室北端的墙外，一个炕设一个烧火口。火炕的大小一般是6～8 平方米(约 4.5 米×1.6 米)，可饲养初生雏 200～250 只。根据育雏室大小，可以每间建 1 炕，也可以一间建 2 炕(走道在中间)。烟囱建在另一端的墙外，并且要高出屋顶，使出烟畅通。火炕一般用干燥的土坯砌成，利于吸热和保温。火炕在靠近烧火口的一端设置保温棚，棚高 40～50 厘米，用竹竿或木杆做架，上盖麻袋或帆布，棚下温度较高，可供初生雏鸭休息。待雏鸭稍大后，根据需要，选择合适的温度，自由进出。保温棚下挂一两盏 15 瓦的电灯照明，并在离炕面 5 厘米处挂 1 支温度计，随时观察温度情况。一般火炕加温都在早晚各烧火 1 次。进雏以前，要提早 1 天烧炕，使室内预热，达到需要的温度。

用火炕或烟道加温，热量从地面上升，非常适合于雏鸭卧地休息的习性，整个育雏室内，前后左右都有一定温差，使体质强弱不同的雏鸭，都可以自由地找到合适的温区，而且室内空气好，地面干燥，育雏效果满意，在没有电源的地方更适合使用，缺点是房舍的利用率不高。

2. 红外线灯泡加温　利用红外线灯泡发热量较高的特点，把它悬挂在育雏室内，第一周龄，灯泡离地面 35～45 厘米(根据室温高低及雏鸭精神状态调节)；随着雏龄的增大，逐渐提升灯泡高度。常用的红外线灯泡都是 250 瓦，使用时可以等距离排列，也可以两盏联成 1 组。5 日龄以内的雏鸭，因感觉不灵敏，应在灯泡周围用围篱围住，以免雏鸭远离热源(图 6-2)。

用红外线灯泡加温，保温稳定，室内干净，垫草干燥，管理方便，节省人工，但耗电量大，灯泡易损坏，成本较高，也不能在经常停电的地区采用。

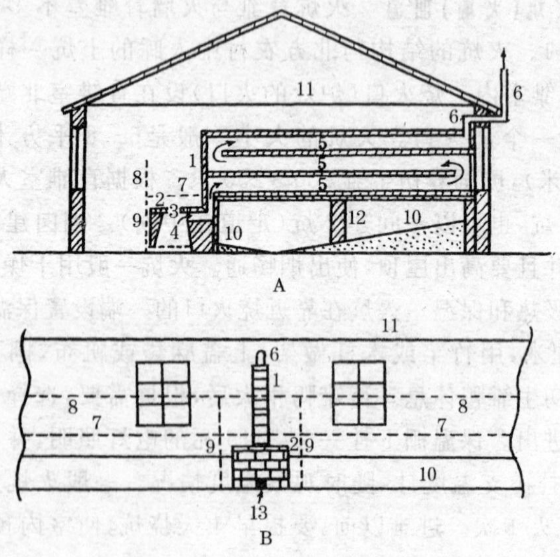

图 6-1　育雏舍火墙取暖设备示意图

A. 室内侧剖面图　B. 室内正立面图

1. 火墙　2. 火炉　3. 炉口　4. 炉膛　5. 火墙内的烟道(箭头表示烟的走向)　6. 自火墙向舍外排烟的烟筒　7. 育雏网床(虚线表示)　8. 网床围栏　9. 网床架　10. 网下坡形地面　11. 顶棚或天花板　12. 火墙下支墩　13. 火炉进气出渣口

在外界气温较低的情况下育雏,第一周时室内还要有升温设备,而且还要将初生雏鸭围在灯下 1.2～1.4 米直径的范围内。料槽和水槽不要放在灯下,以免污染。

3. 煤炉加温　这是农村最常用、最经济的加温方法之一。采用类似火炉的进风装置,将进气口设在底层,将煤炉的原进风口堵死,另外装 1 个进气管,在管的顶部加一小块玻璃,通过玻璃的开启来控制火势。炉的上侧装一排气、排烟管,向室外排气、排烟(图 6-3)。

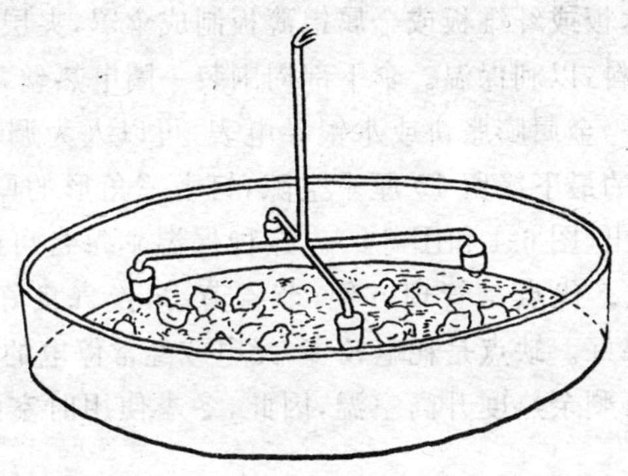

图 6-2　红外线灯育雏护围图

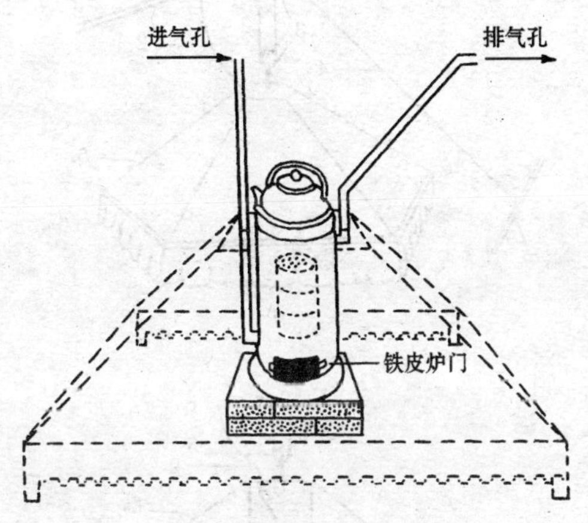

图 6-3　煤炉和保温罩

为了使炉温不扩散，可以在炉子外围加一木制保温伞，四边长度相等，各为 1.2～1.3 米，高 1 米，向下倾斜。这种保温伞可育初生雏鸭 200～300 只。

4. 电热育雏伞加温　育雏伞的形状像一只大木斗，上部小，直径为 28～30 厘米；下部大，直径为 100～120 厘米；高 67～70

厘米，采用木板或纤维板或金属铝薄板制成伞罩，夹层填充玻璃纤维等隔热材料，以利保温。伞下部周围装一圈电热丝，并连接自动控温装置——金属膨胀饼或水银导电表，可以人为调节和自动控制温度。伞的最下缘留 10 厘米空隙，钉上三角形的厚布条，便于雏鸭自由进出（图 6-4 和图 6-5）。这种保温伞每台可养初生雏鸭 200～300 只。优点是管理方便，节省劳力，换气良好，育雏舍清洁，育雏效果好。缺点是耗电较多，无电或经常停电的地方不能使用，而且没有剩余热度升高室温，因此，冬季使用时室内还需要炉子辅助保温。

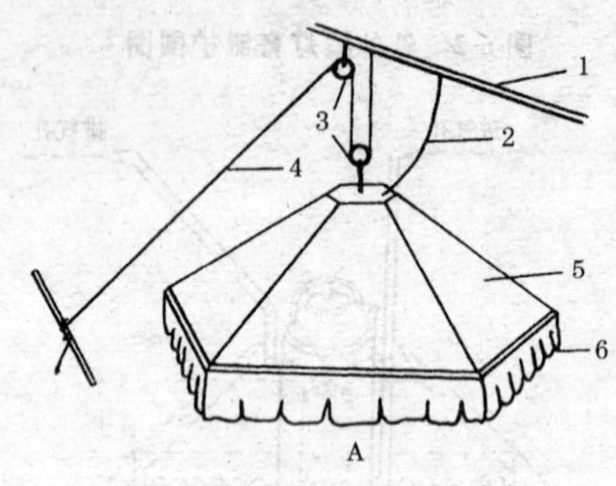

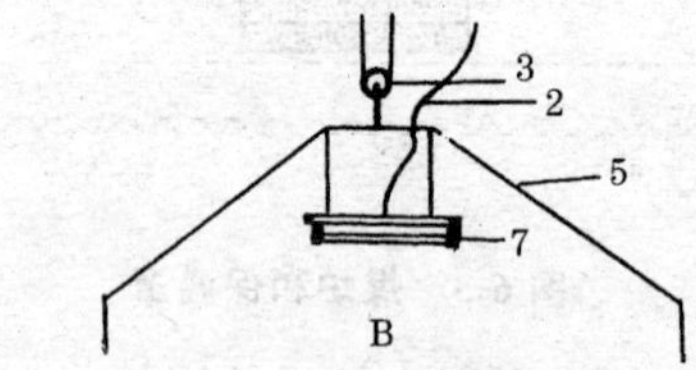

图 6-4　电热保温伞

A. 立体图　B. 剖面图

1. 屋架梁　2. 电线　3. 滑轮及滑轮线　4. 悬吊绳

5. 伞罩　6. 软围裙　7. 远红外加热器

(二)饲养器具

1. 竹席、草席或塑料布 一般长 2 米,宽 1.2 米,每张可供 100 只雏鸭喂食用,1 000只雏鸭需准备8～10 张。

2. 饲槽(料盆) 可用木板制成长方形饲料槽,规格为边高 6～8 厘米,宽 6～10 厘米,长 70～100 厘米,供 1 周龄以后的雏鸭喂食用。也可用较浅的塑料盆代替饲槽,并且在每只料盆下垫一只圆形篾匾或一块塑料布,把雏鸭采食时掉出来的饲料接着,减少浪费。

其他如鸭篓、围条、饮水器等,可参见本编第五章饲养用具、饮水工具部分中的相关内容。

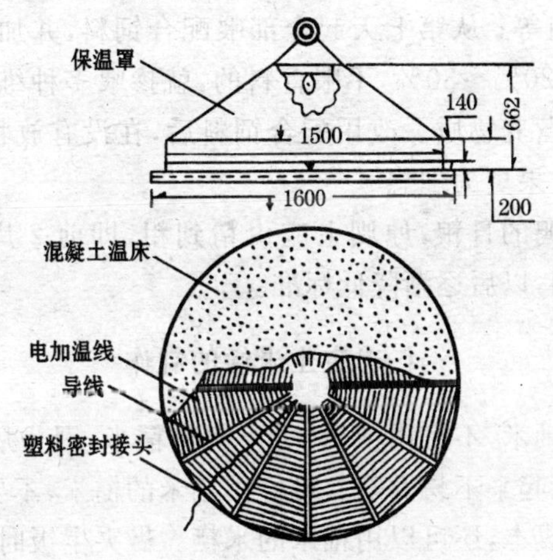

图 6-5 9YD-2 育雏电热保温伞结构示意图

(单位:毫米)

(三)网养和笼养

这两种饲养方式在肉鸭饲养中使用较多,蛋鸭育雏也已试用。

网上饲养可以省垫料，省劳力，比较卫生，雏鸭的成活率高。笼养雏鸭可增加单位面积的饲养量，提高房舍的利用率。进行立体层叠式饲养时，根据上中下空间的温差，饲养不同日龄的雏鸭，更节省能源。鉴于此方式还在试用阶段，故暂不作介绍。

五、雏鸭的饲料

我国各地饲养雏鸭，都采用传统的方法，主要喂给夹生米饭。这种单一饲料，如不结合放牧，营养成分很不完全，影响雏鸭生长。近几年来，有的地方已改喂配合饲料，只在开食后的第一二天，喂以夹生米饭；从第三天起，就掺入少量的动物性饲料，如鱼粉、泥鳅肉、黄鳝肉等；从第七天起全部喂配合饲料，并加喂青饲料，用量为精料的20%～30%，不喂青料的，就掺喂多种维生素，使雏鸭能吸取各种营养物质。改用配合饲料后，在没有放牧条件的圈养场内试用，效果更为理想。

配制雏鸭的日粮，原则上应由精到粗，即前2周饲料质量要高，加工要细，以后逐渐降低标准。

（一）夹生米饭的制作

要选用籼米，不宜用粳米，更不宜用糯米，因为后两种米的黏性大，雏鸭吃起来不易吞咽。最好用籼米的糙米，不要加工成精白米。为降低成本，还可以用籼米的米粞。做夹生饭时，不能焖得太久，要使外熟里不熟，煮好后把饭搅散，然后放到竹箩内，在清洁的冷水里浸一下，或者用冷开水淋一淋，使饭粒松散，吃时不会粘嘴。天热时现煮现喂，不能贮存。

（二）各种动物性饲料的加工调制

雏鸭吃的泥鳅和黄鳝，要先放在开水中煮一下，然后捞起，抖去脊柱骨和头部，把肉和内脏切碎，拌在饲料中喂给，剩下的鱼汤可以拌粉料，也可以掺水后当饮水喝。10日龄以后的雏鸭，喂黄鳝和泥鳅不必去骨，可以整条切细后喂给。

饲喂雏鸭的螺蛳（图 6-6）要经过挑选，剔除臭螺蛳和小石子等杂物，再放到锅里煮，待螺肉有点发白时捞起，此时螺肉略有收缩，容易脱壳，但营养成分还没有破坏。如煮得太久，螺肉失水太多后过分收缩，养分也受到破坏；如煮得时间太短，肉和壳不易分离。煮好的螺蛳，待冷却后放到轧螺蛳机上轧一下，将螺壳轧碎，拣去碎壳，取出螺肉饲喂。

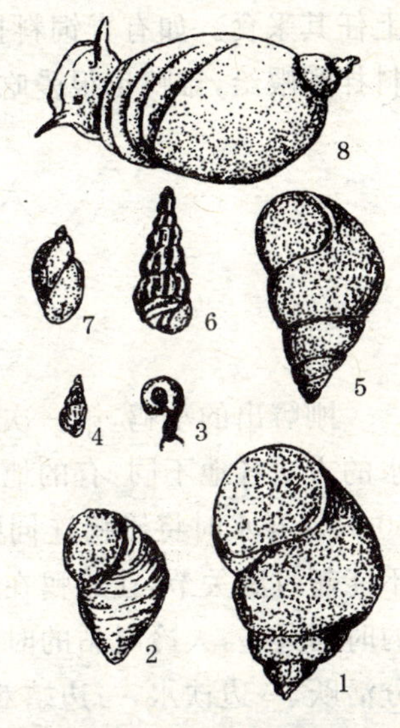

图 6-6　几种鸭食的螺蛳

1. 田螺　2. 旋纹螺　3. 扁卷螺　4. 钉螺　5. 湖螺　6. 乌螺　7. 耳状萝卜螺　8. 椎实螺

蚯蚓也是雏鸭的好饲料，但有“涩味”，喂前要洗净、切短，再用开水烫过，除去“涩味”后拌饲料喂给。

蚕蛹在饲喂前要把剩余的丝头剔除干净，切细后拌饲料喂给。

小鱼、小虾不能鲜喂，要煮熟后除去大的骨刺，切细再喂。

（三）青饲料的种类和加工

以水草、青菜、苜蓿、紫云英、苦荬菜、南瓜等比较理想，不仅适口性好，而且营养价值高。喂前要洗净切碎，可以单独喂，也可以拌在配合饲料中喂，但以单独喂比较合适，因为雏鸭喜欢吃青料，混合后，雏鸭先挑食青料，影响对精饲料的采食，又容易浪费饲料。此外，各种浮萍（特别是细绿萍）也是雏鸭爱吃的青料，可撒在水面上任其采食。如有青饲料打浆机,先将各种青料打成浆状,再与粉料拌和喂给,雏鸭也很爱吃。

六、饲喂方法

(一)开 水

刚孵出的小鸭,第一次饮水称"开水"。要先开水,后开食。开水的方法各地不同,有的地区将雏鸭放在鸭篓(篮)内,每篓关40~50只。开水时将雏鸭连同鸭篓慢慢浸入水中,使水没过脚趾,但不能超过膝关节,让雏鸭在浅水中站立活动5~10分钟(天热时站的时间久些,天冷时站的时间短些)。这时,雏鸭受到水的刺激,十分活跃,一边饮水,一边嬉戏,使生理上处于兴奋状态,促进新陈代谢,促使胎粪排泄,如果再在水面上撒点绿浮萍,则效果更佳。

春末至秋初,当气温超过15℃时,可直接在冷水中"开水",气温低于14℃时,要加点热水,适当提高水温。

开水的另一种方法是,将雏鸭放到已潮湿的篾席或塑料布上,在塑料布四周的下边垫竹竿或木条,使水不外流,然后向雏鸭身上喷洒温水,这时雏鸭的绒毛上形成一颗颗晶亮的水珠,任其相互吮吸,这种方法适于在气温较低的早春或秋末进行。

(二)开 食

第一次喂料称开食。常在开水后15分钟左右进行,即开水以后让其梳理一下羽毛,身上绒毛干后再开食。有的紧接开水之后就喂料。这主要看气温高低、出壳迟早和雏鸭的精神状态而定。如气候温暖,出壳较早,雏鸭精神活泼并有求食的表现时,则开水之后就可接着开食。天气冷时在鸭篓内进行开食,一般都将雏鸭放到塑料布(或草席或篾席)上,先洒点水,略带潮湿,然后放出小鸭，饲养员一边轻撒饲料，一边吆喝调教，引诱雏鸭啄食。这时务必细心观察，要使每只雏鸭都能吃进一点饲料，但也不能吃得太多，六七成饱就可以了。发现吃得较猛、较多的雏鸭，要提前捉出，关到鸭篓内，以免过饱伤食。发现吃得很少，或没有进食的雏鸭，也要捉出，单独圈在一个地方，圈得密一点，专门喂饲料。此时可将夹生米饭拌点蛋黄，撒在雏鸭身上，吸引相互啄食，或将米饭先在嘴里嚼几下，然后喷撒在雏鸭身上。对于个别仍不吃食的雏鸭，要单独喂点糖水，或葡萄糖水，喂糖水的工具最好是注射器，头上套一根细胶皮管(可用自行车气门芯)，将它插入食管内，以免糖水流入气管致死，或者用滴管套上胶皮管代替注射器喂糖水。只要开食的第一天所有的雏鸭都能吃进一点东西，以后就比较好养了。

喂料时要撒得均匀，撒得开。第二遍撒料时，要注意找空隙处投撒，使雏鸭采食时不拥挤，以免互相践踏，使体质较弱的雏鸭，也有机会吃到饲料。

开食的适宜时间，春鸭出壳后 24 小时左右，夏鸭出壳后 18～20 小时，秋鸭出壳后 24～30 小时。开食过早，雏鸭身体软弱，采食活动能力差，收不到开食的效果；开食过迟，不能及时补充所需的养分，使雏鸭体内养分消耗过多，过分疲劳，降低了胃肠的消化吸收能力，即成为“老口”雏，比较难养。如果在开食前不知道雏鸭的准确出壳时间，或者已将不同时间出壳的小鸭混在一起，这时要根据情况，进行一次分群挑选。挑选的根据有两条：一看精神状态，雏鸭活泼好动，神态老练，并有求食行为者，可以先开食；二看雏鸭脚上表皮，凡脚胫和蹼上的表皮干燥收缩，说明出壳时间已久，可以先开食。凡表皮细嫩，似在水中浸过一样湿润，说明出壳不久，可暂缓开食。

(三)饲喂次数与喂量

10 日龄以内的雏鸭，每昼夜喂 6 次，即白天喂 4 次，夜晚喂 2

次；11～20 日龄的小鸭，可减少为每昼夜喂 4～5 次，即白天和夜晚各减少 1 次，可以白天喂 3 次，夜晚喂 2 次，也可以白天喂 4 次，夜晚喂 1 次。已经开始放牧饲养，则应根据觅食情况而定，如放牧地野生饲料多，中餐可以不喂，晚餐可以少喂，但放牧前的早餐，应适当喂点精料，以补充能量，增强活动能力。

雏鸭的给食量，开始 3 天要适当控制，只让它吃七八成饱，3 天以后，就要放开喂料，每次都要让它吃饱，但不能过饱。喂料时，饲养员要精心观察，如发现雏鸭吃过料后还跟着人转，并不断鸣叫，这是没有吃饱的表现，说明喂料不足，要适当补加一点，或在中间加喂 1 次青饲料。如果精料量已经按标准喂给了，则可以适当增加点青、粗料，以填饱肚子。

采食速度开始慢，以后快；吃粒料快，吃粉料慢。一般每次喂食 10 分钟左右，不超过 15 分钟。饮水要清洁，必须保持终日不断水。

小型蛋鸭的精料用量，可以按每天 2.5 克的喂量递增，即 1 000 只雏鸭，第一天煮 2.5 千克夹生米饭，第二天煮 5 千克，第三天煮 7.5 千克，如此每千只按每天 2.5 千克的精料量递增，一直加到 50 日龄为止，即到达 50 日龄时，每 1 000 只雏鸭每天消耗 125 千克精饲料(即每只 125 克)，以后维持这个水平，105 日龄(15 周龄)前基本不增加精料量(表 6-2)。适当的控制饲养，如鸭群饥饿感明显，有强烈的求食欲时，可适当加喂青、粗饲料充饥。

七、雏鸭管理要点

(一)掌握合适温度，切忌忽冷忽热

雏鸭要求的适宜温度前面已经述及，饲养员要努力按这个标准给温。如限于条件，达不到这个标准时，略低 1℃～2℃也不要紧，只要比较平稳就好，切忌时高时低，因为忽冷忽热最易招致发

表 6-2　小型蛋鸭雏期内每日精饲料用量

日　龄	1000 只雏鸭消耗（千克）或每只鸭消耗（克）	日　龄	1000 只雏鸭消耗（千克）或每只鸭消耗（克）
1	2.5	26	65.0
2	5.0	27	67.5
3	7.5	28	70.0
4	10.0	29	72.5
5	12.5	30	75.0
6	15.0	31	77.5
7	17.5	32	80.0
8	20.0	33	82.5
9	22.5	34	85.0
10	25.0	35	87.5
11	27.5	36	90.0
12	30.0	37	92.5
13	32.5	38	95.0
14	35.0	39	97.5
15	37.5	40	100.0
16	40.0	41	102.5
17	42.5	42	105.0
18	45.0	43	107.5
19	47.5	44	110.0
20	50.0	45	112.5
21	52.5	46	115.0
22	55.0	47	117.5
23	57.5	48	120.0
24	60.0	49	122.5
25	62.5	50	125.0

生疾病。育雏室的温度对雏鸭是否适合，只要观察一下鸭的动态，听一下鸭的叫声就会心中有数。如雏鸭散开来卧伏休息，睡得很香，没有怪叫声，这说明温度合适；如雏鸭缩颈耸翅，互相堆挤，不断往鸭堆里边钻，或向上面爬，并发出吱吱的尖叫声，这说明温度

太低，需要保温或升温。

雏鸭的温度管理，关键在第一周，尤其是头 3 天，必须昼夜值班。

（二）及时分群，严防打堆

育雏期内，常因温度管理不合适，雏鸭互相堆挤，越挤堆越大，被挤在中间或被压在下面的鸭，重则窒息死亡，轻则全身“湿毛”，稍不谨慎，便感冒致病。有时温度并不太低，但在食后休息或光线较暗时，雏鸭也有互相堆挤的现象，管理人员要随时注意，尤其在雏鸭临睡前和刚睡着后，要多次检查，发现打堆，要及时分开，过半个小时后，再检查一遍，如仍有打堆现象时，再分开一次，绝不可任其堆压过久，形成“湿毛”。分堆工作从育雏开始，一直到 15 日龄左右，15 日龄后还需注意，关键在 10 日龄以内，尤其是 5 日龄内的小鸭。分堆与保温工作要结合起来，日夜都要精心照管。

分群和分堆内容相似，分群是指大范围而言，分堆是指小范围讲的。同一批雏鸭，少则几百只，多则数千上万只，这样多的鸭，不能混为一群，要按大小、强弱、年龄等不同，分为若干个小群，每群以 300～500 只为宜，作为一个小的喂食和管理单位。鸭群分好以后，在一般情况下，不再随便混合，以后再隔 1 周调整 1 次。调整时，只将最大、最强的和最小、最弱的雏鸭提出，然后将各群的强大者合为 1 群，弱小者合为 1 群。这样各种不同类型的鸭都能得到合适的饲养条件和环境，可保持正常的生长发育。

（三）从小调教下水，逐步锻炼放牧

蛋用鸭神经敏感，胆子较小，从育雏期开始，饲养员要进行训练调教，使它们在接近陌生人或放牧、下水时，都不会心惊胆战，以免受惊。饲养员要定时进鸭舍巡视，把长久卧伏的鸭子赶起来走走。这一方面是让活动筋骨，另一方面是锻炼它的胆子，使它在环境因素有变化时，不致于受惊吓。

下水要从小开始训练，千万不要因为小鸭怕冷、胆小、怕下水而停止。开始1～5天，可以与小鸭“点水”（有的称“潮水”）结合起来，即在鸭篓内“点水”。早春天气冷，晴天时可以在室外铺一张塑料薄膜，四边垫高，中间倒上清水，水深2厘米左右，水倒好后让太阳晒一会儿，待水稍温后，再把鸭放进去。用这种方法锻炼下水，鸭不感到冷，连续几天后，雏鸭就习惯下水了。从第五日起，就可以自由下水活动了。注意每次下水上来，都要让它在无风温暖的地方梳理羽毛，使身上的湿毛尽快干燥，千万不可带着湿毛入窝休息。下水活动，夏季不能在中午烈日下进行，冬季不能在阴冷的早晚进行。

5日龄以后，即雏鸭能够自由下水活动后，就可以进行放牧。开始放牧宜在鸭舍周围，适应以后，可慢慢延长放牧路线，选择理想的放牧环境，水稻田、浅水河沟或湖塘，种植荸荠、芋艿的水田，种植莲藕、慈姑的浅水池塘，这些地方水草茂盛，昆虫孳生，浮游生物多，是放牧雏鸭的好场所。放牧水稻田、茭白田时要注意，如禾苗长高，已全部遮蔽，则不宜放鸭进去。放牧的时间要由短到长，逐步锻炼，不可因为雏鸭放出去精神活泼，就任其长时间活动。放牧的次数也不能太多。雏鸭阶段，每天上、下午各放牧1次，中午休息。每次放牧的时间，开始时20～30分钟，以后慢慢延长，但不要超过1.5小时。雏鸭放牧水稻田过后，要到清水中游洗一下，然后上岸理毛休息。

（四）搞好清洁卫生，保持圈窝干燥

随着雏鸭日龄增大、排泄物不断增多，鸭篓和圈窝极易潮湿、污秽，这种环境会使雏鸭绒毛沾湿、弄脏，并有利于病原微生物繁殖，必须及时打扫干净，勤换垫草，保持篓内和圈窝内干燥清洁。换下的垫草要经过翻晒晾干，方能再用，但晒热的垫草不能立即关

鸭，以防中暑。圈窝的垫草干燥松软，雏鸭才能睡得舒服，睡得长久；潮湿的圈窝，雏鸭睡下后由于不舒服，常常会“起哄”，久而久之，不仅影响生长，甚至会使腹部绒毛烂脱。育雏舍周围的环境，也要经常打扫，四周的排水沟必须畅通，以保持干燥、清洁、卫生的良好环境。

(五)建立一套稳定的管理程序

蛋鸭具有集体生活的习性，合群性很强，神经类型较敏感，它的各种行为要在雏鸭阶段开始培养。例如，饮水、吃料、下水游泳、上滩理毛、入圈歇息等，都要定时、定地，每天有固定的一整套管理程序，形成习惯后，不要轻易改变，如果改变，也要逐步进行。饲料品种和调制方法的改变也如此。如频繁地改变饲料和生活秩序，不仅影响生长，也会造成疾病，降低育成率。

第七章　育成期的饲养管理

一、育成期青年鸭的特点

蛋鸭自5周龄起至16周龄，称为育成期，通常叫青年鸭阶段。

青年鸭的特点，可以概括为两个方面：一是生长发育迅速，活动能力很强，会吃会睡，食性很广，需要给予营养较丰富的饲料；二是神经敏感，合群性很强，可塑性较强，适于调教和培养良好的生活规律。饲养人员应针对这些特点，采取相应的饲养管理措施。如在放牧的时候，遇自然饲料丰富、又便于活动的牧地，要控制它们整天奔波、不肯休息的毛病，让其适当休息，以免体力消耗过大，影响生长发育；每次吃饱后，要注意让它们洗澡、理毛，然后入舍睡觉，促使快长。在此生长期，要特别注意的一点是，伴随着肌肉和骨骼生长的同时，羽毛也快速生长，在羽毛特别是翅部的羽轴刚出头时，稍一挤碰，就疼痛难受，这时的鸭子很敏感，怕互相撞挤，喜欢疏散，如群中有几只鸭了受到碰挤而急忙奔逃时，可能会引起全群骚动，使更多的鸭子皮肤受伤出血、羽轴被折断，影响生长发育。因此，要不断扩大棚舍，疏散鸭群，不能太拥挤。要注意使青年鸭能适应各种各样的饲料，敢于采食各种新的饲料品种，在不同的环境里，能采食各种野生饲料，以便进入产蛋期时即使变换饲料，也不会严重影响产蛋率。

二、青年鸭的放牧饲养法

(一)采食的训练

在放稻田以前,要有意识地进行稻田采食的训练。稻田的主要野生饲料是杂草、害虫和遗留谷粒。吃惯混合饲料的鸭子,初次见到谷子,不敢采食,要先进行训练调教。方法是:将谷子洗净后,放在锅里加水用猛火煮,直至米饭从谷壳里爆开,再放在冷水中浸凉。然后将饥饿的鸭群围起来,垫上喂料的席子(或塑料布),饲养员提着喂料筒进入鸭群后,暂不马上撒料,而是先走几圈,引诱鸭子产生强烈的采食要求,然后在空的席子上撒几把煮过的稻谷,当鸭子看到谷壳中有白色的饭粒,就去啄食,但谷壳不易剥离,由于饥不择食,自然就吃下去。必须注意,第一次撒料要少撒,撒匀,逐步添加,造成“抢着吃才有味道”的局面。用此法喂过 1 次煮稻谷以后,要抽样检查,看看吃食情况。鸭子只要第一次吃进几粒煮过的稻谷,以后就会越吃越多。第一次没有吃煮稻谷的鸭子,不要单独喂原饲料,而是让它饿一饿,以后也会跟着吃起来的。如果第一次喂煮稻谷,大多数鸭子都不来采食,这时要停止撒料,也不要喂原来的饲料,再继续饿 1 个小时,同时把谷子再煮一下,煮熟一点,使米饭从谷壳中鼓出更大些,这样处理后,鸭子就容易吃上了。

青年鸭学会吃谷子以后,放牧以前,还要调教吃落地谷。方法是:先将喂料用的席子(或塑料布)抽去一半,有意将一部分谷子撒到地上,让鸭子采食。这样喂几次后,将喂料用的席子抽去,将谷子全部撒在地上,继之到鸭滩边喂食,将一部分谷子撒到浅水中,让鸭去啄食,吃几次后,在放鸭以前,就将谷撒在浅水中,再放鸭自由寻食,从而使鸭子慢慢建立起水下、地上有谷可吃的条件反射,放到稻田以后,就会主动寻找落谷采食。

吃螺蛳的调教：螺蛳的品种很多，我国东南各省的水稻田、江河、湖泊蕴藏量很大，而且营养好，粗蛋白质含量高，能量也高，矿物质也很丰富，对正在生长羽毛和骨骼的青年鸭，确是非常理想的动物性饲料。但从未喂过螺蛳的青年鸭，第一次见到时都不敢采食，必须经过采食训练。调教的方法分为3步：第一步先将螺蛳放入开水锅里煮一会儿，使螺肉稍微收缩（肉色发白），然后用轧螺机将硬壳轧碎，去掉大片的硬螺壳，再把螺肉和细螺壳捞起，放在浅水盆里，让鸭子自由采食；或将少量螺肉拌入混合粉料中，待鸭群饥饿时喂给，引诱其采食。第二步是，螺肉喂过几次后，改成只将螺壳轧碎连壳喂。第三步是，轧碎的连壳螺蛳喂过几次后，就直接喂给过筛的小嫩螺蛳，培养它采食整只螺蛳的习惯。达到这个要求后，鸭子就可在放牧时采食螺蛳了。

（二）信号调教

要用固定的信号和动作进行训练，使鸭群建立起听指挥的条件反射。一群鸭子，少则几百只，多则数千只，放在野外，没有经过调教的鸭群，很难控制，轻则分散逃跑，严重时则发生惊群，互相践踏致死。放牧训练要从雏期开始，用固定的口令训练，这种口令因地因人而异。

1. 通用口令

“来—来—来”呼鸭来集合吃料。

“嘘—嘘—嘘”呼鸭慢走。

“咳—咳—咳”大声吆喝，表示警告。

2. 拿竿指挥信号　见图7-1。

（1）前进　牧鸭人将放牧竿平放肩上，钝端在前，尖端在后。

（2）停止前进　牧鸭人将放牧竿横握于手中，立于鸭群前面。

（3）左右转弯　向左转弯时，牧鸭人将放牧竿的尖端在右方不断挥动，竿梢指向左方。向右转弯时，将放牧竿的尖端在左方不断挥动，竿梢指向右方。

(4)停下采食　将放牧竿插在田的四方，表示在这个范围内活动，经过训练的鸭群，就会停下来安心采食。

(5)背后拖竿　牧鸭人要经过放牧区中心到另一端去，又不想惊动采食中的鸭群，可以双手背在背后，握住竿的尖端，拖着竿子，眼睛瞄着远方，若无其事地缓缓走去。如果鸭群在采食，牧鸭人想要它们一边采食、一边行进，也是采取这样的拖竿式，跟在鸭群后面，缓缓前进。

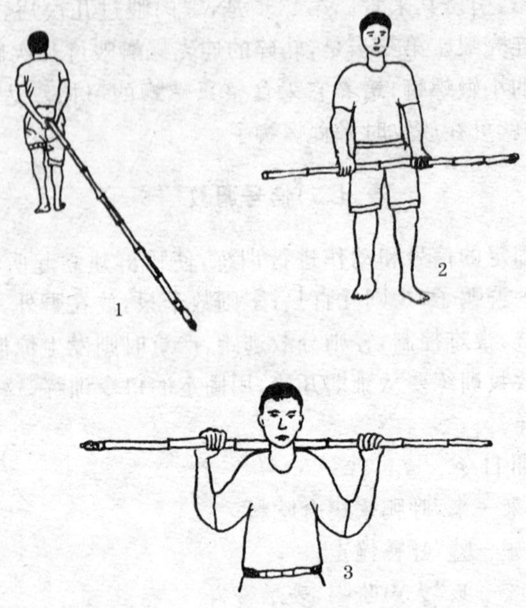

图 7-1　拿竿指挥的 3 种姿势

1. 背后拖竿徐徐前进　2. 横竿在手停止前进　3. 平放肩上指挥前进

3. 点数方法　两人斜持放牧竿站在前方的左右侧，相隔的距离以两根竹竿的竿尖能连接为度，另一人持竿在后面慢慢驱赶，使鸭群从两根竿尖下成单行通过，这时便可逐一点数。

4. 捉鸭方法　野外捕鸭，可用放牧竿的尖端，压住鸭的颈部，然后自己或别人上去捕捉。

训练指挥信号，必须非常严格。例如在前进的行列中，要根据指挥人的要求，有固定的队形和行列，不能擅离队伍，不允许争先恐后；又如放到一个田块采食时，就要在规定的范围内活动，不能走散，如有出格行为，就要吆喝、制止、追回，不能听之任之。经过严格训练后的鸭群，即使数以千计的大群，外出放牧时，行进起来井井有序，不会糟踏庄稼。

(三)放牧的方法

青年鸭的觅食能力很强，是鸭一生中最适于放牧的时期，但不同的放牧场地，采用何种放牧形式最为有利，是有讲究的，最常用的放牧方法有3种。

1. 一条龙放牧法　这种放牧法一般由2～3人管理(视鸭群大小而定)，由最有经验的牧鸭人(称为主棒)在前面领路，另有两名助手在后方的左右侧压阵，使鸭群形成5～10层次，缓慢前进，把稻田的落谷和昆虫吃干净。这种放牧法适于将要翻耕、泥巴稀而不硬的落谷田，宜在下午进行。

2. 满天星放牧法　即将鸭驱赶到放牧地区后，不是有秩序地前进，而是让它散开来，自由采食，先将有迁徙性的活昆虫吃掉，适当"闯鲜"，留下大部分遗粒，以后再放。这种放牧法适于干田块，或近期不会翻耕的田块，宜在上午进行。

3. 定时放牧法　群鸭的生活有一定的规律性，在一天的放牧过程中，要出现3～4次积极采食的高潮，3～4次集中休息和浮游。根据这一规律，在放牧时，不要让鸭群整天泡在田里或水上，而要采取定时放牧法。春末至秋初，一般采食4次，即早晨采食2小时；9～11时采食1～2小时；下午2∶30～3∶30采食1小时；

傍晚前，采食 2 小时。秋后至初春，气候冷，日照时数少，一般每日分早、中、晚采食 3 次。饲养员要选择好放牧场地，把天然饲料丰富的地方，留作采食高潮时放牧。由于鸭群经过休息，体力充沛，又处在较饥饿状态，所以一进入牧地，立即低头采食，对饲料的选择性降低，能在短时间内填饱肚子，然后再下水浮游、洗澡，在阴凉的草地上休息。这样有利于饲料的消化吸收。如不控制鸭群的采食和休息时间，整天东奔西跑，使鸭子终日处于半饥饿状态，得不到休息，既消耗体力，又不能充分利用天然饲料，这是放牧鸭群的大忌。

(四)放牧路线的选择

每次放牧，路线远近要适当，鸭龄从小到大，路线由近到远，逐步锻炼，不能使鸭太疲劳；往返路线，尽可能固定，便于管理。过河过江时，选水浅的地方；上下河岸，选坡度小、场面宽广之处，以免拥挤践踏。在水里浮游，应逆水放牧，便于觅食；有风天气放牧，应逆风前进，以免鸭毛被风吹开，使鸭受凉。每次放牧途中，都要选择 1～2 个可避风雨的阴凉地方，在中午炎热或遇雷阵雨时，都要把鸭赶回阴凉处休息。

青年鸭比成年鸭胆小，活跃，神经敏感。当前进途中出现新的障碍，如高树、建筑物、车辆、堤坝等，或驱赶到新的放牧场地，或更换放牧路线时，常常惊慌张望，不敢前进，如加驱赶，便做转圈运动，造成互相挤压。这时要用竿尖分出走在前头的少部分鸭子作为“头鸭”，把竿尖指向要去的路线，“主棒”随“头鸭”前进，头鸭见主人随同，就会勇往直前，后面的鸭群就会跟随而上，大群鸭子就不会走散。

(五)稻田放牧的管理要点

为了节省饲料，促进鸭体的发育，许多地方在青年鸭时期都采取稻田放牧饲养的办法。但稻田放鸭的意义，不仅是节省饲料，促进鸭子生长发育，而且它还有中耕、除草、治虫、施肥、耘田等作用，从而促进水稻生长，达到增产增收的目的。

稻田放鸭是我国传统的农牧结合形式，各地都有丰富的经验，形式也各不相同，四川称为棚鸭生产。稻田放鸭必须从青年鸭阶段开始培养调教，雏时没有放牧习惯的鸭子，产蛋以后就无法培养了。现将稻田放鸭的主要管理技术介绍于下。

选择放牧田：放牧的稻田在秧苗转青发棵（分蘖），直至抽穗扬花时，都可以放牧；稻子收割以后，田中有大量遗粒，这是放鸭的最好时期；冬水田、中后期的草籽田和麦田也可以放鸭。放鸭的稻田水不宜太深，最好是浅水，这样水生的小动物容易捕捉到，杂草也容易连根拔起吃掉，即使没有吃光，由于经过鸭的践踏，也被埋入泥中而死。而深水田，不仅水中的小动物容易逃跑，而且拔起的杂草也不易踏入泥中，过一两天又会活起来。如要结合治虫，要尽可能选虫情旺发时放鸭，可以一举全歼害虫。

下面 5 种情况，绝对不可放鸭：①刚施用过农药、除草剂或化学肥料、石灰的田块；②带有传染病的鸭子走过或发生过疫病的地方；③秧苗刚种下或已经扬花结穗的稻田；④水面辽阔，水流湍急的地方；⑤被矿物油污染的水面。

（六）海涂放鸭

我国仅大陆的海岸线就长达 1.8 万多千米。海涂地域宽广，动植物资源丰富，发展养鸭生产十分有利。长期以来，浙江、福建、广东等省的沿海农民，就有在海涂放鸭的习惯，并积累了丰富经验。

1. 海涂放鸭的优点　大致可归纳为以下 4 点。

第一，海涂场地宽阔，可以大群饲养，比在稻田和江河湖泊里放鸭更施展得开。一大片海涂，放上成千上万只鸭子，尤如晨星点点，也不存在糟蹋庄稼和与粮争地的矛盾。

第二，海涂动植物资源丰富，鸭群可获得充足的营养，特别是动物性饲料。每当潮水退后，海涂上的小鱼、小虾、小蟹比比皆是，可供鸭群饱餐的美味佳肴到处都有。

第三，由于海涂的动物性饲料营养丰富，所以在海涂放牧的鸭群，产的蛋大、蛋壳质量好，产蛋持续期长，可保持稳产高产。

第四，由于放牧场地宽广，地势平坦，运动锻炼的条件也好，所以鸭群体质健壮。一般海涂大都远离城镇和人口稠密的农区，所以，感染传染病的机会以及受药物污染和中毒的机会，都比较少，鸭子的成活率比较高。

2. 海涂牧场的选择 不是所有的海涂都可以放牧鸭群，而是要经过选择，必须具备以下 3 个主要条件的海涂，才能作为放鸭牧场使用。

第一，场地要宽阔、平坦。过于狭窄、坡度太大及凹凸不平的地方不能放鸭。

第二，必须有潮水涨落的软涂。这种软涂水产资源丰富，每次退潮以后都留下许多水产食物，可供鸭群捕食。最好是淡水流注的海湾，这种地方适于微生物、海藻、小虾、小蟹的生长繁殖，天然饲料更丰富。绝不能选择硬质海滩作为放牧场。

第三，鸭场附近要有淡水池塘或河流。鸭群下海以前，要先饮足淡水，海涂放牧归来，要洗 1 次淡水澡，晚上必须饮淡水，所以在鸭场附近，必须有淡水池塘或河流。否则，鸭子长期饮用海水，会造成慢性食盐中毒。

3. 海涂放牧的管理 海涂放牧的鸭群，除按照蛋鸭的常规方法管理外，还需特别注意以下 4 点。

第一，海涂放牧要从青年鸭开始。海涂的环境条件与稻田、湖泊的放牧环境差别很大，如场面之宽广，潮水涨落之气势，海涂上无奇不有的海鲜，以及略带盐分的海水，使得在淡水湖泊里放惯了的鸭群，初去时难以适应。所以放牧海涂的鸭群应从育成期开始训练，将鸭群移到海边放牧，使之慢慢适应海涂的生活环境。

第二，灵活掌握投料时机。海涂放牧的鸭群，早晨出门下海时，不管涨潮还是退潮，都要先喂食，使体内备足能量，才好下海活动，不能空腹下海；白天出门，如遇退潮，不要喂料，如遇涨潮，要先喂一点食；傍晚放牧归来，尽量少喂或不喂；夜间产蛋以前，还要喂 1 次饲料。要适当多喂糠麸类饲料，防止发生维生素 B_1 缺乏症。

第三，根据季节和气候，确定放牧时间。海滨的气候环境也与内地有很大差异。夏天，特别是台风季节，风、雨及潮水大，这时不能放鸭入海，要适当控制，只在雨过后到附近的淡水池塘里洗洗澡；冬天，海风大，特别是气温低时，要缩短放牧时间，只在有太阳的中午，放出去稍作活动。如遇退潮，早晚气温低、风大，也不能放鸭，冬天的最佳放牧时机是中午前后的退潮期。

第四，每次放牧归来，都要喝淡水，洗淡水澡。无论春夏秋冬，从海上放牧归来，都要把鸭群赶进淡水池塘，使之饮足淡水，洗个淡水澡，然后赶回鸭场，晾干羽毛，入圈休息。

三、青年鸭的圈养方法

规模化养鸭，大都采用“圈养”办法。即育雏结束以后，仍将青年鸭圈在固定的鸭舍和水围内，不外出放牧，这种方法通称“圈养”。

(一)圈养的优点

一般可归纳为以下 3 点。

第一，环境条件可以控制，受自然界制约的因素较少，有利于科学养鸭，稳产高产。

第二,可以节约劳力,提高劳动生产率。一般采用放牧饲养,一个劳力只能管 200～300 只鸭子,而且劳动强度大;采用圈养方法,如饲料运到场,一个人可管理 1 000 只,劳动效率大大提高,劳动强度也大大减轻,妇女、老人都可担任。

第三,降低传染病的发病率,减少中毒等意外事故。圈养和外界接触减少,因而农药中毒和传染病的感染机会都比放牧时减少,从而提高了成活率。

(二)圈养鸭的分群与密度

青年鸭圈养的规模,可大可小,但每个鸭群的组成,不宜太大,以 500 只左右为宜。分群时要尽可能做到日龄相同,大小一致,品种一样,性别相同。

饲养密度随鸭龄、季节和气温的不同而变化,一般可按以下标准掌握:4～10 周龄,每平方米 12～20 只;11～20 周龄,每平方米 8～12 只。冬季气温低,每平方米适当多几只;夏季气温高,每平方米要少几只。鸭子生长快,密度略小些;鸭子生长慢,密度略大些。

(三)圈养鸭的饲料

圈养与放牧完全不同,基本上采食不到任何野生饲料,完全依靠人工饲喂。因此,对青年鸭生长期内所需的各种营养物质,特别是长骨骼、长羽毛所需的营养,都要予以满足。饲料要尽可能多样化,保持能量、蛋白质的平衡,使含硫氨基酸、多种维生素、矿物质都有充足的来源。

培育期中的青年鸭,日粮中的蛋白质水平不需太高,钙的含量也要适宜。

由于蛋鸭尚未制订完善的饲养标准,在实践过程中,要看生长发育的具体情况,酌情修订(增减必需的营养物质)。如蛋用型品种绍兴鸭，正常的开产日龄是 130～150 天，标准的开产体重为 1 400～1 500 克，如体重超过 1 500 克，则认为过于肥大(其外表特征是身圆颈粗，不爱活动)，影响及时开产，应轻度限制饲养，适当多喂些青饲料和粗饲料。对发育差、体重轻的鸭，要适当提高饲料质量，每只每天的平均喂料量可掌握在 150 克左右，另加少量的动物性鲜活饲料，以促进生长。

青年鸭的饲料，全部用混合粉料，不用玉米、谷、麦等单一的原粮，要粉碎加工后制成混合粉料，喂饲前加适量的清水，拌成湿料生喂。每日只需喂 3～4 次，每次喂料的间隔时间要尽可能相等，避免采食时饥饱不均。

(四)圈养青年鸭的管理要点

1. 适当加强运动，促进骨骼和肌肉的发育，防止过肥　每天定时赶鸭在舍内做转圈运动，每次 5～10 分钟，每天活动 2～4 次。如鸭舍附近有适当的放牧场地，可定时进行短距离的放牧活动。

2. 多与鸭群接触，提高鸭子胆量，防止惊群　青年鸭的胆子小，蛋用品种神经尤其敏感，要在青年鸭时期，利用喂料、喂水、换草等机会，多与鸭群接触。如喂料的时候，人可以站在旁边，观察采食情况，让鸭子在自己的身边走动，遇有“娇鸭”静伏在身旁时，可用手抚摸，久而久之，鸭就不会怕人了。如认为鸭子胆小怕人，避而不接近，这样越避胆子越小，长大以后，仍是怕人，遇有生人走近，或环境改变时，容易惊群，造成严重损失，这是圈养鸭与放牧鸭的不同之处。放牧鸭经历各种环境，胆子大，而圈养鸭要有意识培养，才能提高胆量。

3. 舍内通宵点灯，弱光照明　青年鸭培育期，不用强光照明，要求每天标准的光照时间稳定在 8～10 个小时，在开产以前不宜增加。如利用自然光照，以下半年培育的秋鸭最为合适。但是，为了便于鸭子夜间饮水，防止因老鼠或鸟兽走动而惊群，舍内应通宵弱光照明。如 30 平方米的鸭舍，可以安装一盏 15 瓦灯泡，遇到停电时，应立即点上有玻璃罩的煤油灯(马灯)，绝不可延误。长期处于弱光通宵照明的鸭群，一遇突然黑暗的环境，常引起严重惊群，造成很大伤亡。

4. 加强传染病的预防工作 青年鸭时期的主要传染病有两种：一是鸭瘟，二是禽霍乱。这两种病现在都有疫苗(菌苗)可以预防，免疫程序的具体安排是：60～70 日龄，注射 1 次禽霍乱菌苗；100 日龄前后，再注射 1 次禽霍乱菌苗。70～80 日龄，注射 1 次鸭瘟弱毒疫苗。对于只养 1 年的蛋鸭，注射 1 次即可；利用 2 年以上的蛋鸭，隔 1 年再预防注射 1 次。

这两种传染病的预防注射，都要在开产以前完成，进入产蛋高峰后，尽可能避免捉鸭打针，以免影响产蛋。以上方法也适用于放牧鸭。

(五)建立一套稳定的作息制度

圈养鸭的生活环境，比放牧鸭稳定，要根据鸭子的生活习性，定时作息，制订操作规程。形成作息制度后，尽量保持稳定，不要经常变更。举例如下。

1. 5 时 30 分 开门放鸭出舍，接着在水面撒一些水草(青饲料)，让鸭洗澡、活动、食草。将洗净的食槽、水盆等放在运动场(即鸭滩)上，然后拌好饲料，喂第一餐饲料。喂料后，让鸭自由下水，浮游活动，然后上鸭滩理毛休息。饲养员进鸭舍，打扫干净，垫好干草。

2. 8 时 30 分至 10 时 30 分 赶鸭入舍内休息。

3. 10 时 30 分 饲养员入舍，先赶鸭在舍内做转圈运动 5～10 分钟，再放鸭出门，下水活动，在水面撒一些水草，任其采食片刻。接着拌好饲料，进行第二次喂料。鸭吃完饲料后，自由下水，浮游活动，然后上鸭滩理毛休息。

4. 13 时至 15 时 30 分　赶鸭入舍休息。

5. 15 时 30 分　饲养员入舍，赶鸭在舍内做转圈运动 5～10 分钟，再放鸭出门，下水活动。在水面撒一些水草，任其采食片刻。

6. 16 时 30 分至 17 时　拌好饲料，进行第三次喂料。鸭吃完饲料后，自由下水，浮游活动，然后上鸭滩理毛休息。饲养员将饲槽、水盆洗净、晾干，在鸭舍内垫好干草。

7. 17 时 30 分至 18 时　舍内开亮电灯，放好清洁饮水，然后赶鸭入舍休息。

8. 21 时　饲养员入舍加 1 次清水，或者加喂 1 次饲料（根据鸭子的生长情况而定）。

这样的操作规程，把鸭子的休息、采食、下水活动、上岸理毛、入舍睡觉，一整天的活动，安排得井井有条，有利于生长发育。

上述操作规程，视鸭子日龄不同或气候变化，可以作适当的改变。冬季推迟放鸭，提早关鸭，缩短休息和下水的时间；夏季提早放鸭，推迟关鸭，延长中午休息和上、下午下水的时间。

（六）青年鸭的编号方法

无论是科学研究，还是搞生产，都要将不同品种、品系，不同杂交组合，不同来源，不同出生日期的鸭子，分别编上不同记号，以免混杂。常用的编号方法有以下 3 种。

1. 脚蹼刺洞法　将自行车的废钢条截短，长 10～20 厘米，一端磨尖后打入木柄中，再将另一端磨尖。刺号前点着酒精灯（没有酒精灯的可用炭火盆或小煤炉），刺号人右手执木柄，将钢丝放在酒精灯上烧红，另一人一手抱住鸭子，另一手把要刺号的一只鸭脚拉住，刺号人左手与之配合，在需要打洞处将脚趾分开并固定住，使脚蹼张开，然后将烧红的钢丝刺下去，稍稍转动一下，即刻拔出，此时蹼上已被烧成一个洞，由于皮肤和肌肉都已烧伤，日后不会愈合（即使愈合，也有明显的伤疤）。打洞编记的代号，见图 7-2。

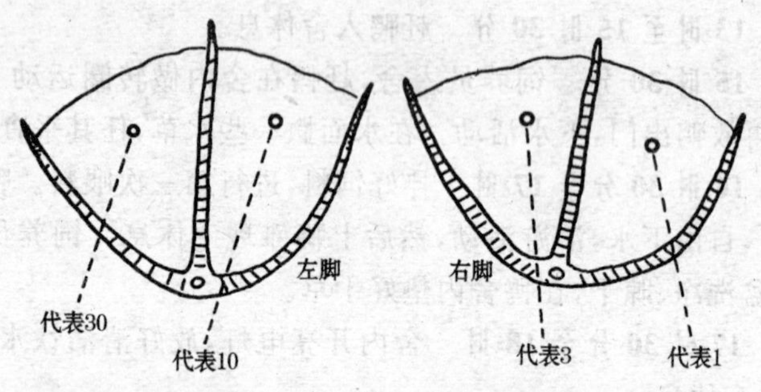

图 7-2 脚蹼打洞的编记代号

用这种方法可以编制 100 多号，如果 100 号不够使用，再辅以剪脚趾法。用烧红的剪刀或烙铁，将趾尖剪掉（烙去），从右脚外侧开始，第一趾代表 100，第二趾代表 200，以此类推。

2. 羽毛染色法 对于类别不多，编号简单的鸭群，可采用羽毛涂色法。此法比较简便，且目标明显，较远处也能看清楚。以红、蓝、黄、绿、紫较为醒目。可以涂色的部位有：头顶、颈部、背部、翅部。这样有 5 种颜色，4 个部位，也可以编记出许多不同的组群来。

每次染色后，可保持 2～3 个月，在颜色未褪尽前，要重染 1 次。

3. 编脚号、带翅号法 在规模较大、数量较多的试验场里，上述两种编号方法，有时不能满足需要，可借鉴种鸡的编号方法——带翅号或脚号。套脚号比较简单，将成年鸡用的脚号，套在鸭脚上（即蹠骨），如果太大，可将脚号捏扁，以免活动时脱落。一般都将脚号带在左脚上。如果编翅号，可以直接用鸡的翅号，在右翅桡骨边的薄膜上，选一个没有血管的地方穿刺，带上翅号（图 6-9）。

上述 3 种编号方法，也适用于放牧鸭和成年种鸭。

图 7-3　育成鸭编号示意图

A. 编翅号示意图　B. 编脚号示意图

第八章　产蛋鸭和种鸭的饲养管理

母鸭从开始产蛋，直至淘汰，均称产蛋鸭。一般蛋用型麻鸭的利用期约350天（150～500日龄），称为第一个产蛋年；也有经换羽休整后，再利用第二年、第三年的，但其生产性能逐年下降，尤其是受精率、孵化率降低及蛋壳变薄，不宜留作种用。

公鸭一般在100日龄左右有性行为表现，但性成熟约150日龄前后。故留种交配，大都用5月龄以上的公鸭，种公鸭只利用1年（实际上是一个配种期）。

一、产蛋鸭的特点和要求

（一）产蛋鸭胆大

与青年鸭时期完全不同，产蛋以后，胆子大起来，不但见人不怕，反而喜欢接近人。

（二）产蛋鸭觅食勤

无论圈养或放牧，产蛋鸭（尤其是高产鸭）最勤于觅食，早晨醒得早，叫得早，出舍后、放牧时到处觅食，喂料时最先抢食，下午收牧或入舍时，虽然吃得很饱了，总是走在最后，恋恋不舍地离开牧区。

（三）产蛋鸭性情温驯，喜欢离群

开产以后的鸭子，性情变得温驯起来，进鸭舍后就独个卧伏下，安静地睡觉，不乱跑乱叫，放牧出去，喜欢单独活动。

(四)产蛋鸭代谢旺盛,对饲料要求高

由于连续产蛋的需要,消耗的营养物质特别多,如每天产 1 个蛋,蛋重按 65 克计算,则需要粗蛋白质 8.78 克(按粗蛋白质含量占全蛋的 13.5%计算),粗脂肪 9.43 克(按粗脂肪含量占全蛋的 14.5%计算)。此外,还有矿物质和多种维生素。饲料中营养物质不全面,或缺乏某几种元素,则产蛋量下降,蛋数减少,蛋个变小,蛋壳变薄,或蛋的内容物变稀变淡,或鸭体消瘦,直至停产。所以,产蛋鸭要求质量较高的饲料,特别喜欢吃动物性鲜活饲料,而在青年鸭时期常吃的粗饲料,此时已不能满足需要,也不爱吃了。

(五)产蛋鸭要求环境安静,生活有规律

鸭子产蛋在正常情况下,都在深夜 1～2 时,此时更深人静,没有吵扰,最适合鸟类繁殖后代的特殊要求。如在此时突然停止光照(停电或煤油灯被风吹灭),则引起骚乱,出现惊群。除产蛋以外的其余时间,鸭舍内也要保持相对安静,谢绝陌生人进出,避免各种鸟兽窜进窜出。在管理制度上,何时放鸭,何时喂料,何时休息,都要有规律,如改变喂料餐数,大幅度调整饲料品种,都会引起鸭群生理功能紊乱,造成停产减产。

二、影响产蛋的主要因素

(一)品种因素

产蛋率的高低,产蛋周期和产蛋持续时间的长短以及蛋重的大小,都与品种有密切关系。选养优良品种,是取得高产的前提。如能选择一个好的品种饲养,产蛋量可以几成、甚至成倍提高。关于品种,详见第一章的介绍,读者可根据当地的条件,选择适于本

地饲养的高产品种。

(二)营养因素

产蛋鸭对营养物质的需求量比以前各个阶段都高,除用于维持生命活动必需的营养物质外,更需要大量产蛋所必需的营养物质。如绍兴鸭和金定鸭,第一个产蛋年中,平均可以产出 20 千克左右的鲜蛋,相当于鸭子本身体重的 13 倍左右,如不能在日粮中提供足够的营养物质,高产是不可能实现的。

1. 能量的需要 能量的需要主要决定于体重的大小、环境温度的高低及产蛋率的高低、蛋重的大小。

一般说,蛋鸭对能量的摄入量有保持比较恒定水平的功能。当日粮中能量较高时,采食量会减少;当日粮中能量低时,采食量会增加。但这种保持比较恒定能量的摄食能力不是绝对的,在环境温度变化很大或日粮中能量水平调整过大时,机体并不能完全适应,有时会因能量过多而肥胖或能量不足而消瘦。同时,在采用一个固定的饲料配方中,由于机体按能量需要调节采食量,常常因采食量的多少,影响蛋白质和其他营养物质的摄入量。因此,能量水平是否适当,还要考虑能量和蛋白质以及其他营养物质是否保持正确的比例。

能量需要量的计算方法是:维持需要的代谢能加产蛋需要的代谢能(根据蛋的大小与产蛋率算出)。例如,体重 1.5 千克的母鸭,每日维持需要的代谢能假定为 8.60 兆焦,每生产 1 个 67 克重的蛋需要代谢能约为 8.79 兆焦,其产蛋率为 90%时,则这只鸭每天需要的代谢能为:

$$0.86+0.88\times0.9=1.65\text{ 兆焦}$$

假定饲喂的日粮每千克含代谢能为 10.46 兆焦,则这只鸭的每天给食量为:

$$1.65\div10.46\text{ 兆焦/千克}=0.158\text{ 千克}$$

即此鸭的每日喂料量应定为158克。

2. 蛋白质的需要　主要决定于体重、产蛋率、蛋重和蛋白质的消化率和利用率。

蛋白质需要量的计算方法是：

$$\text{蛋白质需要量}=\frac{\text{维持需要蛋白质}+\text{产蛋需要蛋白质}\times\text{产蛋率}(\%)}{\text{蛋白质的消化率}\times\text{蛋白质的利用率}}$$

举例：体重1.5千克的母鸭，每日维持需要蛋白质约3.9克（按每天排氮量推算），每产1个67克重的蛋约含蛋白质9.38克，产蛋率为90%，假设蛋白质的消化率为75%，利用率为60%，则这只母鸭每天的蛋白质需要量为：

$$\frac{3.9+9.38\times90\%}{75\%\times60\%}=27.43\text{克}$$

假定饲喂的日粮中粗蛋白质含量为17.7%，则这只鸭的每天给食量为：27.43÷17.7%=155克

3. 钙的需要量　主要决定于体重、产蛋率、蛋重和环境温度等因素。

1只1.5千克重的蛋鸭，每日钙的维持需要约0.18克，如生产1个67克重的蛋，其中蛋壳重占10%，即壳重6.7克，蛋壳中钙约占40%，即蛋壳中含钙量约为2.68克，蛋内还含有钙约0.03克，合计为：

$$0.18+2.68+0.03=2.89\text{克}$$

假定蛋鸭对日粮中钙的消化、利用率只有60%，则这只鸭每天钙的需要量为：2.89克/0.6=4.82克（按产蛋率100%计算）。

如果这只鸭子每日的喂料量为155克，那么日粮中的含钙量应为3.1%（4.82/155=0.031），才能满足其产蛋的钙需要量。

当然，产蛋鸭的营养需要远不止上述3项，还有其他矿物质和各种维生素，都要根据需要，合理饲喂。

要达到持续高产的水平，除品种是先天因素外，日粮中营养物

质是否全面和平衡，数量能否满足需要，这是保持高产稳产的必须条件。这既要经过科学的分析和计算，又要善于观察鸭群的状态，提供适于该群体需要的日粮，才能创造高产成绩，获得良好的经济效益。

(三)环境因素

环境因素较复杂，对产蛋影响最大的因素是光照和温度。

1. 光照 光照的主要作用是促进滤泡成熟并排卵。所以在培育期内，控制光照时间，目的是防止青年鸭过于早熟；即将进入产蛋期时，要逐步增加光照时间，提高光照强度，目的是促进卵巢的发育，达到适时开产；进入产蛋高峰期后，要稳定光照制度(光照时间和光照强度)，目的是使产蛋鸭保持连续高产。

光照强度是指光线照射的亮度，又称照度，常用勒作为照度单位。1 勒相当于每平方米面积上有 1 个流明。以灯泡的功率以瓦计算，1 瓦等于 12.65 流明。由于灯泡发出的光一部分被墙壁、天花板、设备等吸收，所以有效光线约 45%，1 瓦实际只有 5.69 个有效流明。

产蛋期的光照强度以 5～8 个勒为宜，如灯泡高度离地 2 米，一般每平方米鸭舍按 1.3～1.5 瓦计算，大约 18 平方米的鸭舍装一盏 25 瓦的灯泡。安装灯泡时，灯与灯之间的距离相等，悬挂的高度要相同。大灯泡挂得高，距离宽，小灯泡则相反。实际使用时，通常不用 60 瓦以上的灯泡，因为大灯泡光线分布不匀，费电。日光灯受温度影响较大，一般也不使用。灯泡必须加罩，使光线照到鸭的身上，而不是照着天花板。鸭舍灰尘多，灯泡要经常擦拭，保持清洁，以免蒙上灰尘，影响亮度。

光照效果，一般需要 7～10 天才能显示出来，故在产蛋期内，不能因为达不到立竿见影的效果而突然增加光照时数或提高光照强度。一般每次增加量不超过 1 小时，增加后要稳定 5～7 天。

进入产蛋期的光照原则是：只宜逐渐延长，直至达到每昼夜光照16～17小时，不能缩短；不可忽照忽停，忽早忽晚；光照强度不可时强时弱，只许渐强，直至达到每平方米8勒照度。否则将使产蛋的生理功能受到干扰，影响产蛋率。

合理的光照制度，能使青年鸭适时开产，使产蛋鸭提高产量；不合理的光照制度，会使青年鸭的性成熟提前或推迟，使产蛋鸭减产停产，甚至造成换羽。

合理的光照制度要与日粮的营养水平结合起来实施，进入产蛋期前后，如只改变日粮配方，提高营养水平和增加饲喂量，而不相应增加光照时数，生殖系统发育慢，易使鸭体积聚脂肪，影响产蛋率；反之，只增加光照，不改变日粮配方，不提高营养水平和增加喂量，会造成生殖系统与整个体躯的发育不协调，也会影响产蛋率。所以两者要结合进行，在改变日粮的同时或前1周，即可增加光照时间。

2. 温度　为了充分发挥优良蛋鸭品种的高产性能，除营养、光照等因素外，还要创造适宜的环境温度。鸭虽然对外界环境温度的变化，有一定的适应能力，但超过一定的限度，就要影响产蛋量、蛋重、蛋壳厚度和饲料的利用率，也影响受精率和种蛋孵化率。鸭没有汗腺散热，当环境温度超过30℃时，体热散发慢，尤其在圈养而又缺乏深水活水运动场的情况下，由于高温影响，采食量减少，正常生理功能受到干扰，蛋重减轻，蛋白变稀，蛋壳变薄，产蛋率下降，严重时会引起中暑；如环境温度过低，鸭体为了维持体温，势必白白消耗很多能量，使饲料利用率明显下降。当外界环境处在冰冻（0℃以下）的条件下时，鸭群行动迟缓，产蛋率明显下降。成年鸭适宜的环境温度范围为5℃～27℃。

产蛋鸭最适宜的温度为13℃～20℃，此时产蛋率和饲料利用率都处在最佳状态。因此，要尽可能创造条件，提供理想的产蛋环境温度，以获得最高的产蛋率。

(四)健康因素

没有健康的机体不可能高产。因此,在培育青年鸭的阶段,就要把主要传染病的预防工作做好,进入产蛋期后,搞好环境卫生和饲养管理,增强抗病能力,尽量减少疾病的发生,才能保持高产稳产。

三、不同产蛋期的饲养管理要点

著名的蛋鸭品种(如绍兴鸭、金定鸭、卡基·康贝尔鸭)大都在150日龄时,已有50%的产蛋率,至200日龄时,可以达到产蛋高峰(90%)。这时,如饲养管理得当,高峰可维持较长时期,至450日龄以上,才开始有所下降。蛋鸭产蛋期可分为4个阶段:150～200日龄为产蛋初期,201～300日龄为产蛋前期,301～400日龄为产蛋中期,401～500日龄为产蛋后期。

在这4个阶段中,饲养管理方法稍有不同,其要点如下。

(一)产蛋初期和前期

青年鸭开产时身体健壮,精力充沛,如遇初春季节,则一切条件均有利于产蛋,这是蛋鸭一生中最容易饲养的时期。

这个时期饲养管理的重点是,尽快把产蛋率推向高峰。从营养方面根据产蛋率上升的趋势,不断提高饲料质量(增加日粮的营养浓度),适当增加饲喂餐数(增加采食量),以满足产蛋的营养需要。如前面喂的是基础饲料,产蛋率达20%时,每只鸭每日加5克鱼粉;产蛋率达50%时,每只鸭每日加15克鱼粉;产蛋率达90%以上时,每只鸭每日加19～20克鱼粉,以后维持这个水平。饲喂餐数,从1日3餐增至1昼夜4餐,除白天继续喂3餐外,夜间9～10时增喂1餐,每只鸭日平均精料采食量150克左右。

日平均光照不少于 14 小时，光照应从短到长逐渐增加，直至达到每昼夜光照 16 小时。

本阶段饲养管理是否恰当，可以从以下 3 个方面观察。

1. 看蛋重的增加趋势　初产时蛋很小，只有 40 克左右。到 200 日龄，可以达到全期平均蛋重的 90%，250 日龄，可以达到标准蛋重。产蛋初期和前期，蛋重都处在不断增加之中，即越产越大，增重的势头快，说明养得好。增重的势头慢，或者蛋重又低下来，说明养得不好，管理不当，要找出原因。

2. 看产蛋率上升的趋势　本阶段的产蛋率也是不断上升的，早春开产的鸭，上升更快，最迟到 200 日龄时，产蛋率应达到 90% 左右。产蛋率如高低波动，甚至出现下降，要从饲养管理上找原因。

3. 观察体重变化　首先要将开产时鸭的体重称测一下，记下平均体重。如绍兴鸭，到达开产日龄时的标准体重应是 1 400～1 500克（带圈白翼梢类型比红毛绿翼梢类型体重略大些）。产蛋至 210 日龄、240 日龄、270 日龄和 300 日龄时，要每月抽样称测 1 次。体重维持原状，说明饲养管理恰当。体重较大幅度地增加或下降，都说明饲养管理有问题。一般说，营养不足时，体重下降，要提高饲料质量；体重增加，说明营养过度，或能量、蛋白之间的比例不当，要适当减料，或增加粗饲料的比例。在此时期，绝不可让鸭体发胖。一般说，这个阶段内，营养不会过多，应重点注意防止营养不足，鸭体消瘦。称体重应在早晨空腹时进行，每次抽样应占全群的 10%左右。

（二）产蛋中期

这个阶段，产蛋率已进入高峰期，经过 100 多天连续产蛋后，体力消耗较大，健康状况已不如产蛋初期和前期，营养满足不了需求，产蛋量就会减少，甚至换毛，这是比较难养的阶段。如果是秋鸭,正遇上梅雨季节和炎夏,饲养的难度更大。本阶段饲养管理的目标是保高产,力求使产蛋高峰维持到400日龄以后。因此,必须注意以下问题。

营养上保证满足高产的需要,饲料的营养浓度应比上阶段略有提高。如喂含粗蛋白质19%～20%的配合饲料,每只鸭每日采食量为150克左右;青饲料适当多喂,水草喂量每只鸭每日为150克(或者添加多种维生素)。适当增加钙的喂量,可以在混合料中添加1%～2%颗粒状壳粉,或者在鸭舍内单独放置碎壳片盆,任其自由采食。每日光照时数可稳定在16小时,不可缩短,不可改变。日常操作程序要保持稳定。室内温度要维持在5℃～30℃,低于5℃要升温,高于30℃要通风降温。

本阶段饲养管理是否恰当,主要看产蛋率是否稳定在高峰期的标准。此阶段内,蛋重也比较稳定,稍有增加的趋势。如蛋重下降,则是不祥之兆,应究其原因,采取对策。体重也应维持初产时的水平,仍需定期称测。在日常管理工作中,还要细心观察以下3方面。

1. 蛋壳质量 如蛋壳光滑厚实,有光泽,这是好的;蛋形变长,蛋壳薄而透亮,有沙点,甚至产软壳蛋,说明饲料质量不好,特别是钙质不足,或维生素D缺乏,要予以补充,否则要减产。

2. 产蛋时间 正常产蛋时间为深夜2时,若每天推迟产蛋时间,甚至白天产蛋,蛋产得稀稀拉拉,这也是不祥之兆,如不采取措施,将要减产或停产。

3. 鸭群的精神状态 如鸭子精神不振,行动无力,放出后怕下水,下水后羽毛沾湿,甚至沉下。说明这群鸭营养不足,必将出现减产停产,要立即采取措施,增加营养,加喂动物性鲜活饲料,并补充点鱼肝油(以喂清鱼肝油较好,拌在粉料中喂,按每只每日给1毫升,喂3天停7天;或每只每日喂0.5毫升,连续喂10天),以挽救危机。产蛋率高的健康鸭子,精力充沛,精神足,下水后潜水的时间长，上岸后，羽毛光滑不湿，像雨淋芋艿叶子一样，水珠四溅，这种鸭子产蛋率不会下降。

(三)产蛋后期

经过8个多月的连续产蛋，到了后期产蛋高峰就难以保持下去了，但对于高产品种(如绍兴鸭、金定鸭)，如饲养管理得当，仍可维持80%左右的产蛋率。具体说，450日龄以前，产蛋率达85%左右，470日龄时产蛋率为80%左右，500日龄时，产蛋率为75%左右。要达到这样的水平，后期的饲养管理工作要认真做好，稍不谨慎，产蛋就要减少，并换毛。此后要停产3个月，甚至更长，短期内无法再把产蛋率提上去。此阶段饲养管理要注意以下6点。

1. 根据体重和产蛋率确定饲料的质量和喂料量，不能盲目增加　饲料的质量和数量应根据具体情况，区别对待：①鸭群的产蛋率仍在80%以上，而鸭子的体重却略有减轻的趋势，此时在饲料中适当增喂动物性饲料(有鲜螺蛳更好)；②鸭子体重增加，身体有发胖的趋势，但产蛋率还有80%左右时，可将饲料中的代谢能降下来，或者适当增喂粗饲料和青饲料，或者控制采食量。可将喂量按自由采食量减少5%，不能使精料吃得太多，但动物性蛋白质饲料还应保持原量或略增加；③体重正常，产蛋率也较高，饲料中的蛋白质水平应比上阶段略有增加；④产蛋率降到60%左右时，已难于上升，无须加料。

2. 每天保持16小时的光照时间，不能减少　如产蛋率已降至60%时，可以增加光照时数直至淘汰为止。

3. 管理上要多放少关，促进运动　每天在舍内噪鸭2～3次(每次放鸭出舍前，轻赶鸭子在舍内转圈运动)，每次5～10分钟。

4. 操作规程要保持稳定，避免一切突然刺激而引起应激反应　此时的产蛋率，好像到了“风烛残年”，极易垮下来，任何光、电、声、雨等异物的突然刺激，都会造成严重后果。

5. 注意气候剧变的影响 当气候剧变时，应采取措施保持鸭舍内小气候的相对稳定。

6. 观察蛋壳质量和蛋重的变化 如出现蛋壳质量下降，蛋重减轻时，可增补鱼肝油和矿物质添加剂。

四、不同季节的管理要点和操作规程

(一)春季管理要点

这时气候由冷转暖，日照时数逐日增加(冬至以后，每日光照时间增加 1.8 分钟)，气候条件对产蛋很有利，要充分利用这一有利因素，创造稳产高产的环境。

首先要加足饲料，从数量上和质量上都满足需要，这个季节优秀的个体，产蛋率有时超过 100%，所以不要怕饲料吃过头，只怕饲料跟不上，鸭子身体垮下来。

前期偶有寒流侵袭，要注意保温。春夏交叉之际，天气多变，会出现早热天气，或连续阴雨，要因时制宜，区别对待，保持鸭舍内干燥、通风。搞好清洁卫生工作，定期进行消毒。如逢阴雨天，要适当改变操作规程，缩短放鸭时间。舍内垫料不要过厚，要定期清除，每次清除垫草时，要结合进行消毒。

(二)梅雨季节管理要点

春末夏初，南方各省大都在 5 月末和 6 月份出现梅雨季节，常常阴雨连绵，温度高，湿度大，低洼地常有洪水发生，此时是蛋鸭饲养的难关，稍不谨慎，就会出现停产、换羽。

梅雨季节管理的重点是防霉、通风。措施有：①敞开鸭舍门窗(草舍可将前后的草帘卸下)，充分通风，排除鸭舍内的污浊空气，高温高湿时，尤要防止氨中毒；②勤换垫草，保持舍内干燥；

③疏通排水沟，运动场不可积有污水；④严防饲料发霉变质，每次进料不能太多，饲料要保存在干燥处，运输途中要防止雨淋，发霉变质的饲料绝不可喂；⑤定期消毒鸭舍，舍内地面最好铺砻糠灰，既能吸潮，又有一定的消毒作用；⑥及时修复围栏、鸭滩。运动场出现凹坑，要及时垫平；⑦给鸭群进行 1 次驱虫。

(三)盛夏季节的管理要点

6 月底至 8 月份，是一年中最热的时期。此时管理不好，不但产蛋率下降，而且还要死鸭。如精心饲养，产蛋率仍可保持在 80%以上。这个时期的管理重点是防暑降温。措施有：①鸭舍屋顶刷白，周围种丝瓜、南瓜，让藤蔓爬上屋顶，隔热降温。运动场(鸭滩)搭凉棚，或让南瓜、丝瓜的藤蔓爬上去遮阴；②鸭舍内敞开门窗，将草屋前后壁上的草帘全部卸下，加速空气流通，有条件时可装排风扇或吊扇，以通风降温；③早放鸭，迟关鸭，增加中午休息时间和下水次数。傍晚不要赶鸭入舍，夜间让鸭露天乘凉，但需在运动场中央或四周点灯照明，防止老鼠、野兽危害鸭群；④饮水不能中断，要保持清洁，最好饮凉井水；⑤多喂水草等青料，提高精饲料中的蛋白质含量，饲料要新鲜，现吃现拌，防止腐败变酸；⑥适当疏散鸭群，缩小饲养密度；⑦防止雷阵雨袭击，雷雨前要赶鸭入舍；⑧鸭舍及运动场要勤打扫，水盆、料盆吃一次洗一次，保持地面干燥。

(四)秋季管理要点

九十月份，正是冷暖空气交替的时候，气候多变，如果养的是上一年孵出的秋鸭，经过大半年的产蛋，身体疲劳，稍有不慎，就要停蛋换羽，故群众有“春怕四，秋怕八，拖过八，生到腊”的谚语。所谓“秋怕八”，就是指农历八月是个难关，既有保持 80%以上产蛋率的可能性，也有急剧下降的危险。

此时的管理要点是：①补充人工光照，使每日光照时间(自然光照加补充光照)不少于16小时，光照强度按每平方米5～8勒计算；②克服气候变化的影响，使鸭舍内的小气候变化幅度不要太大；③适当增加营养，补充动物性蛋白质饲料；④操作规程和饲养环境要尽量保持稳定；⑤适当补充矿物质饲料，最好鸭舍内另置矿物质饲料盆，任其自由采食。

(五)冬季的管理要点

11月底至翌年2月上旬，是最冷的季节，也是日照时数最少的时期，产蛋条件最差，常常是产蛋率最低的季节。但当年春孵的新母鸭，只要管理得法，也可以保持80%以上的产蛋率；若管理失策，也会使产蛋率再降下来，使整个冬季都处在低水平上。

冬季管理工作的重点是防寒保温和保持一定的光照时数。措施有：①提高饲料中代谢能的浓度，达到每千克12.1～12.5兆焦的水平，适当降低蛋白质的含量，以17%～18%为宜；②提高单位面积的饲养密度，每平方米可饲养8～9只；③舍内厚垫干草，绝对保持干燥；④关好门窗，防止贼风侵袭，北窗必须堵严，气温低时，最好屋顶下加一个夹层，或者在离地面2米处，横架竹竿，铺上草帘或塑料布，以利保温；⑤饮水最好用温水，拌料用热水；⑥早上迟放鸭，傍晚早关鸭，减少下水次数，缩短下水时间，上下午阳光充足的时候，各洗澡1次，时间10分钟左右；⑦补充光照，每日光照总时间保持16小时；⑧每日放鸭出舍前，要先开窗通气，再在舍内噪鸭5～10分钟，促使多运动。

(六)日常操作规程

1. 早晨(5：00～8：00) 视季节而变化，冬季迟，夏季早：①放鸭出门，在水面撒水草，让鸭群在水中洗澡、交配、食草；②进鸭舍捡蛋，观察并记载鸭蛋数量、重量及质量情况；③把饲料盆、水盆拿出洗净，置于运动场上；④观察鸭粪状态（研究饲料消化情况）；⑤拌好饲料，进行第一餐喂食。

2. 上午(8：30～11：00)　①在水面撒水草，喂青饲料；②舍内清理，铺上干净的垫草或砻糠灰，铺草时人要倒退，以免新铺的垫草被踩踏；③喂一餐螺蛳等鲜活饲料（根据具体情况而定）；④拌好第二餐饲料，水盆、料盆清洗后移到舍内，加好饲料和清水；⑤将白天产在运动场上的蛋收集起来，运蛋入库。

3. 中午(11：00～13：30)　赶鸭入舍，吃食后休息。

4. 下午(13：30～17：30)　①放鸭出门，在水面撒水草，让鸭群在水中吃草、交配、洗澡；②将舍内料盆、水盆拿出，清理后置于运动场上；③拌好饲料，15～16 时，喂第三次饲料；④进鸭舍再铺垫 1 次干草或砻糠灰；⑤将料盆、水盆移进鸭舍，加好饲料和饮水，17：30～18：00 赶鸭入舍（时间随季节变化）；⑥室内开灯。

5. 晚上　9 时左右入舍检查 1 次，加水、加料。10 时将亮电灯关闭，只留弱光通宵照明。

五、种鸭的饲养管理

饲养种鸭和饲养商品蛋鸭的基本要求是一致的，饲养方法也基本相似。不同的是，养商品蛋鸭只是为了得到商品食用蛋，满足市场上消费者的需求。而养种鸭，则是为了得到高质量的可以孵化后代的种蛋。所以，饲养种鸭要求更高，不但要养好母鸭，还要养好公鸭，才能提高受精率。下面介绍种鸭饲养的要点。

(一)养好公鸭

提高种蛋受精率，公鸭的作用很大，必须体质强壮，性器官发育健全，性欲旺盛，精子活力好、健康。公鸭的出生日龄要比母鸭早 1～2 个月，在母鸭产蛋前，公鸭已性成熟。在青年鸭阶段，公母要分群饲养，采用以放牧为主的方法，充分采食野生饲料，多锻炼，多活动。性开始成熟，但未到配种期的公鸭，尽量放旱地，少下水活动，以减少公鸭互相嬉戏，形成恶癖。配种前20天，放入母鸭群中。此时要多放水，少关饲，创造条件，引诱并促使其性欲旺盛。

（二）公母配比合理

蛋用型麻鸭品种，公鸭的配种性能都很好，公母的配比较大，受精率仍很高。如绍兴鸭，早春季节，气温较低时，100只母鸭群，放5只公鸭，公母配比为1∶20；夏秋季节，气温高，100只母鸭群，只放3～4只公鸭，公母配比为1∶25～33。全年的受精率都在90％以上。如发现某一群鸭受精率偏低，要找出原因，尤其要检查公鸭生殖器官是否发育正常，不合格的应立即更换。

（三）增加营养

除了按母鸭的产蛋率高低，给予必需的营养物质外，还要多喂维生素、青绿饲料。要适当增加维生素E的添加量，因为维生素E能提高种蛋的受精率和孵化率。日粮中维生素E含量为每千克25毫克，不低于20毫克。蛋白质饲料的比例，也要比平常略高些，几种必需氨基酸，如赖氨酸、蛋氨酸和色氨酸应满足要求，并保持平衡，色氨酸对提高受精率、孵化率有帮助，尤其不能缺乏，日粮中的含量应占0.25％～0.30％。饼粕类饲料色氨酸含量较高，配制蛋白质饲料时，饼粕和鱼粉都不可缺少。

（四）搞好管理工作

第一，房舍内的垫草必须保持干燥清洁，绝不可污秽。尤其是产蛋的地方，垫草一定要干燥，这样才能得到光滑洁净的种蛋。对于初开产的母鸭，可在鸭舍一角或沿墙一侧多垫干草做成蛋窝，再放几个蛋，引诱初产母鸭集中产蛋。运动场要排水畅通，不能积有污水，保持鸭体干燥清洁。

第二，舍内通风必须良好，室内污浊空气少，种鸭睡得安稳。外界温度高时，要加强通风换气，但不能在舍内地面上洒水。

第三，早放鸭，迟关鸭，增加户外活动时间。鸭子交配是在水上进行的，种鸭要延长下水活动的时间。

第四，及时收集种蛋，不要让种蛋受潮、受晒、被粪便沾污，不同日期收集的种蛋，要做好记号，分别贮放在阴凉之处，每隔 5 天入孵 1 批，不要久贮（天热时应每隔 2～3 天入孵 1 批）。

六、防疫保健措施

（一）选择体格健壮、抗病力强的优良品种

应从种源可靠的无病种鸭场引进种蛋或雏鸭。引进青年鸭时，要了解疫情，必须在确认无传染病流行的健康鸭群中引种，并做好预防接种和驱虫工作，进行一段时间的观察后，确实无病的种鸭方可混群饲养。

（二）搞好饲养管理，增强抗病能力

1. 提供全价饲料，忌喂霉败变质饲料　根据鸭子不同阶段和不同产蛋率的需要，提供全价饲料，充分满足其营养物质的需求，特别是维生素和微量元素，绝不可忽视。禁止饲喂发霉变质的饲料。

2. 创造适宜的环境条件　鸭舍的布局和结构要合理，鸭舍之间要保持一定的距离，以减少疫病传播的机会。鸭舍要通风良好，温度和湿度要适宜，饲养密度不能太大。不同品种和不同年龄的鸭群要分开饲养，实行“全进全出”制，以免疫病交叉感染。

3. 搞好环境卫生　清除鸭舍周围的垃圾堆和杂物堆，使鼠类

无藏身和繁殖的场所，使各种昆虫无孳生和栖息之处，从而减少其对饲料的祸害以及传播寄生虫或病原微生物等。因此，搞好环境卫生是防疫灭病的重要环节。

鸭粪及清理出的污物，应在离鸭舍较远的地方集中堆放、发酵，杀灭病原微生物及寄生虫卵。一般经 25～30 天后，才能作为肥料使用。

4. 搞好个人卫生 工作人员进场要换鞋、洗手，外来人员未经允许不得擅自进入鸭舍，鸭舍工作人员和用具要固定。

5. 防止把疫病带入场内 禁止把来历不明的家禽带入场内。本场的鸭子一经调出，就不能返回鸭舍。

（三）坚持消毒制度，消灭病原体

消毒的目的是杀灭病原体，切断传播途径，防止疫病的发生和蔓延。这是确保鸭群安全和健康的重要技术措施。如对饲养人员、用具、车辆等媒介物实行日常性的消毒。对鸭舍、饲养用具、孵化室和孵化器具，都要定期进行全面的清洗和消毒。

（四）适时预防接种，增强抗病原力

按照合理的免疫程序，适时进行免疫接种，以增强鸭体的特异性免疫力，有效地预防传染病的发生。各种疫（菌）苗的保藏及免疫接种方法，都必须严格按照使用说明书进行。

免疫程序是一个比较复杂的问题，即使有了较好的疫苗（菌苗），如果免疫程序不合理，免疫方法不当，也不会达到预期的效果。在制订免疫程序时，可以考虑同时接种两种疫苗，但需充分注意鸭体的免疫应答程序以及能否产生足够的免疫力。所以合理的免疫程序，应由兽医人员根据本场的具体情况，如鸭群规模、饲养方法、生产特点、综合防疫水平，以及受疫病威胁的程度等通盘考虑，不能照抄照搬。

(五)养鸭场疫情的扑灭措施

鸭场一旦发生传染病或疑似传染病时,应及时向有关部门报告疫情,迅速采取隔离和扑灭措施。

主要参考文献

[1] 中华人民共和国农业部.中华人民共和国农业行业无公害食品标准.2001

[2] 杨山,李辉主编.现代养鸡.中国农业出版社,2001

[3] 王庆民等编著.科学养鸡指南.金盾出版社,2001

[4] 甘孟侯主编.禽病诊断与防治.中国农业大学出版社,2002

[5] 吴常信主编.新世纪家禽科技发展趋势.中国家禽杂志社,2001

[6] 邓舜扬编.配合饲料及其添加剂.中国石化出版社,2002

[7] 席克奇等编著.鸡配合饲料.科学技术文献出版社,2002

[8] 中国农业科学院畜牧研究所,中国饲料数据库情报网中心,中国饲料成分及营养价值表,2002

[9] 陈国宏,焦库华主编.科学养鸭与疾病防治.中国农业出版社,2001

[10] 杨肯牧.实用养鸭技术.湖南科学技术出版社,1982

[11] 《中国家禽品种志》编写组.中国家禽品种志.上海科技出版社,1990.

[12] 陈育新,曾凡同等.中国水禽.中国农业出版社,1990.